职业教育“十三五”改革创新规划教材

车工工艺与技能训练

刘　志　主　编

董雪峰　康占武　副主编

清华大学出版社

北　京

内容简介

本书是职业教育"十三五"改革创新规划教材，依据教育部2014年颁布的《中等职业学校数控技术应用专业教学标准》，并参照相关的国家职业技能标准编写而成。

本书主要内容包括车削的基本知识、车削台阶轴、车削套类零件、车削圆锥面、车削成形面和表面修饰、车削三角螺纹、车削梯形螺纹、考证技能训练。本书配套有电子教案、多媒体课件等丰富的网上教学资源，可免费获取。

本书可作为中等职业学校机械大类相关专业学生的教材，也可作为岗位培训用书。

图书在版编目(CIP)数据

车工工艺与技能训练/刘志主编. —北京：清华大学出版社，2016
(职业教育"十三五"改革创新规划教材)
ISBN 978-7-302-45483-0

Ⅰ. ①车…　Ⅱ. ①刘…　Ⅲ. ①车削－中等专业学校－教材　Ⅳ. ①TG510.6

中国版本图书馆CIP数据核字(2016)第275232号

责任编辑：刘士平
封面设计：张京京
责任校对：袁　芳
责任印制：刘海龙

出版发行：清华大学出版社
网　址：http://www.tup.com.cn，http://www.wqbook.com
地　址：北京清华大学学研大厦A座　　邮　编：100084
社 总 机：010-62770175　　邮　购：010-62786544
投稿与读者服务：010-62776969，c-service@tup.tsinghua.edu.cn
质 量 反 馈：010-62772015，zhiliang@tup.tsinghua.edu.cn
课 件 下 载：http://www.tup.com.cn,010-62770175-4278
印 装 者：北京泽宇印刷有限公司
经　销：全国新华书店
开　本：185mm×260mm　　印　张：16.25　　字　数：370千字
版　次：2016年12月第1版　　印　次：2016年12月第1次印刷
印　数：1～2000
定　价：32.00元

产品编号：072401-01

FOREWORD 前言

本书依据教育部2014年颁布的《中等职业学校数控技术应用专业教学标准》，并参照相关的国家职业技能标准编写而成。通过本书的学习，可以使学生掌握车削的基本知识及操作技能，会查阅相关技术手册和标准，能正确使用和维护CA6140型车床，能规范化使用CA6140型车床完成台阶轴、轴承套、圆锥轴、单球滚花手柄、三角螺纹轴、梯形螺纹轴的加工任务。本书在编写过程中吸收企业技术人员参与教材编写，紧密结合工作岗位，与职业岗位对接；选取的案例贴近生活、贴近生产实际；将创新理念贯彻到内容选取、体例等方面。

本书配套有电子教案、多媒体课件等丰富的网上教学资源，可免费获取。

本书在编写时努力贯彻教学改革的有关精神，严格依据教学标准的要求，努力体现以下特色。

(1) 本书根据中等职业学校数控技术应用专业的特点，在内容选取上贯彻少而精、以操作能力的培养为原则，内容更简洁、实用。应用部分加强针对性和实用性，注重"教与做"的密切结合和学生在技能训练方面的能力培养，在教材内容编排上与生产实际紧密联系，选用较为先进、典型的实例，使学生获得实用的技能知识。

为便于学生阅读理解和考核需要，本书配以大量图示和表格，充分体现了"加强针对性，注重实用性，拓宽知识面"的原则，展现出理论知识以实用为主、够用为度的特色。

(2) 打破原有学科体系框架，变学科本位为职业能力本位，对车工工艺与技能训练的相关知识和技术进行重构，力求课程教学目标与生产实践相统一，使学生对知识的掌握和理解更贴近实际，最终实现课程培养目标。

(3) 以技能为主，理论知识为辅。删除烦琐深奥的理论知识，简化常用量具的测量原理，并降低其难度。

(4) 遵循中等职业学校学生的认知规律，坚持以学生为本的原则。本书在编写过程中充分考虑学生的实际情况，对不同水平的学生要求不同，力求达到因材施教、分层教学的目的。

(5) 以技能型人才培养为目标,依据学生未来就业岗位所需的基本知识和技能,精心选择实现课程目标的实例,从而在进入企业后能够较快地胜任机械加工工作。

本书共8个教学项目,参考学时为108学时,各项目参考学时见下表。

课程内容	理论学时	实践学时	合计
项目1　车削的基本知识	4	6	10
项目2　车削台阶轴	2	10	12
项目3　车削套类零件	3	11	14
项目4　车削圆锥面	3	11	14
项目5　车削成形面和表面修饰	2	12	14
项目6　车削三角螺纹	4	11	15
项目7　车削梯形螺纹	4	11	15
项目8　考证技能训练	2	12	14
合　计	24	84	108

本书由河北省机电工程技师学院刘志担任主编,董雪峰、康占武担任副主编,参加编写工作的还有河北省机电工程技师学院孙超臣、北方机电工业学校袁超、中国煤矿机械责任有限公司祁峰、大连机车技师学院张君、黑龙江省海林市职业教育中心张守文、江苏省靖江中等专业学校郁冬。

本书在编写过程中参考了大量的文献资料,在此向文献资料的作者致以诚挚的谢意。由于编者水平有限,书中难免有错误和不妥之处,恳请广大读者批评指正。了解更多教材信息,请关注微信订阅号:Coibook。

编　者

2016年8月

CONTENTS

目录

项目1

车削的基本知识

教学目标

(1) 能了解文明生产与安全操作的重要性。
(2) 能掌握车床的结构组成与基本操作。
(3) 能正确选取、刃磨、安装和使用刀具。
(4) 能合理选择切削用量和切削液。
(5) 能熟悉车床润滑与维护保养的方法。
(6) 能熟悉车削加工的切削过程。

任务1　安全文明生产

学习目标

(1) 认识安全文明生产的重要性。
(2) 掌握安全文明生产的注意事项及具体要求。

相关知识

坚持安全、文明生产是保障生产工人和设备的安全、防止工伤和设备事故的根本保证，同时也是工厂科学管理的一项十分重要的手段，它直接影响人身安全、产品质量和生产效率的提高，影响设备和工、夹、量具的使用寿命及操作工人技术水平的正常发挥。安全、文明生产的一些具体要求是在长期生产活动中的实践经验和血的教训的总结，要求操作者必须严格执行。

一、安全生产的具体要求

(1) 开车前检查车床各部分机构及防护设备是否完好，各手柄是否灵活、位置是否正确。检查各注油孔，并进行润滑。然后使主轴空运转1～2min，待车床运转正常后才能工作。若发现车床有故障，应立即停车、申报检修。

(2) 主轴变速必须先停车，变换进给箱手柄要在低速进行。为保持丝杠的精度，除车削螺纹外，不得使用丝杠进行机动进给。

(3) 刀具、量具及工具等的放置要稳妥、整齐、合理，有固定的位置，便于操作时取用，用后应放回原处。主轴箱盖上不应放置任何物品。

(4) 工具箱内应分类摆放物件。精度高的应放置稳妥，重物放下层、轻物放上层，不可随意乱放，以免损坏和丢失。

(5) 正确使用和爱护量具。经常保持清洁、用后擦净、涂油，放入盒内，并及时归还工具室。量具必须定期校验，以保证度量准确。

(6) 不允许在卡盘及床身导轨上敲击或校直工件，床面上不准放置工具或工件。装夹、找正较重工件时，应用木板保护床面。下班时若工件不卸下，应用千斤顶支撑。

(7) 车刀磨损后，应及时刃磨，不允许用钝刃车刀继续车削，以免增加车床负荷、损坏车床，影响工件表面的加工质量和生产效率。

(8) 批量生产的零件，首件应送检。在确认合格后，方可继续加工。精车工件要注意防锈处理。

(9) 毛坯、半成品和成品应分开放置。半成品和成品应堆放整齐、轻拿轻放，严防碰伤已加工表面。

(10) 图样、工艺卡片应放置在便于阅读的位置，并注意保持其清洁和完整。

(11) 使用切削液前，应在床身导轨上涂润滑油，若车削铸铁或气割下料的工件，应擦去导轨上的润滑油。铸件上的型砂、杂质应尽量去除干净，以免损坏床身导轨面。切削液应定期更换。

(12) 工作场地周围应保持清洁整齐，避免杂物堆放，防止绊倒。

(13) 工作完毕后，将所用过的物件擦净归位，清理机床、刷去切屑、擦净机床各部位的油污；按规定加注润滑油，最后把机床周围打扫干净；将床鞍摇至床尾一端，各转动手柄放到空挡位置，关闭电源。

二、文明生产的注意事项

(1) 工作时应穿工作服、戴袖套。女同志应戴工作帽，将长发塞入帽子。夏季禁止穿裙子、短裤和凉鞋上机操作。

(2) 工作时头不能离工件太近，以防切屑飞入眼中。为防切屑崩碎飞散，必须戴防护眼镜。

(3) 工作时必须集中精力，注意手、身体和衣服不能靠近正在旋转的机件，如工件、带轮、传动带、齿轮等。

(4) 工件和车刀必须装夹牢固，否则会飞出伤人。卡盘必须装有保险装置。装夹好工件后，卡盘扳手必须随即从卡盘上取下。

(5) 凡装卸工件、更换刀具、测量加工表面及变换速度时，必须先停车。

(6) 车床运转时，不得用手去摸工件表面，尤其是加工螺纹时，严禁用手抚摸螺纹面，以免伤手。严禁用棉纱擦抹转动的工件。

(7) 应用专用铁钩清除切屑,绝不允许用手直接清除。

(8) 在车床上操作不允许戴手套。

(9) 毛坯棒料从主轴孔尾端伸出不得太长,并应使用料架或挡板,防止甩弯后伤人。

(10) 不允许用手去刹住转动着的卡盘。

三、安全用电常识

(1) 如果电动机、电气箱等没有安装在机床上,则必须另行单独接地,方法如图 1-1 所示。

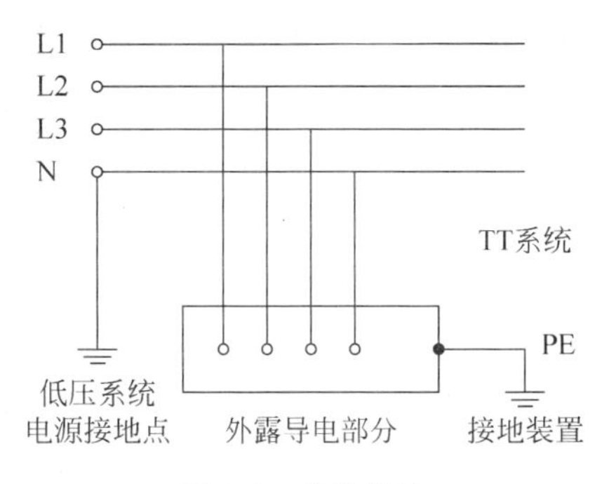

图 1-1　单独接地

(2) 电气设备的开关、手柄、按钮等操作元件,应无损坏;电气箱的门、盖应关严。不允许在电线和电器上搭挂物品。

(3) 使用车间内的移动电器时,应特别注意安全。手电钻、灯、电扇等的插头、插座、电线管、金属软管,应完好无损坏,如发现损坏,应及时处理,然后继续使用。

(4) 不能用额定电流大的熔丝保护小电流电路,否则不仅起不到保护作用,还会使电路发热,引起火灾。

(5) 不要任意装拆电气设备。工作中,如发现电气设备有故障,应找专业电工修理。修理时,首先关掉开关,断开电源,如图 1-2 所示。

图 1-2　维修电气设备

四、火警的紧急处理

(1) 发生电火警时,必须首先切断电源,然后救火,并及时报警。

(2) 如果电源没断开,绝不允许用水或普通灭火器灭火,应选用二氧化碳灭火器、1211 灭火器或用黄沙灭火。

(3) 救火时,不准随便与电线或电气设备接触,要特别留心地上的电线。

综合训练

一、填空题

1. 开车前检查车床各部分机构及防护设备________,各手柄________、位置是否正确。检查各注油孔,并进行润滑。然后使主轴空运转________ min,待车床运转正常后才能工作。

2. 正确使用和爱护量具。经常保持清洁、用后________、________,放入盒内,并及时归还工具室。量具必须定期________,以保证度量准确。

二、判断题

1. 工作时应穿工作服、戴袖套。女同志应戴工作帽,将长发塞入帽子。夏季禁止穿裙子、短裤和凉鞋上机操作。 ( )

2. 凡装卸工件、更换刀具、测量加工表面及变换速度时,必须先停车。 ( )

3. 应用专用铁钩清除切屑,绝不允许用手直接清除。 ( )

4. 遇到紧急情况,允许用手去刹住转动着的卡盘。 ( )

5. 不要随意拆装电气设备,以免发生触电事故。 ( )

三、选择题

1. 用额定电流大的熔丝保护小电流电路,( )起到保护作用。

A. 能　　B. 不能　　C. 不确定

2. 如果电源没断开,( )用水或普通灭火器灭火。

A. 能　　B. 不能　　C. 不确定

四、简答题

1. 简述安全生产的具体要求。

2. 简述文明生产的注意事项。

任务2　车床操作

学习目标

(1) 认识车床的种类及型号的表示方法。

(2) 掌握 CA6140 型卧式车床的结构组成及主要技术参数。

(3) 掌握 CA6140 型卧式车床各部分的作用及基本操作。

相关知识

按结构和用途不同，车床可分为很多种。常见的有卧式车床、立式车床、转塔车床、仿形及多刀车床、单轴自动车床、多轴自动车床、半自动车床以及各种专用车床等。为了正确使用和保养车床，充分发挥其作用，必须详细了解车床。本任务以 CA6140 型卧式车床为例进行介绍。

一、认识 CA6140 型卧式车床

CA6140 型卧式车床通用性好、系列化程度较高、性能较优越、结构较先进、操作方便、外形美观、精度较高，是一种应用广泛的车床。

1. CA6140 型卧式车床的型号说明

车床的型号不仅是一个代号，而且能表示出车床的名称、主要技术参数、性能和结构特点。CA6140 型卧式车床的型号中各代号的含义如下。

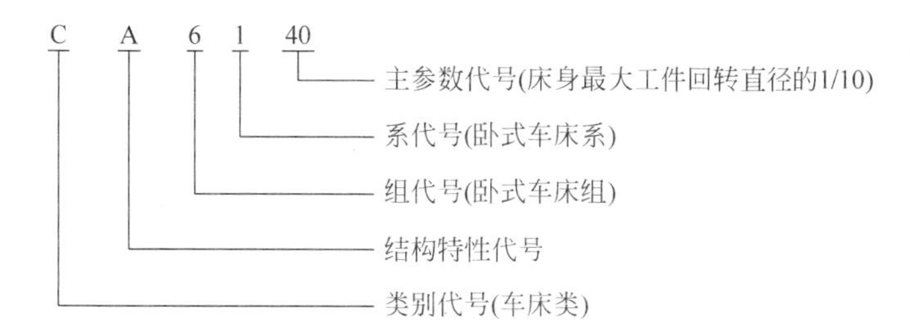

1) 类别代号

“CA6140”中的“C”称作机床的类别代号。类别代号是以机床名称的第一个字的汉语拼音的第一个字母的大写来表示的，如“C”代表车(Che)床，“Z”代表钻(Zuan)床等。按照机床的工作原理、结构特性以及使用范围，将机床分为 11 类，见表 1-1。

表 1-1　机床类别代号

类别	车床	钻床	磨床	镗床	齿轮加工机床	螺纹加工机床	铣床	刨插床	拉床	锯床	其他机床
代号	C	Z	M	T	Y	S	X	B	L	G	Q

2) 结构特性代号

“CA6140”中的“A”称作机床的结构特性代号，机床特性代号还包括通用特性代号。通用特性代号和结构特性代号都是用大写的汉语拼音字母来表示的。

(1) 通用特性代号

通用特性代号有统一固定的含义，无论在什么机床型号中，都表示相同的含义，当某些类型的机床除了有普通型机床的特性之外，还有表 1-2 中的某种通用特性时，则在类别代号后加上通用特性代号予以区分。如果没有通用特性代号，则不写机床的型号。机床通用特性代号见表 1-2。

表 1-2 机床通用特性代号

通用特性	高精度	精密	自动	半自动	数控	加工中心	仿形	轻型	加重型	简式和经济型	柔性加工单元	数显	高速
代号	G	M	Z	B	K	H	F	Q	C	J	R	X	S
读音	高	密	自	半	控	换	仿	轻	重	简	柔	显	速

(2) 结构特性代号

对主参数值相同而结构性能不同的机床，在型号中加结构特性代号予以区分。结构特性代号在机床型号中没有统一的含义，只在同类机床中起区分机床机构、性能的作用。当机床型号中有通用特性代号时，结构特性代号应排在通用特性代号之后。结构特性代号用汉语拼音表示，但是通用特性代号已用的字母及“I”“O”两个字母不能用。当单个字母不够用时，可以将两个字母组合起来使用，如 AD、AF、DA、EA 等。

3) 组、系代号

“CA6140”中的“6”和“1”称作机床的组、系代号。机床的组、系代号用数字表示，每类机床按用途、性能结构或有派生关系分为若干组。每类机床分为 10 个组，每组分为 10 个系。

(1) 机床的组：用一位阿拉伯数字表示。位于类别代号或通用特性代号、结构特性代号之后。

(2) 机床的系：用一位阿拉伯数字表示，位于组代号之后，如车床分为 10 组，用阿拉伯数字“0～9”表示，其中“6”代表落地及普通车床，“5”代表立式车床的组、系划分，见表 1-3。

表 1-3 车床组、系

组		系		组		系	
代号	名称	代号	名称	代号	名称	代号	名称
0	仪表车床	00		1	单项自动车床	10	主轴箱固定型自动车床
		01				11	单轴纵切自动车床
		02				12	单轴横切自动车床
		03	转塔车床			13	单轴转塔自动车床
		04	卡盘车床			14	
		05	精整车床			15	
		06	卧式车床			16	
		07				17	
		08	轴车床			18	
		09				19	

续表

组		系		组		系	
代号	名称	代号	名　称	代号	名称	代号	名　称
2	多轴自动车床、半自动车床	20	多轴平行作业自动车床	6	落地及卧式车床	60	落地车床
		21	多轴棒料自动车床			61	卧式车床
		22	多轴卡盘自动车床			62	马鞍车床
		23				63	轴车床
		24	多轴可调棒料自动车床			64	卡盘车床
		25	多轴可调卡盘自动车床			65	球面车床
		26	立式多轴半自动车床			66	
		27	立式多轴平行作业半自动车床			67	
		28				68	
		29				69	
3	回轮、转塔式车床	30	回轮车床	7	仿形及多刀车床	70	转塔仿形车床
		31	滑鞍转塔车床			71	仿形车床
		32				72	卡盘仿形车床
		33	滑枕转塔车床			73	立式仿形车床
		34				74	转塔卡盘多刀车床
		35	横移转塔车床			75	多刀车床
		36				76	卡盘多刀车床
		37	立式转塔车床			77	立式多刀车床
		38				78	
		39				79	
4	曲轴及凸轮轴车	40	旋风切削曲轴车床	8	轴轮辊及铲齿车床	80	车轮车床
		41	曲轴车床			81	车轴车床
		42	曲轴主轴颈车床			82	动轮曲拐销车床
		43	轴颈车床			83	轴颈车床
		44	曲轴连杆			84	轧辊车床
		45	多刀凸轮轴车床			85	钢锭车床
		46	凸轮轴车床			86	
		47	凸轮轴中轴颈车床			87	
		48	凸轮轴端轴颈车床			88	
		49	凸轮轴凸轮车床			89	
5	立式车床	50		9	其他车床	90	落地镗车床
		51	单柱立式车床			91	
		52	双柱立式车床			92	单轴半自动车床
		53	单柱移动立式车床			93	
		54	双柱移动立式车床			94	
		55	工作台移动单柱立式车床			95	
		56				96	
		57	定梁单柱立式车床			97	活塞环车床
		58	定梁双柱立式车床			98	钢锭模车床
		59				99	

4）主参数代号

（1）机床的主参数

“CA6140”中的“40”称作机床的主要参数代号，分为主参数和第二主参数。机床的主参数是机床的重要技术规格，通常用折算值表示，位于系代号之后。

（2）第二主参数

第二主参数通常用于表示主轴数、最大工件长度、最大加工长度、最大模数等，标注在主参数之后，并用“X”和主参数分开，第二主参数（除多轴机床的主轴数外）均不予表示，如有特殊情况，需在车床型号中表示时，应按一定手续审批。

在车床型号中表示的第二主参数，一般折算成二位数，最多不应超过三位数。

以长度、深度表示：折算系数为1/100。

以直径、宽度值表示：折算系数为1/10。

以厚度、最大模数值表示：折算系数为1。

常用车床主参数、第二主参数和折算系数见表1-4。

表1-4 常用车床主参数、第二主参数和折算系数

车床	主参数		第二参数	
	参数名称	折算系数	参数名称	折算系数
单轴自动车床	最大棒料直径	1		
多轴自动车床	最大棒料直径	1	轴数	
多轴半自动车床	最大车削直径	1/10	轴数	
四轮车床	最大棒料直径	1		
转塔车床	最大车削直径	1/10		
单轴及双柱立式车床	最大车削直径	1/100	最大工件高度	
落地车床	最大回转直径	1/100	最大工件长度	
卧式车床	最大回转直径	1/100	最大工件长度	
铲式车床	最大工件直径	1/10	最大模数	

5）机床重大改进顺序号

当机床的结构、性能有更高的要求，需要按新产品重新设计、试制和鉴定时，应按改进的先后顺序，用汉语拼音字母A、B、C、…（不得选用“I”“O”两字母），加在机床型号基本部分的尾部，用来区分原机床型号。如“CA6140A”型是“CA6140”型的改进型。

2. CA6140型卧式车床的主要技术规格

床身上工件最大回转直径：400mm

中滑板上工件最大回转直径：210mm

最大工件长度（4种）：750mm、1000mm、1500mm、2000mm

最大纵向行程：650mm、900mm、1400mm、1900mm

中心高（主轴中心到床身平面导轨距离）：205mm

主轴内孔直径：48mm

主轴转速：
正转(24 级)　　10～1400r/min
反转(12 级)　　14～1580r/min
车削螺纹范围：
米制螺纹(44 种)　　1～192mm
英制螺纹(20 种)　　2～24 牙/in
米制蜗杆(39 种)　　0.25～48mm
英制蜗杆(37 种)　　1～96 牙/in
机动进给量：
纵向进给量(64 种)　　0.028～6.3mm/r
横向进给量(64 种)　　0.014～3.16mm/r
床鞍纵向快速移动速度：　4m/min
中滑板横向快速移动的速度：　2m/min
主电动机功率、转速：　7.5kW、1450r/min
快速移动电动机功率、转速：　0.25kW、2800r/min
机床工作精度：
精车外圆的圆度　　0.01mm
精车外圆的圆柱度　　0.01mm/100mm
精车端面平面度　　0.02mm/400mm
精车螺纹的螺距精度　　0.04mm/100mm、0.06mm/300mm
精车表面粗糙度　　*Ra*0.8～*Ra*1.6μm

二、CA6140 型卧式车床的组成结构

CA6140 型卧式车床的外形结构如图 1-3 所示。

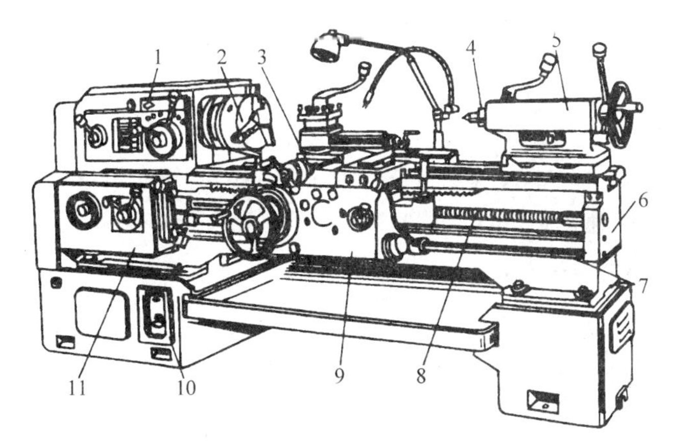

图 1-3　CA6140 型卧式车床的外形结构

1—主轴箱；2—卡盘；3—刀架；4—后顶尖；5—尾座；6—床身；7—光杠；8—丝杠；9—床鞍；10—底座；11—进给箱

1. 主轴箱

主轴箱又称床头箱，主要用于支承主轴并带动工件做旋转运动。主轴箱内装有齿轮、轴等零件，以组成变速传动机构，如图 1-4 所示。变换主轴箱外的手柄位置，可使主轴获得多种转速，并带动装夹在卡盘上的工件一起旋转。

图 1-4 主轴箱

2. 床身

床身是车床的大型基础部件，包括一条 V 形导轨和一条矩形导轨，如图 1-5 所示。主要用于支承和连接车床的各个部件，并保证各部件在工作时有准确的相对位置。

图 1-5 床身导轨

3. 交换齿轮箱

交换齿轮箱又称为挂轮箱，主要用于将主轴箱的运动传递给进给箱。交换齿轮箱内的齿轮，配合进给箱变速机构，可以车削各种导程的螺纹(或蜗杆)，并可满足车削时对纵向和横向不同进给量的需求。

4. 进给箱

进给箱又称走刀箱，是进给传动系统的变速机构，如图 1-6 所示。进给箱把交换齿轮箱传递来的运动，经过变速后传递给丝杠，以实现车削各种螺纹；传递给光杠，以实现机动进给。

5. 溜板箱

溜板箱如图 1-7 所示，由床鞍、中滑板、小滑板和刀架等组成。溜板箱接受光杠(或丝杠)传递来的运动。操纵箱外手柄，按下按钮，通过快移机构驱动刀架部分，以实现车刀的

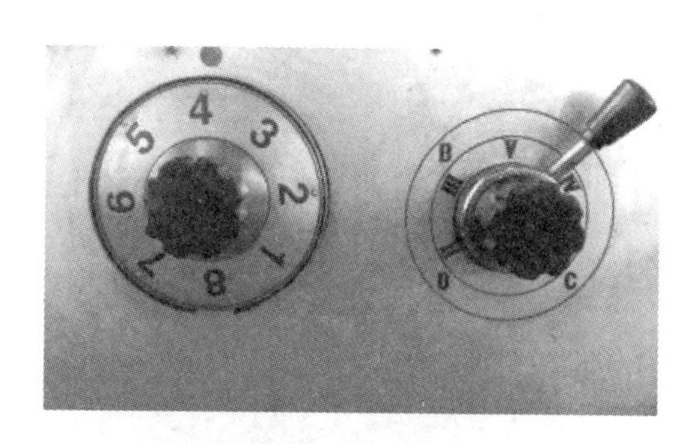

图 1-6　进给箱

图 1-7　溜板箱

纵向或横向运动。

6. 尾座

尾座如图 1-8 所示，安装在床身导轨上，沿导轨纵向移动，以调整其工作位置。尾座主要用来安装后顶尖，以支顶较长的工件，也可装夹钻头或铰刀等，进行孔的加工。

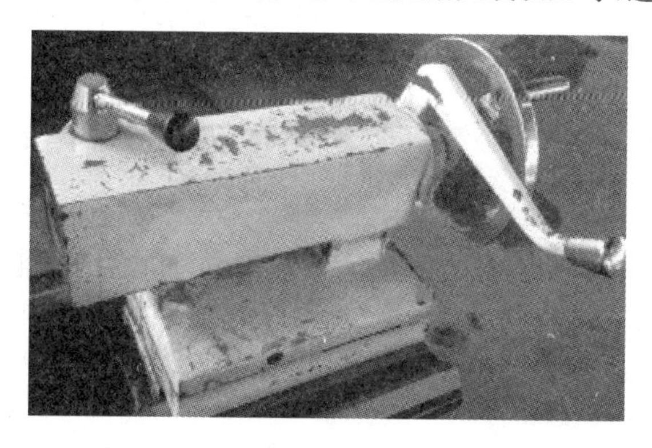

图 1-8　尾座

7. 床脚

床脚如图 1-9 所示，前后两个床脚分别与床身前后两端的下部连为一体，用以支承床身及安装床身上的各个部件。可以通过调整垫铁把床身调整到水平状态，并用地脚螺栓把整台车床固定在工作场地上。

图 1-9 床脚

8. 冷却装置

冷却装置主要通过冷却泵将切削液加压后经冷却嘴喷射到切削区域。

三、CA6140 型卧式车床的传动系统

为了把电动机的旋转运动转化为工件和车刀的运动，而通过的一系列复杂的传动机构称为车床的传动路线。CA6140 型卧式车床的传动系统如图 1-10 所示。

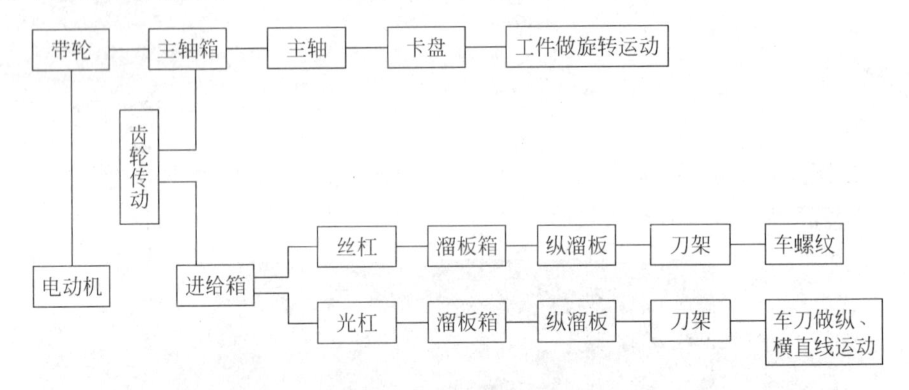

图 1-10 CA6140 型卧式车床的传动系统

电动机驱动 V 带轮，通过 V 带把运动输入主轴箱，再通过变速机构变速，使主轴得到各种不同的转速，再经卡盘带动工件做旋转运动。同时，主轴箱把旋转运动输入交换齿轮箱，再通过进给箱变速后由丝杠或光杠驱动溜板箱带动刀架运动，从而达到控制车刀运动轨迹来完成各种表面的车削工件。

四、CA6140 型卧式车床的基本操作

1. 车床的起动操作

车床在起动前必须检查车床的各变速手柄是否处于空挡位置、离合器是否处于正确位置、操纵杆是否处于停止状态等，在确定无误后，方可合上车床电源总开关，开始操作车床。

(1) 通电

将电源开关向上拨起,接通电源开关,转动机床钥匙打开车床电源,如图1-11所示。

(2) 起动

按下床鞍上的绿色起动按钮,电动机起动;按下床鞍上的红色停止按钮,电动机停止转动,如图1-12所示。

图1-11　车床起动按钮

图1-12　车床电源

(3) 改变主轴转向

向上扳动操纵杆手柄,主轴正转;操纵杆手柄回到中间位置,主轴停止转动;向下扳动操纵杆手柄,主轴反转,如图1-13所示。

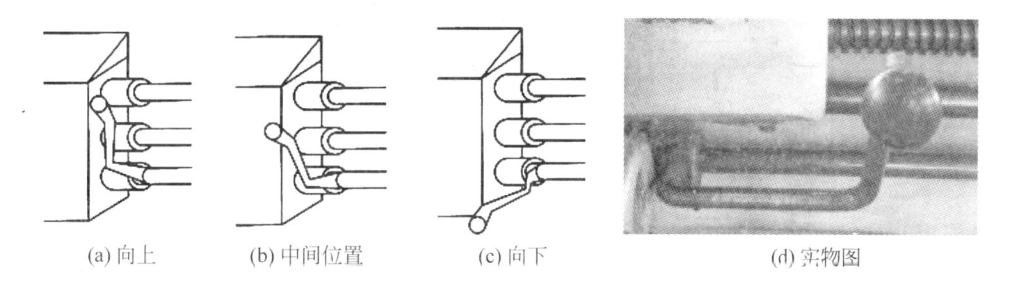

(a) 向上　(b) 中间位置　(c) 向下　(d) 实物图

图1-13　车床操作杆手柄

2. 主轴箱变速操作

车床主轴的变速是通过改变主轴箱正面右侧的两叠套手柄(也称变速手柄)的位置来控制的。将两个手柄拨到不同的位置即可获得相应的主轴转速。内侧手柄对应的原点,用颜色表示,共有红、黑、黄、蓝4种颜色(另有两个空白原点,表示空挡位),外侧手柄对应数字(及主轴转速)如图1-14所示。

3. 进给箱操作

(1) 进给箱变速操作

进给箱正面左侧有一个进给变速手轮,有1、2、3、4、5、6、7、8挡,右侧有前后叠套的手柄和手轮,内侧的手柄是丝杠、光杠的变换手柄,有A、B、C、D挡,外侧的手轮有Ⅰ、Ⅱ、Ⅲ、Ⅳ挡,利用手轮与手柄配合,可以调整加工进给量或螺纹螺距,如图1-15所示。

在实际操作中,确定选择和调整进给量时应对照车床进给调配表并结合进给变速手

图 1-14　主轴箱变速手柄

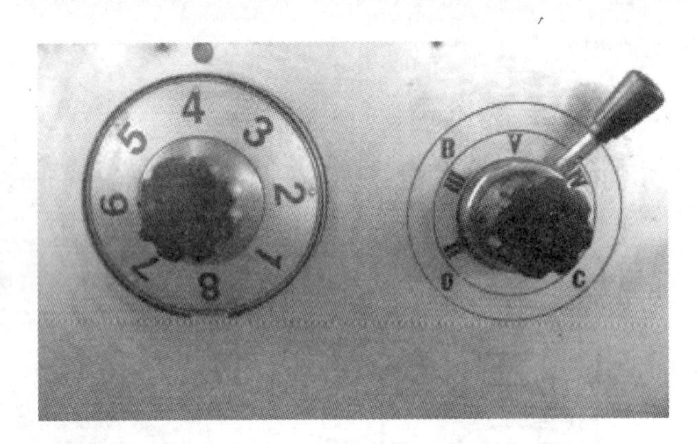

图 1-15　进给箱变速手柄

轮与丝杠、光杠变速手柄进行。

（2）螺纹旋向变换

螺纹旋向变换手柄共有 4 挡，用于螺纹的左、右旋向、变换和加大螺距，如图 1-16 所示。

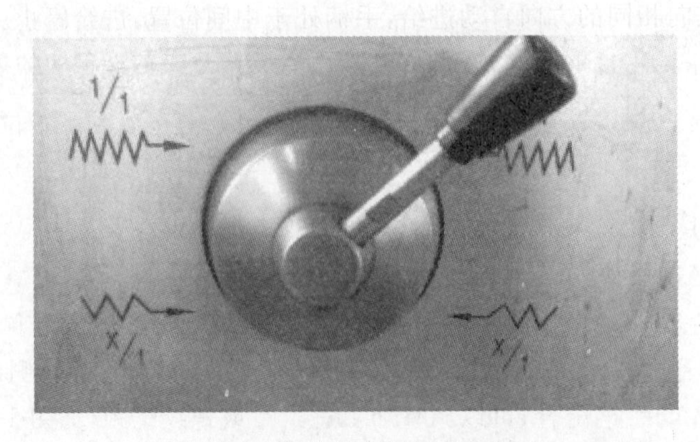

图 1-16　螺纹旋向调整变换手柄

（3）螺距的调整变换

在右旋正常螺距螺纹下，对应转动进给箱上的两个手轮手柄，可以实现不同螺距螺纹的车削，如图 1-15 所示。

4. 溜板箱的操作

（1）手动操作

顺时针转动溜板箱大手轮，床鞍向右移动；逆时针转动溜板箱大手轮，床鞍向左移动。大手轮上的刻度盘圆周共有 300 格，每一格为 1mm，即大手轮每转一格，溜板箱纵向移动 1mm。

顺时针转动中滑板手柄，中滑板横向进刀；逆时针转动中滑板手柄，中滑板横向退刀。中滑板手柄上的刻度盘圆周共有 100 格，每一格为 0.05mm，即中滑板每转一格，横向移动 0.05mm。

由于丝杠和螺母之间存在间隙，因此会产生空行程。使用时必须慢慢地把刻度线转至所需格数。如果不小心多转了刻度格，绝不能简单直接退回几格，必须向相反方向退回全部空行程，再转至所需要的格数处，如图 1-17 所示。

(a) 转过格数　(b) 直接退回　(c) 退回全部空行程再进

图 1-17　消除刻度盘空行程的方法

顺时针转动小滑板手柄，小滑板纵向进刀；逆时针转动小滑板手柄，小滑板纵向退刀。小滑板手柄上的刻度盘圆周共有 100 格，每一格为 0.05mm，即小滑板每转一格，纵向移动 0.05mm。

（2）自动进给操作

溜板箱右侧的自动进给手柄如图 1-18 所示。分别向左右、前后方向扳动自动进给手柄，溜板箱及床鞍向相同的方向自动进给，手柄处于中间位置，进给停止。

在扳动自动进给手柄的同时按下快进按钮，溜板箱及床鞍沿手柄的扳动方向作纵、横向快速移动；松开快进按钮，快速移动停止。

（3）开合螺母的操作

开合螺母位于溜板箱前面右侧，向下扳动手柄，开合螺母与丝杠啮合，丝杠带动溜板箱纵向进给，用来车削螺纹；向上提起开合螺母手柄，则丝杠与溜板箱运动断开，由光杠带动溜板箱纵向进给，用来车削加工。开合螺母的手柄如图 1-19 所示。

（4）刀架的操作

刀架用于安装车刀，逆时针转动刀架手柄，刀架可做逆时针转动，以调换车刀；顺时针转动刀架手柄，刀架则被锁紧，如图 1-20 所示。

图 1-18　自动进给手柄

图 1-19　开合螺母手柄

5. 尾座的操作

逆时针扳动尾座的固定手柄,尾座可固定在床身上的任一位置；顺时针扳动尾座的固定手柄,尾座可沿床身导轨做纵向移动；顺时针转动尾座手柄,尾座套筒向前伸出；逆时针转动尾座手柄,尾座套筒退回。顺时针转动套筒固定手柄,则套筒锁紧,手轮转动被制止；逆时针转动套筒固定手柄,手轮则可转动。车床尾座如图 1-21 所示。

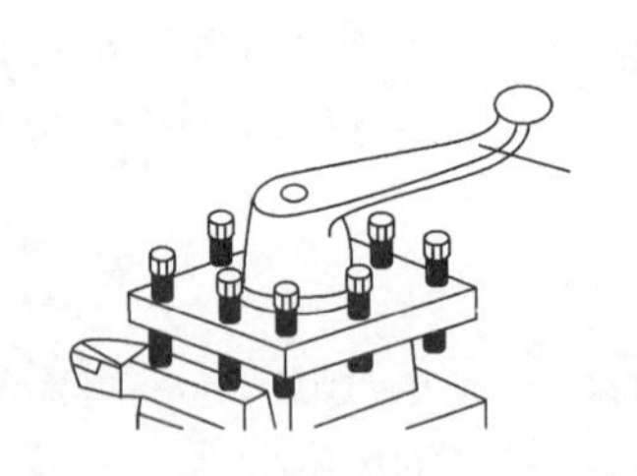

图 1-20　刀架

图 1-21　车床尾座

一、填空题

1. 按结构和用途不同,车床可分为很多种。常见的有卧式车床、________、转塔车床、________、单轴自动车床、________、半自动车床以及各种专用车床等。

2. 车床的型号能表示车床的________、________、性能和________。

3. 床身是车床的大型基础部件,有两条精度要求很高的________和________。

二、判断题

1. 交换齿轮箱又称为挂轮箱，主要用于将主轴箱的运动传递给进给箱。（　　）

2. 主轴箱又称床头箱，主要用于支承主轴并带动工件做旋转运动。（　　）

3. 四个床脚分别与床身前后两端的下部连为一体，用以支承床身及安装床身上的各个部件。（　　）

4. 冷却装置通过冷却泵将切削液加压后经冷却嘴喷射到切削区域。（　　）

三、选择题

1. 车床主轴变速时通过改变主轴箱正面右侧的（　　）个变速手柄的位置来控制。

A. 1　　B. 2　　C. 3　　D. 4

2. 进给箱正面左侧有一个进给变速手轮，它有（　　）挡。

A. 8　　B. 2　　C. 3　　D. 4

3. 大手轮上的刻度盘圆周共有 300 格，每一格为（　　）。中滑板手柄上的刻度盘圆周共有 100 格，每一格为（　　）。

A. 0.05mm　　B. 1mm　　C. 2mm　　D. 不确定

四、简答题

1. 简述 CA6140 型卧式车床型号中各代号的含义。

2. 车床由哪些主要部分组成？各部分有何功能？

3. 若刀架需向左纵向进刀 250mm，应该操纵哪个手轮？其刻度盘需要转过多少格？

任务3　车刀简介

学习目标

（1）认识车刀的材料和种类。

（2）认识砂轮的材料和种类。

（3）掌握车刀刃磨和安装的方法及注意事项。

相关知识

在车削加工过程中，车床是形成切削运动和动力的来源，车刀则直接改变毛坯的形状，使其达到所需要零件的形状和技术条件的工作部件。合理地选用和正确地刃磨车刀，对保证加工质量、提高生产效率有极大的影响。因此，正确刃磨车刀，合理选取、使用车刀是车工必备的关键技术之一。

一、常用车刀的种类和用途

1. 车刀的种类

按用途可将车刀分为外圆车刀、端面车刀、切断刀、内孔车刀、成形车刀和螺纹车刀等，如图 1-22 所示。

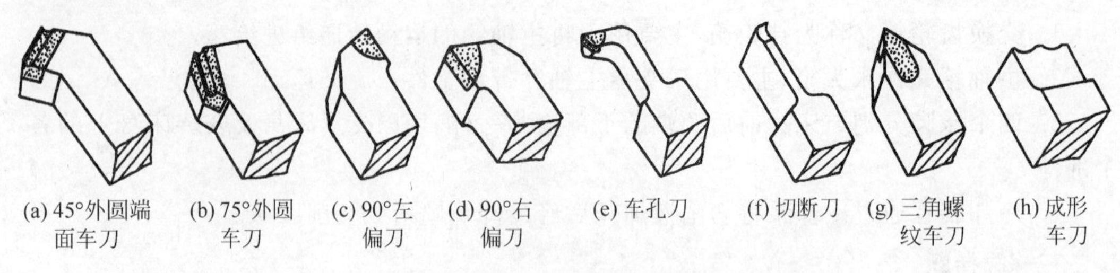

图 1-22 常用车刀

2. 车刀的用途

常用车刀的基本用途如图 1-23 所示。

(1) 90°外圆车刀 又称为偏刀。主要用来车削外圆、台阶和端面，如图 1-23(a)所示。

(2) 45°车刀 主要用来车削外圆、端面和倒角，如图 1-23(b)所示。

(3) 切断刀 用于切断或切槽，如图 1-23(c)所示。

(4) 内孔车刀 用于车削内孔，如图 1-23(d)所示。

(5) 螺纹车刀 用于车削螺纹，如图 1-23(e)所示。

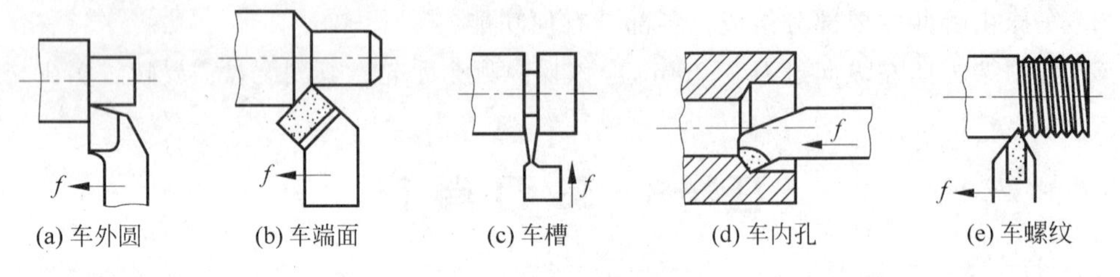

图 1-23 常用车刀的用途

3. 硬质合金可转位车刀

如图 1-24 所示，用机械夹紧的方式将硬质合金制造的各种形状的刀片固定在相应标准的刀杆上，组合成加工各种表面的车刀。当刀片上的一个切削刃磨钝后，只需要将刀片

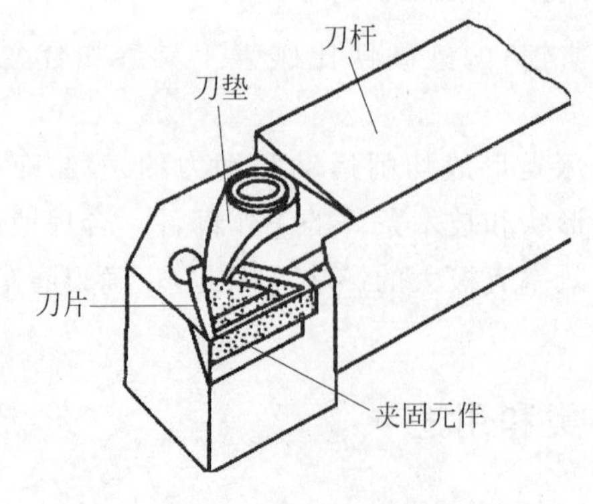

图 1-24 硬质合金可转位车刀

转过适当角度，不需要刃磨就可用新的切削刃继续切削，从而大大地节省了换刀和刃磨时间，并提高了刀杆的利用率。

二、车刀切削部分的材料

1. 车刀的材料要求

在车削过程中，车刀的切削部分是在较大的切削力、较高的切削温度和剧烈的摩擦条件下进行工作的。车刀寿命的长短和切削效率的高低主要取决于车刀切削部分的材料是否具备优良的切削性能。具体要求如下：

(1) 应具有高硬度。车刀材料的硬度必须大于工件材料的硬度，常温硬度一般要在60HRC以上。

(2) 应具有高耐磨性。耐磨性是指车刀材料抵抗磨损的能力。车刀的切削部分在切削过程中经受着剧烈的摩擦，因此必须具有良好的耐磨性。一般情况下，刀具材料的硬度越高，耐磨性也越高。

(3) 应具有足够的强度和韧性。为了承受切削时较大的切削力、冲击力和振动，防止脆裂和崩刃，车刀材料必须具有足够的强度和韧性。

(4) 应具有高红硬性。红硬性是指车刀在高温下能保持正常切削的性能，是衡量车刀材料切削性能的主要指标。

(5) 应具有良好的工艺性。即较好的磨削加工性、较好的热处理工艺性、较好的焊接工艺性。

2. 车刀常用材料的种类和牌号

(1) 碳素工具钢

碳素工具钢在受热至200～300℃时，硬度和耐磨性就迅速下降，因此多用于制造低速手用工具，如锉刀、手工锯条等。

(2) 合金工具钢

合金工具钢热处理后的硬度为60～65HRC，合金工具钢比碳素工具钢的耐热性、耐磨性略高，切削速度和刀具使用寿命远不如高速钢，因此其用途受到很大限制，一般只用于制造手用丝锥、手用铰刀等。

(3) 高速工具钢

高速工具钢(简称高速钢)的红硬性比碳素工具钢和合金工具钢有显著提高，能耐550～650℃的温度，切削速度比碳素工具钢高2～3倍。

高速钢是一种具有较高的强度、韧性、耐磨性和红硬性的刀具材料，应用范围较广，常用于制造各种结构复杂的刀具，如成形车刀、铣刀、钻头、铰刀、齿轮刀具、螺纹刀具等。

(4) 硬质合金

硬质合金的硬度很高，常温硬度能达74～81HRC，耐磨性好，红硬性高，在850～1000℃时仍能保持良好的切削性能，因此可采用比高速钢高几倍甚至十几倍的切削速度，并能切削高速钢无法切削的难加工材料。其缺点是韧性较差，怕冲击，刃口磨得不如高速钢刀具锋利。按照国家标准GB/T 2075—2007的规定，硬质合金分为K类(YG类)、P类(YT类)和M类(YW类)。

① K类。K类硬质合金呈红色，其韧性、磨削性能和导热性好，适用于加工脆性材料（如铸铁、有色金属和非金属材料）。

K类硬质合金的牌号有K01、K10、K20、K30、K40等几种。随合金牌号的增大，其耐磨性降低，韧性增加，切削速度降低而进给量增大。

② P类。P类硬质合金呈蓝色，其耐磨性比K类高，但抗弯强度、磨削性能和导热系数有所下降，脆性大，不耐冲击，因此这类合金不宜用来加工脆性材料，只适用于高速切削一般钢材。

P类硬质合金的牌号有P01、P10、P20、P30、P40、P50等几种。随合金牌号的增大耐磨性降低，韧性增加，切削速度降低，进给量增大。使用时，一般P01用于精加工，P40、P50用于粗加工。

③ M类。M类硬质合金呈黄色，其高温硬度、强度、耐磨性和抗氧化性、韧性都有所提高，具有较好的综合切削性能，主要用于切削难加工材料，如铸钢、合金铸铁、耐高温合金等。

M类硬质合金的牌号有M10、M20、M30、M40等几种，合金的性能和切削性能的变化与K类、P类硬质合金相同。

(5) 陶瓷

用氧化铝（Al_2O_3）微粉在高温下烧结而成的刀片材料，其硬度、耐磨性和耐热性均高于硬质合金。因此可采用比硬质合金高几倍的切削速度，并易获得较高的表面粗糙度和尺寸精度。但陶瓷材料刀片的最大缺点是脆，抗弯强度低，易崩刃。陶瓷材料刀片主要用于连续切削表面场合。此外，还有一些高性能的刀具材料得到应用，如聚晶人造金刚石、立方碳化硼等。

三、车刀的结构组成

1. 车刀的组成

车刀由刀体和刀头组成。刀体是刀具的夹持部分，刀头是刀具上夹持或焊接刀片的部分，或由它形成切削刃的部分，如图1-25所示。

刀头是车刀的切削部分，由“三面两刃一尖”（即前面、主后面、副后面、主切削刃、副切削刃、刀尖）组成，如图1-26所示。

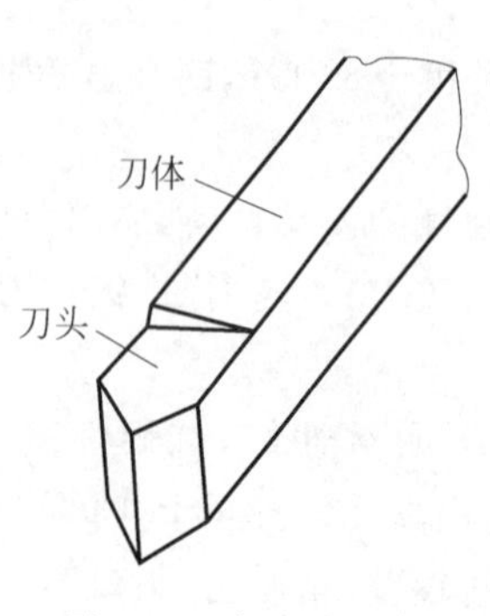

图1-25　车刀的组成

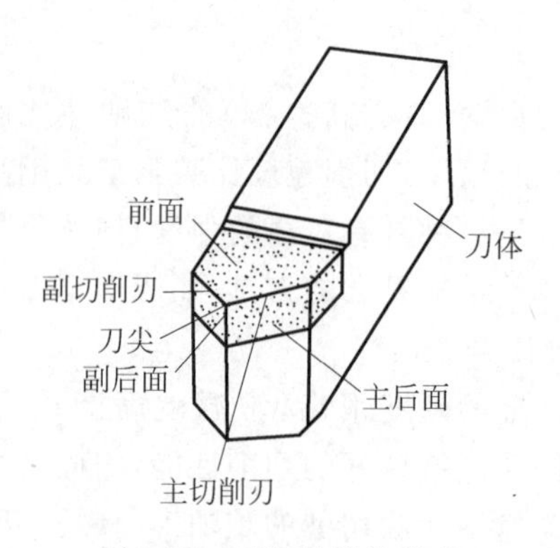

图1-26　刀头的结构组成

(1) 前面　切削时刀具上切屑流出的表面。

(2) 主后面　切削时与工件上过渡表面相对的表面。

(3) 副后面　切削时与工件上已加工表面相对的表面。

(4) 主切削刃　前面与主后面的交线，担负主要的切削工作。

(5) 副切削刃　前面与副后面的交线，担负少量的切削工作，起一定的修光作用。

(6) 刀尖　主切削刃与副切削刃的相交部分，一般为一小段过渡圆弧。

2. 车刀的主要角度及作用

为了确定车刀的角度，要建立三个辅助坐标平面，即切削平面、基面和主剖面。对车削而言，如果不考虑车刀安装和切削运动的影响，切削平面可认为是铅垂面；基面是水平面；当主切削刃水平时，垂直于主切削刃所作的剖面为主剖面，如图1-27所示。

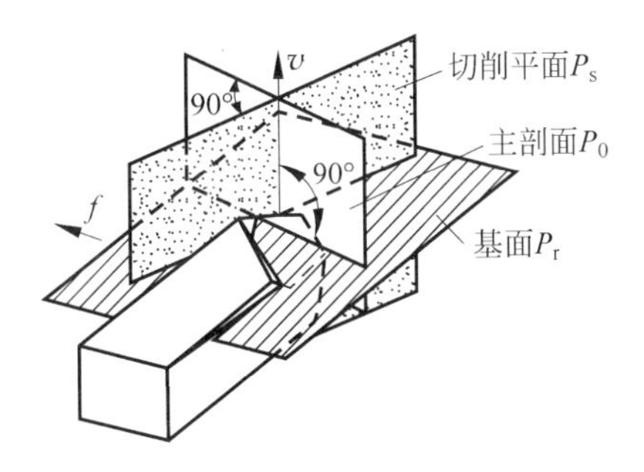

图1-27　刀具角度的辅助平面

如图1-28所示，车刀的主要角度有前角(γ_0)、后角(α_0)、主偏角(κ_r)、副偏角(κ_r')和刃倾角(λ_s)。

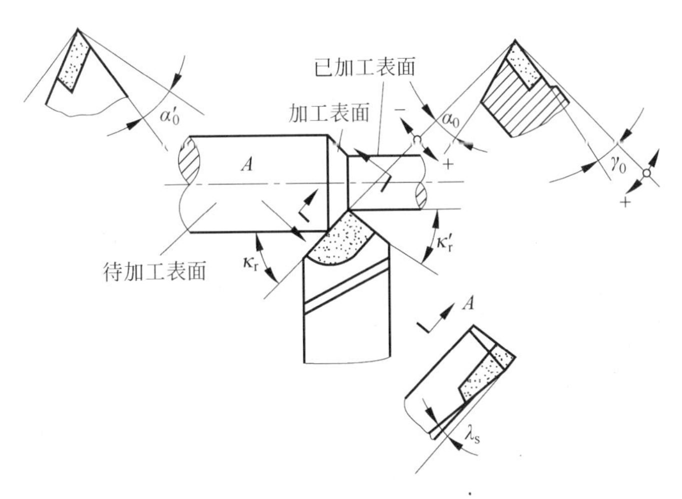

图1-28　车刀角度

(1) 在主剖面中测量的角度

① 前角(γ_0)。

前角是前面与基面之间的夹角，主要作用是使刀刃锋利，便于切削。车刀的前角不能太大，否则会削弱刀刃的强度，容易磨损甚至崩刃。加工塑性材料时，前角可选大些，若用硬质合金车刀切削钢件，可取 $\gamma_0=10°\sim20°$；精加工时，车刀的前角应比粗加工大，这样刀刃锋利，降低工件的表面粗糙度。

② 后角(α_0)。

后角是主后面与切削平面之间的夹角，主要作用是减小车削时主后面与工件的摩擦，α_0 一般取 6°～12°，粗车时取小值，精车时取大值。

(2) 在基面中测量的角度

① 主偏角(κ_r)。

主偏角是主切削刃在基面的投影与进给方向的夹角，主要作用是可改变主切削刃、增加切削刃的长度，影响径向切削力的大小以及刀具使用寿命。小的主车刀常用的主偏角有 45°、60°、75°、90°等几种。

② 副偏角(κ_r')。

副偏角是副切削刃在基面上的投影与进给反方向的夹角，主要作用是减小副切削刃与已加工表面之间的摩擦，以改善已加工表面的表面粗糙度。κ_r'一般取 5°～15°。

(3) 在切削平面中测量的角度是刃倾角

刃倾角是主切削刃与基面的夹角，主要作用是控制切屑的流出方向。主切削刃与基面平行时，$\lambda_s=0$；刀尖处于主切削刃的最低点时，λ_s 为负值，刀尖强度增大，切屑流向已加工表面，用于粗加工；刀尖处于主切削刃的最高点时，λ_s 为正值，刀尖强度减小，切屑流向待加工表面，用于精加工。车刀刃倾角 λ_s 一般取 $-5°\sim+5°$。

3. 车刀安装注意事项

(1) 车刀安装在刀架上，伸出部分不宜太长，伸出量一般为刀杆高度的 1～1.5 倍。伸出过长会使刀杆刚性变差，切削时易产生振动，影响工件的表面粗糙度。

(2) 车刀垫铁要平整，数量要少，垫铁应与刀架对齐。车刀至少要用两个螺钉在刀架上压紧，并逐个轮流拧紧，如图 1-29 所示。

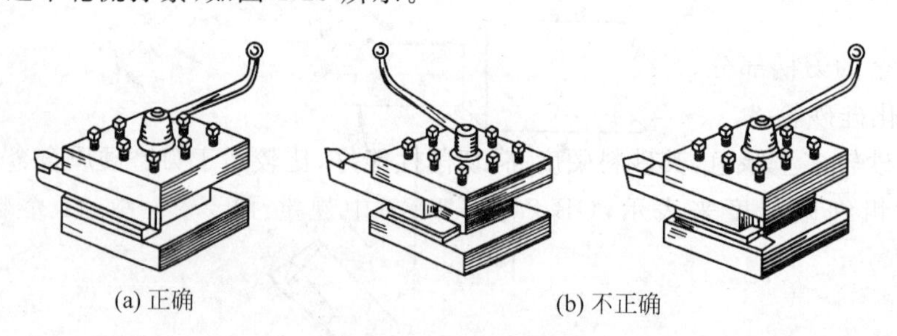

(a) 正确　　(b) 不正确

图 1-29　车刀的安装

(3) 车刀刀尖一般应与工件轴线等高，否则会因基面和切削平面的位置发生变化，而改变车刀工作时的前角和后角的数值。当车刀刀尖高于工件轴线时，会使后角减小，增大车刀后面与工件间的摩擦；当车刀刀尖低于工件轴线时，会使前角减小，切削不顺利，如图 1-30 所示。

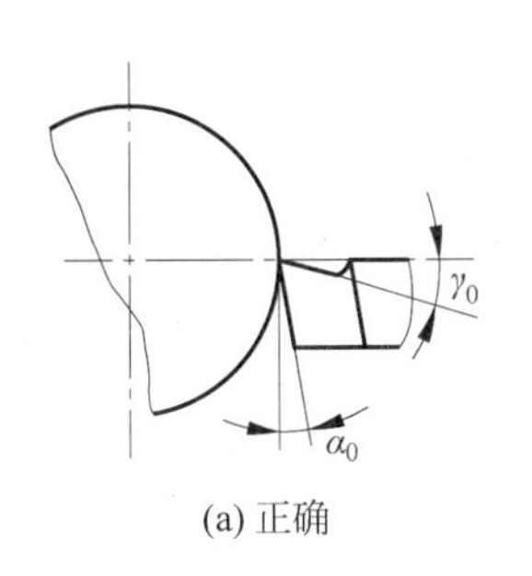

(a) 正确

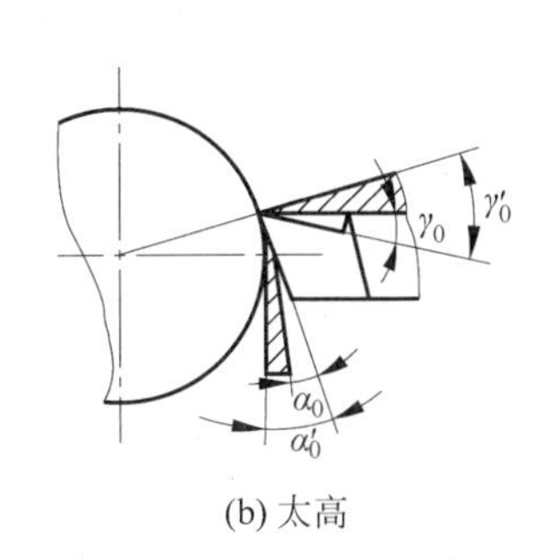

(b) 太高

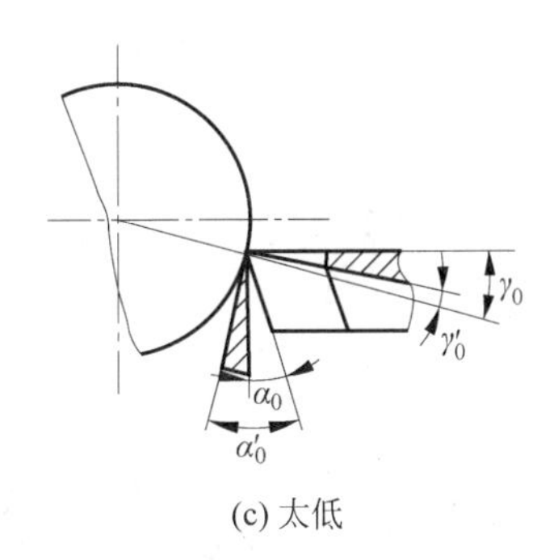

(c) 太低

图 1-30　车刀刀尖的位置

四、车刀的刃磨

在车床上主要依靠工件的旋转主运动和刀具的进给运动来完成切削工作。因此车刀角度的选择是否合理，车刀刃磨的角度是否正确，都会直接影响工件的加工质量和切削效率。

在切削过程中，由于车刀的前面和后面处于剧烈的摩擦和切削热的作用之中，会使车刀切削刃口变钝而失去切削能力，只有通过刃磨才能恢复切削刃口的锋利和正确的车刀角度。因此，车工不仅要懂得切削原理，合理地选择车刀角度的有关知识，还必须熟练地掌握车刀的刃磨技能。

车刀的刃磨分机械刃磨和手工刃磨两种。机械刃磨效率高、质量好，操作方便。但目前中小型工厂仍普遍采用手工刃磨。因此车工必须掌握手工刃磨车刀的方法。

1. 砂轮的选用

机械加工过程中，目前常用的砂轮有氧化铝和碳化硅两类，刃磨时必须根据刀具材料来决定。

(1) 氧化铝砂轮

氧化铝砂轮多呈白色，其砂粒韧性好，比较锋利，但硬度稍低，适于刃磨调整高速钢车刀和硬质合金的刀柄部分。

(2) 碳化硅砂轮

碳化硅砂轮多呈绿色，其砂料硬度高，切削性能好，比较适于刃磨硬质合金车刀。

砂轮的粗细以粒度来表示，GB 2477—1983 中规定了砂轮分为 41 个粒度号，如 60 号、80 号、120 号等。粒度号越大砂轮越细，反之则砂轮越粗。粗磨车刀的刀柄时一般应选用 60 号以下砂轮，精磨车刀的硬质合金时应选 80 号或 120 号砂轮，即粗磨车刀时使用粒度号小的砂轮，精磨车刀时使用粒度号大的砂轮。

2. 车刀刃磨的方法

下面以 90°硬质合金 YT15 外圆车刀为例，介绍手工刃磨车刀的方法。

(1) 先磨去车刀前面和后面上的焊渣或氧化皮，并将车刀底面磨平

可以选用粒度号为 24～36 号的氧化铝砂轮。

(2) 粗磨主后面和副后面的刀杆部分

刃磨时，后角略高于砂轮中心的水平位置处，将车刀翘起一个比刀头后角略大 2°～3°

的后隙角，以便刃磨刀头上的主后角和副后角，如图 1-31 所示。

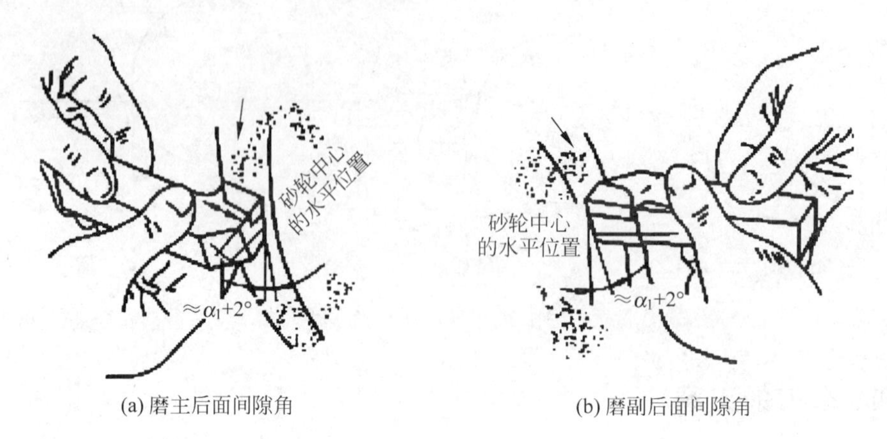

(a) 磨主后面间隙角　　(b) 磨副后面间隙角

图 1-31　粗磨刀柄上的主后面、副后面

(3) 粗磨刀体上的主后面

在砂轮上刃磨主后面时，刀柄应与砂轮轴线保持平行，同时刀体底平面向砂轮方向倾斜一个比主后角大 2°的角度。刃磨时，先把车刀已磨好的后间隙面靠在砂轮的外圆上，并以接近砂轮中心的水平位置为刃磨的起始位置，然后使刃磨位置继续向砂轮靠近，并做左右缓慢水平移动。当砂轮磨至刀刃部位有火花出现时即可结束。这样可同时磨出 $\kappa_r=90°$的主偏角和主后角，如图 1-32(a)所示。

(4) 粗磨刀体上的副后面

刀柄尾部应向右偏移一个副偏角的角度，同时车刀底平面向砂轮方向倾斜一个比副后角大 2°的角度，如图 1-32(b)所示。具体刃磨方法与粗磨刀体上主后面基本相同。所不同的是粗磨副后面时砂轮应磨到刀尖处为止。因此，可以同时磨出车刀的后角和副后角。

(5) 粗磨前面

在砂轮的端面上粗磨出车刀的前面，并在刃磨前面的同时磨出车刀的前角，如图 1-33 所示。

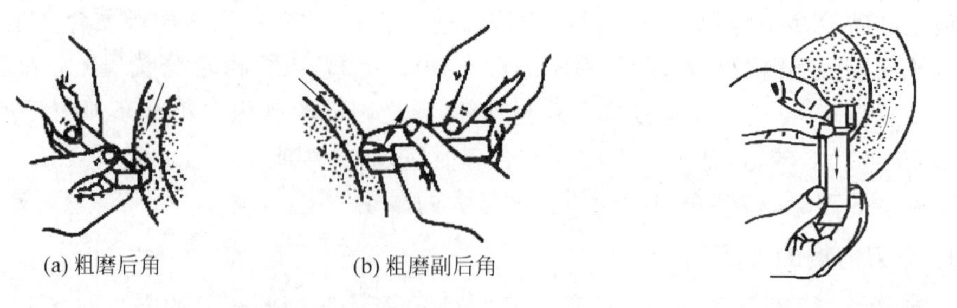

(a) 粗磨后角　　(b) 粗磨副后角

图 1-32　粗磨后角、副后角

图 1-33　粗磨前面和前角

(6) 刃磨断屑槽

断屑槽是车刀在车削塑性金属材料的过程中，用来解决铁屑形状及控制铁屑流向的关键问题。若铁屑连绵不断呈带状，并缠绕在工件或车刀刀头部位时，不仅会影响车刀的

正常车削工作，而且会划伤已加工好的工件表面，甚至会发生安全事故。在硬质合金刀片上磨出断屑槽的目的就是当切屑经过断屑槽时，使铁屑产生内应力而强迫它经过变形后而自行折断。

在生产过程中，常见的车刀断屑槽一般可分为圆弧形和直线形两种，如图 1-34 所示。圆弧形断屑槽的前角一般都较大，适于车削较软的金属材料；直线形断屑槽前角较小，适于车削较硬的金属材料。断屑槽的宽窄应根据背吃刀量和进给量来确定。硬质合金车刀圆弧形断屑槽参数的选择见表 1-5。

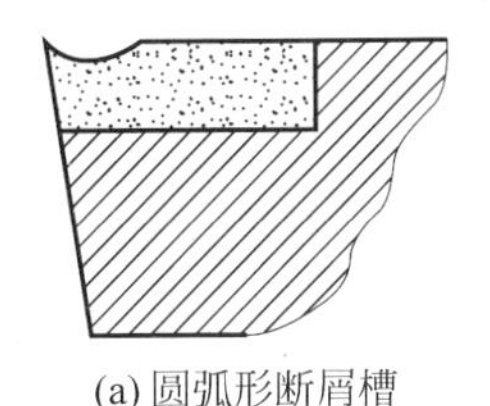
(a) 圆弧形断屑槽

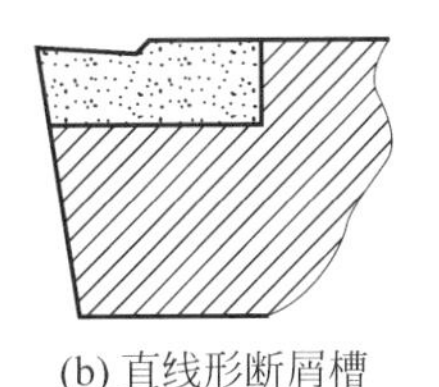
(b) 直线形断屑槽

图 1-34　断屑槽的形状

表 1-5　硬质合金车刀圆弧形断屑槽参数的选择　　mm

	背吃刀量 a_p	进给量 f				
		0.3	0.4	0.5～0.6	0.7～0.8	0.9～1.2
C_{Bn}为 5～1.3mm（由所取前角决定），R_n 在 B_n 的宽度和 C_{Bn}的深度下自然圆弧	2～4	3	3	4	5	6
	5～7	4	5	6	8	9
	7～12	5	8	10	12	14

手工刃磨的断屑槽一般为圆弧形。刃磨时，需先将砂轮的外圆和端面的交角处用修砂轮的金刚石笔（或用硬砂条）修磨成相应的圆弧。若刃磨直线形断屑槽，则砂轮的交角处需修磨得很尖锐。刃磨断屑槽时，车刀的刀尖部位可向下或向上并与砂轮外圆成夹角，即构成车刀的前角。在选择刃磨断屑槽的部位时，应考虑留出车刀主切削刃需要刃磨倒棱的宽度（即留出相当于走刀量的距离）。以 90°车刀为例，左手大拇指和食指握住刀头的上部，右手握住刀杆的下部，车刀的前面接触砂轮的左侧棱角，并沿刀杆方向上下缓慢地移动进行刃磨，如图 1-35 所示。刃磨断屑槽的具体注意事项如下：

① 砂轮的两棱边处应经常保持尖锐或具有一定的圆弧状。当砂轮棱边磨损出较大圆角时，应及时用砂轮刀修整砂轮。

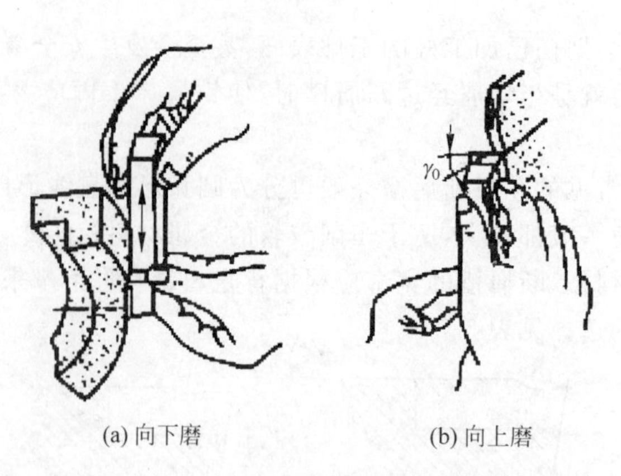

(a) 向下磨　　(b) 向上磨

图 1-35　刃磨断屑槽的方法

② 刃磨断屑槽时，起点位置应该与车刀刀尖和主切削刃离开一定的距离，不能一开始就直接刃磨车刀主切削刃和刀尖，以防止把车刀主切削刃和刀尖磨塌。一般起始位置与刀尖的距离等于断屑槽长度的 1/2 左右，即主切削刃的距离等于断屑槽宽度的 1/2 再加上倒棱的宽度。

③ 刃磨断屑槽时，不能用力过大，车刀应沿刀柄方向做上下缓慢移动。要特别注意刀尖，切莫把断屑槽的前端口即刀尖部位磨塌。

④ 在刃磨断屑槽的过程中，应及时检查断屑槽的形状、位置及前角的大小。对于尺寸较大的断屑槽，可分粗磨和精磨两个阶段；尺寸较小的断屑槽则可一次刃磨成形。

(7) 精磨主后面和副后面

精磨前应先修整好砂轮的外圆表面使其平整，并保持砂轮旋转平稳。刃磨车刀时，先将车刀的底平面平放在已调整好角度的砂轮机托架上，使车刀切削刃轻轻地靠在砂轮的端面上，并沿砂轮端面缓慢地左右移动，使砂轮磨损均匀，才能使车刀的主切削刃或副切削刃刃磨得平直，如图 1-36 所示。

(8) 刃磨负倒棱

车刀主切削刃承担着绝大部分的切削工作。为了提高主切削刃的强度，并改善其受力和散热条件，通常情况下要在车刀的主切削刃上磨出负倒棱，如图 1-37 所示。

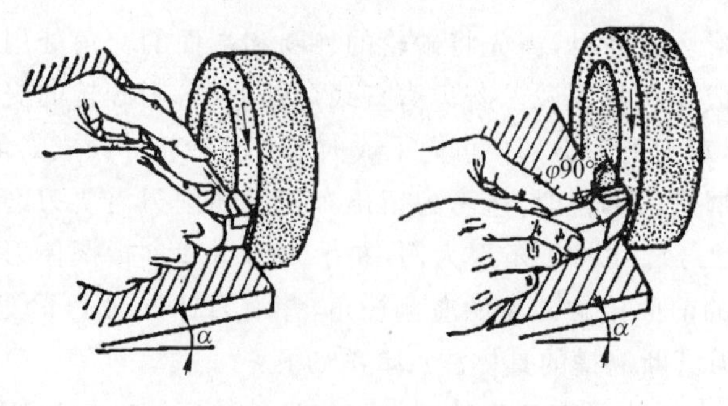

图 1-36　精磨主后面和副后面

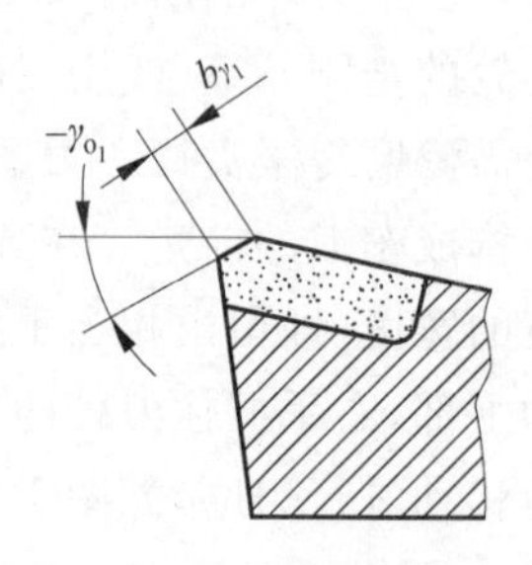

图 1-37　负倒棱

负倒棱的倾斜角度一般为$-10°\sim-5°$，其宽度b为走刀量的0.5～0.8倍，即$b=(0.5\sim0.8)f$。对于采用较大前角的硬质合金车刀，车削强度、硬度特别低的工件材料时，车刀主切削刃上不宜刃磨负倒棱。负倒棱的刃磨方法如图1-38所示，刃磨时用力要轻微，要使主切削刃的后端向刀尖方向摆动。刃磨负倒棱时可采用直磨法和横磨法。为了保证车刀主切削刃的质量，最好采用直磨法。所选用的砂轮与精磨主、后面的砂轮相同。

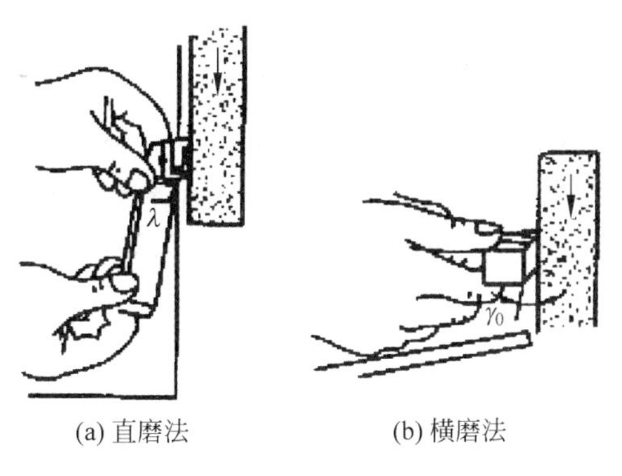

(a) 直磨法　(b) 横磨法

图1-38　负倒棱的刃磨方法

（9）磨过渡刃

过渡刃有直线形和圆弧形两种。其刃磨方法与精磨后面时基本相同。刃磨车削较硬材料的车刀时，也可以在过渡刃上磨出负倒棱。

（10）车刀的手工研磨

在砂轮上刃磨好的车刀，其切削刃有时不够平滑光洁，用放大镜观察时，可以发现车刀刃口上呈凹凸不平的形状，即有崩口或呈锯齿形，且不平直。这些主要是由于砂轮机跳动量较大，砂轮片的安装没有经过静平衡，砂轮在高速旋转过程中产生径向和轴向跳动，手握车刀刃磨不够稳定，刃磨时车刀与砂轮有轻微的跳动，都会造成上述缺陷。因此，使用这样的车刀车削工件时，不仅会直接影响工件的加工质量和表面粗糙度，而且会缩短车刀的使用时间，在车削工件的过程中还会出现崩刃现象。所以，手工刃磨完的车刀还应根据工件加工精度的要求，进行研磨车刀的主切削刃，从而降低工件加工表面的表面粗糙度。

手工研磨车刀通常采用以下两种方式：一种是用油石研磨；另一种是用研磨粉研磨。若用油石研磨车刀，可把车刀握在手中或把车刀压在一平面上，另一只手持油石对车刀刀面进行研磨，如图1-39(a)所示，油石要贴平被研磨的刀面，沿着刀刃的方向平稳移动，要求动作平稳、用力均匀。向前推时用力，回来时则不用力。切记不能垂直于刀刃方向研磨，这样由于支承面小，油石容易把刀刃研钝，从而降低刀刃的锋利程度，如图1-39(b)所示。车刀经油石研磨后，能消除主切削刃上凹凸不平的崩口，可使车刀主刀面的表面粗糙度值达到$Ra0.4\mu m$。

若用研磨粉研磨硬质合金车刀时，则选用碳化硼研磨粉；研磨高速钢车刀时，则选用

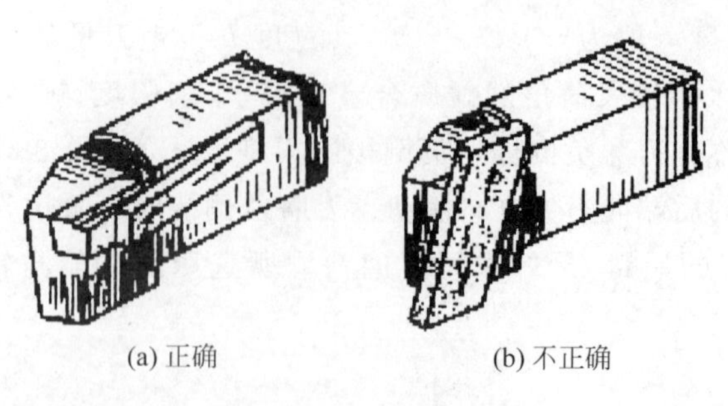

(a) 正确　　(b) 不正确

图 1-39　油石研磨车刀

氧化铝研磨粉。把研磨粉放在表面粗糙度值小于 $Ra0.4\mu m$ 的铸铁平板上，用机油拌匀后即可进行研磨，先研磨车刀的后面，再研磨车刀的前面以及刀尖圆弧，最后研磨车刀的负倒棱。

3. 车刀刃磨的注意事项

(1) 必须按所磨车刀的材料来确定砂轮的种类，例如刃磨高速钢车刀则选用白刚玉砂轮；刃磨硬质合金车刀则选用绿色碳化硅砂轮。

(2) 在刃磨车刀之前，操作者必须戴好防护眼镜才能刃磨车刀。

(3) 在砂轮上刃磨车刀时，不能用力过大，以防车刀打滑而伤手。

(4) 车刀在砂轮上刃磨时，应该使车刀做水平的左右平行移动，以免把砂轮表面磨出凹坑而影响下次使用。

(5) 刃磨硬质合金材料的车刀时，刃磨时间不能太长，以防刃磨时出现过热现象，这样会使硬质合金车刀的刀片产生裂纹，在切削受力后易碎裂或崩刃。更不能把车刀的刀头部分放入水中冷却，以防刀头突然冷却而碎裂。刃磨高速钢车刀时，刃磨时间也不能太长，因其耐热性较差应及时用水冷却，以防主切削刃退火或烧伤，而使车刀的刀尖和刀刃硬度降低。

(6) 在刃磨刀具前，要先检查砂轮机的防护设施是否齐全，调整托架与砂轮片之间的间隙应小于 3mm。砂轮运转是否平稳，砂轮的径向跳动量不能过大，砂轮的旋转方向必须由刃口向刀体方向转动，以便提高车刀的刃磨质量。

(7) 刃磨车刀时，车刀与砂轮接触要轻，不能用力过猛，更不能撞击砂轮。磨刀时姿势要正确，不能正对砂轮面。双脚要叉开并站在砂轮机的侧面，双手要紧握车刀杆，精力要集中，眼睛要认真观察磨削情况。尽可能避免使用砂轮侧面磨刀，以防砂轮碎裂而伤人，更不能两人或多人同时使用一片砂轮磨刀，更不允许多人围在一起刃磨车刀。

(8) 重新安装砂轮片后，要进行试运转 2～3min，待砂轮运转正常和无疑响后方可使用。

(9) 车刀刃磨结束后，离开砂轮机时应随手关闭砂轮机的电源。

一、训练内容

1. 刃磨 90°硬质合金外圆车刀，如图 1-40 所示。

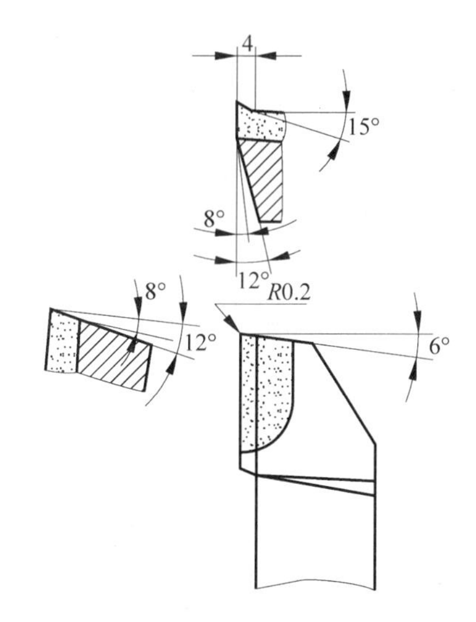

图 1-40　90°车刀刃磨

2. 刃磨 45°硬质合金外圆车刀，如图 1-41 所示。

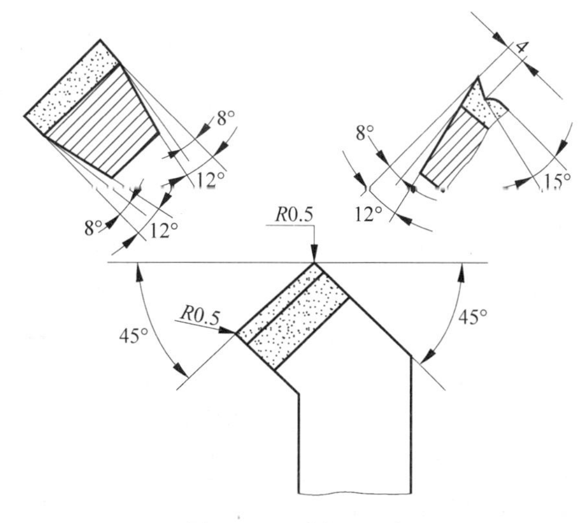

图 1-41　45°车刀刃磨

二、训练要求

1. 按图 1-41 所示要求刃磨各刀面。
2. 刃磨、修磨时，姿势要正确，动作要规范，方法要正确。
3. 遵守安全、文明操作的有关规定。

任务4　车床的润滑和维护保养

学习目标

(1) 认识车床维护保养的重要性。

(2) 掌握车床常用的润滑方式。

(3) 掌握车床维护与保养的具体要求。

相关知识

为了保证车床的正常运转，减少磨损，延长其使用寿命，应对车床所有摩擦部位进行润滑和保养。

一、车床的润滑方式

车床的润滑方式见表1-6。

表1-6　车床的润滑方式

润滑方式	说　明	图　示
浇油润滑	由于长丝杠和光杠的转速较高，润滑条件差，必须每班次加油润滑，润滑油可以从轴承座上面的方腔中加入	
溅油润滑	常用于车床主轴箱中的传动齿轮将箱底的润滑油飞溅到箱体上部的油槽中，然后经槽内油孔流到各个润滑点进行润滑	

续表

润滑方式	说　　明	图　　示
油绳润滑	常用于进给箱和托板箱的油池中。利用毛线既易吸油又易渗油的特性，把油引入润滑点，间断地滴油润滑	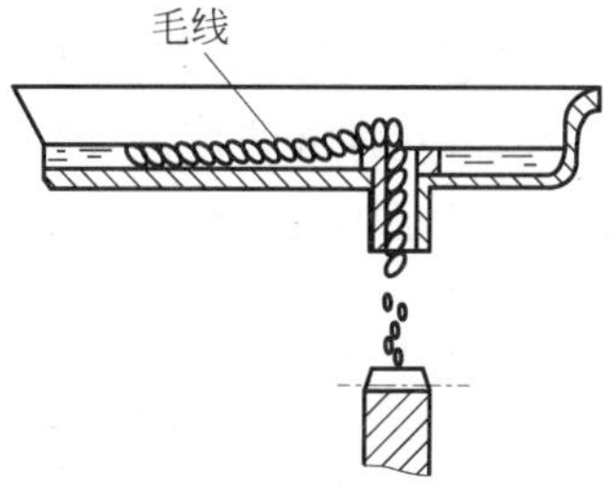 毛线
黄油杯润滑	常用于交换齿轮箱挂轮架的中间轴或不便经常润滑处。事先在黄油杯中装入钙基润滑脂，需要润滑时，拧紧油杯盖，则杯中的油脂就被挤压到润滑点中	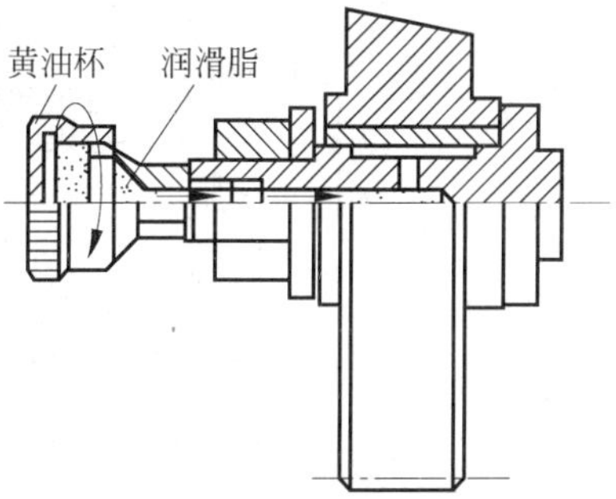 黄油杯　润滑脂
弹子油杯润滑	常用于尾座、中滑板、手柄及光杠、丝杠、操纵杆支架的轴承处。定期用油枪端头油嘴压下油杯的弹子，将油注入。油嘴撤去，弹子复位，封住油口	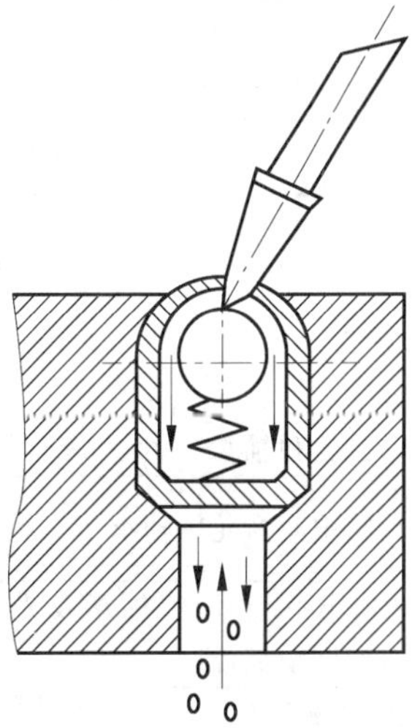
油泵输油润滑	常用于转速高、需要大量润滑油连续强制润滑的机构。主轴箱内许多润滑点就是采用这种润滑方式	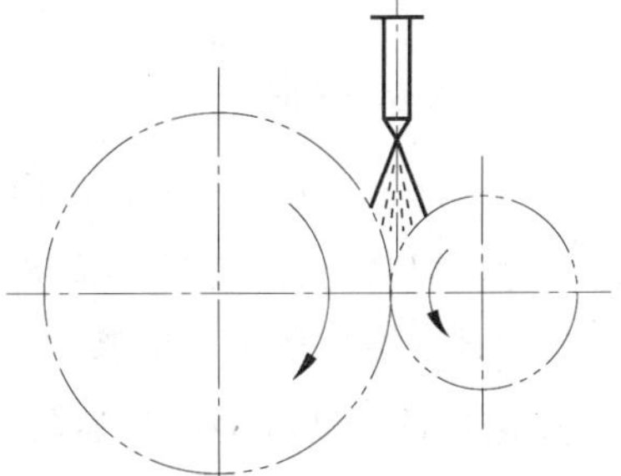

二、车床的润滑要求

CA6140 型卧式车床润滑系统润滑点的位置如图 1-42 所示。润滑部位用数字标出，图中除所注“②”处的润滑部位是用 2 号钙基润滑脂进行润滑外，其余各部位都用 30 号机油润滑。换油时，应先将废品油放尽，然后用煤油把箱体内冲洗干净，再注入新机油，注油时应用网过滤，且油面不得低于油标中心线。

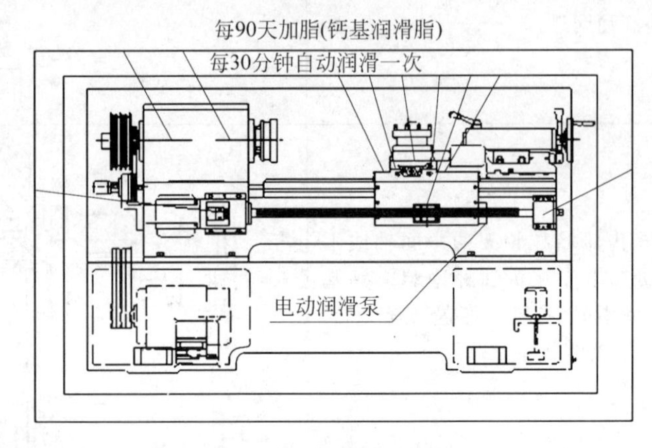

图 1-42　车床润滑部位

CA6140 型卧式车床的润滑要求见表 1-7。

表 1-7　CA6140 型卧式车床的润滑要求

润滑部位	润滑方式	要　　求
主轴箱内部	轴承：油泵循环润滑 齿轮：飞溅润滑	箱内润滑油每 3 个月更换一次。车床运转时，箱体上油标应不断有油输出
进给箱内齿轮和轴承	飞溅润滑、油绳润滑	每班向储油池加油一次
交换齿轮箱中间齿轮轴轴承	黄油杯润滑	每班一次；每 7 天向黄油杯中加钙基润滑脂一次
尾座和中、小滑板丝杠、轴承及光杠、丝杠、刀架转动部位	油杯注油润滑	每班一次
床身导轨、滑板导轨	油枪浇油润滑	每班(工作前后)

三、车床的保养

一名合格的车工操作工，除了能熟练地操作机床外，还必须能对车床进行维护、保养，自己操作时不但省力，而且可以提高生产效率，同时又能保证车床的加工精度。因此必须掌握车床的日常维护和保养要求。

1. 车床日常清洁维护保养要求

(1) 每班工作后，应擦干净车床外表面，擦干净车床的各导轨面(包括中、小滑板)，要求无切屑、无油污,并浇油润滑。

(2) 每班工作结束后应清扫切屑盘与车床的周围场地,保持场地的清洁。

(3) 每周要求车床导轨面与转动部件清洁、润滑、油眼畅通,油窗油标清晰,并保持车床外表的清洁和场地整齐等。

(4) 每3个月做一次一级保养。

2. 车床的一级保养

当车床运行500h后,通常需要进行一级保养。一级保养工作以操作工人为主,在维修工人的配合下进行。保养时,必须先切断电源,以确保安全,然后按下面内容和顺序进行。

(1) 主轴箱的保养

① 拆下滤油器并进行清洗,使其无杂物并进行复装。

② 检查主轴,其锁紧螺母应无松动现象,紧固螺钉应拧紧。

③ 调整制动器及离合器摩擦片的间隙。

(2) 交换齿轮箱的保养

① 拆下齿轮、轴套、扇形板等进行清洗,然后复装,在黄油杯中注入新油脂。

② 调整齿轮的啮合间隙。

③ 检查轴套有无晃动现象。

(3) 刀架和滑板的保养

① 拆下方刀架清洗。

② 拆下中、小滑板丝杠、螺母、镶条进行清洗。

③ 拆下床鞍防尘油毛毡并进行清洗、加油和复装。

④ 中滑板的丝杠、螺母、镶条、导轨加油后复装,调整镶条间隙和丝杠螺母的间隙。

⑤ 小滑板的丝杠、螺母、镶条、导轨加油后复装,调整镶条间隙和丝杠螺母的间隙。

⑥ 擦净方刀架底面,涂油、复装、压紧。

(4) 尾座的保养

① 拆下尾座套筒和压紧块并进行清洗、涂油。

② 拆下尾座丝杠、螺母并进行清洗,加油。

③ 清洗尾座并加油。

④ 复装尾座部分并调整。

(5) 润滑系统的保养

① 清洗冷却泵、滤油器和盛液盘。

② 检查并保证油路畅通,油孔、油绳、油毡应清洁无铁屑。

③ 检查润滑油,油质应保持良好,油杯应齐全,油标应清晰。

(6) 电气设备的保养

① 清扫电动机、电气箱上的尘屑。

② 电气装置应固定齐全。

(7) 外表的保养

① 清洗车床外表面及各罩盖,保持其清洁,无锈蚀、无油污。

② 清洗丝杠、光杠和操纵杆。

③ 检查并补齐各螺钉、手柄、手柄球。

(8) 清理车床附件

中心架、跟刀架、配换齿轮、卡盘等应齐全、洁净，摆放整齐。保养工作完成时，应对各部件进行必要的润滑。

(9) 注意事项

① 一级保养工作，事先应做好充分的准备工作，如准备好拆装的工具、清洗装置、润滑油料、放置机件的盘子和必要的备件等。

② 保养应有条不紊地进行，拆下的机件应成组地置放，不允许乱放，做到文明操作。

综合训练

一、填空题

1. 车床主轴箱中的传动齿轮将箱底的润滑油飞溅到箱体上部的油槽中，然后经槽内油孔流到各个润滑点进行润滑，这属于________润滑方式。

2. 车床尾座、中滑板丝杠、小滑板丝杠及光杠、丝杠、刀架转动部位一般是每班________次润滑。

3. 每班工作后，应擦干净车床外表面，擦干净车床的各导轨面包括________滑板，要求无________、无________，并浇油润滑。

二、判断题

1. 当车床运行500h后，通常需要进行一级保养。 ( )

2. 每班工作结束应清扫切屑盘与车床的周围场地，保持场地的清洁。 ( )

3. 主轴箱内许多润滑点就是采用油泵输油润滑这种润滑方式。 ( )

4. 主轴箱内润滑油每3个月更换一次。 ( )

三、选择题

1. 进给箱和托板箱的油池中常用于(　　)方式润滑。

A. 油绳润滑　　B. 黄油杯润　　C. 弹子油杯润滑　　D. 浇油润滑

2. 每(　　)个月做一次一级保养。

A. 8　　B. 2　　C. 3　　D. 4

3. 交换齿轮箱中间齿轮轴轴承，每班润滑(　　)次，每(　　)天向黄油杯中加钙基润滑脂一次。

A. 1　　B. 5　　C. 2　　D. 7

四、简答题

1. 车床润滑的方式有几种?

2. 车床的日常清洁维护保养有哪些要求?

3. 车床一级保养的内容有哪些?

任务5　理解金属切削过程

学习目标

（1）认识车削运动的特点及运动方式。

（2）掌握切削三要素的概念及选择原则。

（3）掌握冷却液的作用及选择原则。

相关知识

一、车削加工

1. 车削加工的特点

与机械制造业中的钻削、铣削、刨削和磨削等加工方法相比较，车削加工具有以下特点。

（1）适应性强，应用广泛，适用于车削不同材料、不同精度要求的工件。

（2）所用刀具的结构相对简单，制造、刃磨和装夹都比较方便。

（3）车削加工一般是等截面连续性地进行，因此切削力变化小，车削过程相对平衡，生产效率高。

（4）车削可以加工出尺寸精度和表面质量较高的工件。

2. 车削运动

车削工件时，为了切除多余的金属，必须使工件和车刀产生相对的车削运动。按其作用划分，车削运动可分为主运动和进给运动两种，如图1-43所示。

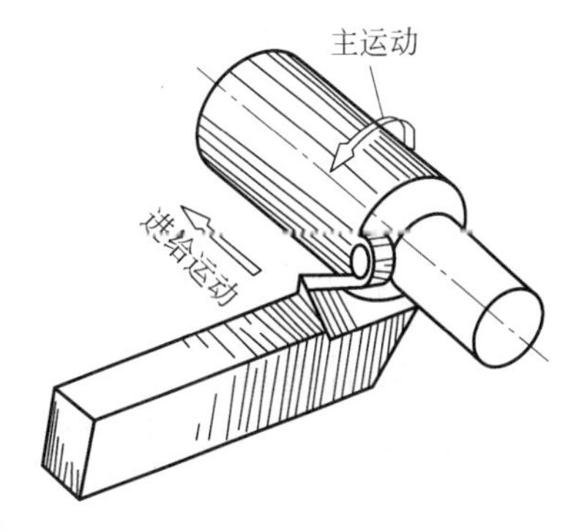

图1-43　车削运动

（1）主运动

主运动是车床的主要运动，消耗车床的主要动力。车削时工件的旋转运动是主运动。

（2）进给运动

进给运动是使工件的多余材料不断被去除的切削运动。如车外圆时的纵向进给运动，车端面时的横向进给运动等，如图1-44所示。

3. 车削时工件上形成的表面

工件在车削加工时有三个不断变化的表面，即已加工表面、过渡表面与待加工表面，如图1-45所示。

（1）已加工表面

已加工表面是工件上经车刀车削多余金属后产生的表面。

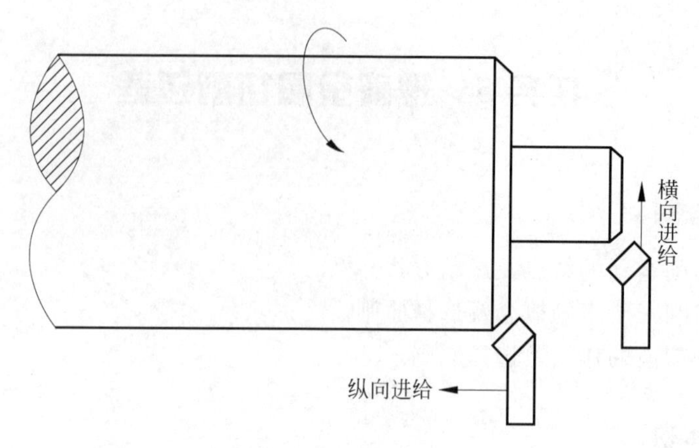

图 1-44　进给运动

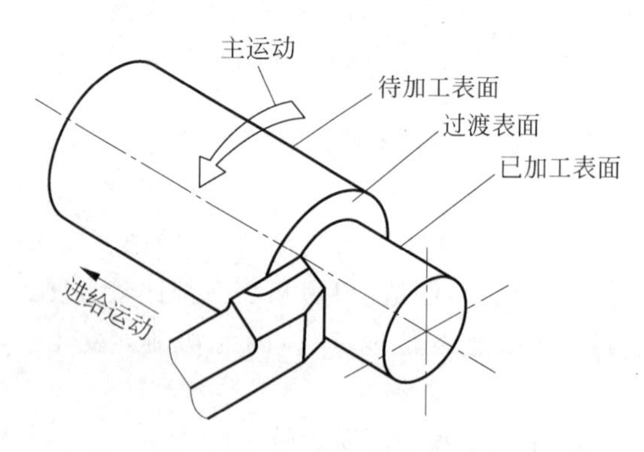

图 1-45　车削时工件上形成的 3 个表面

(2) 过渡表面

过渡表面是工件上由切削刃运动正在形成的那部分表面。

(3) 待加工表面

待加工表面是工件上有待切除的表面,可能是毛坯表面或加工过的表面。

二、切削用量

1. 切削用量三要素

切削用量是表示主运动及进给运动大小的参数,是背吃刀量、进给量和切削速度三者的总称,故又称为切削用量三要素。

(1) 背吃刀量 a_p

工件上已加工表面间的垂直距离称为背吃刀量,用符号 a_p 表示,如图 1-46 所示。

背吃刀量是每次进给时车刀切入工件的深度,故又称为背吃刀量。车外圆时,背吃刀量可用下式计算。

$$a_p = \frac{d_w - d_m}{2}$$

式中：a_p——背吃刀量,mm;

d_w——工件待加工表面的直径，mm；

d_m——工件已加工表面的直径，mm。

(2) 进给量 f

工件每转一周，车刀沿进给方向移动的距离称为进给量，用 f 表示，如图 1-47 所示，单位为 mm/r。

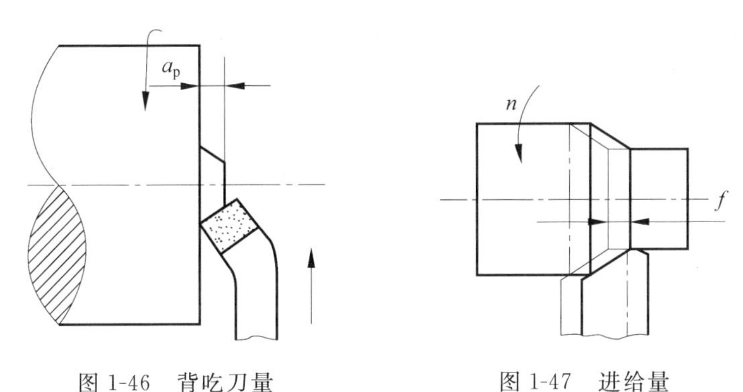

图 1-46 背吃刀量　　图 1-47 进给量

根据进给方向的不同，进给量又分为纵向进给量和横向进给量，纵向进给量是指沿车床床身导轨方向的进给量，横向进给量是指垂直于车床床身导轨方向的进给量。

(3) 切削速度 v_c

车削时，刀具切削刃上某一选定点相对于待加工表面在主运动方向的瞬时速度，称为切削速度。切削速度也可以理解为车刀在 1min 内车削工件表面的理论展开直线长度(假定切屑没有变形或收缩)，单位为 m/min，如图 1-48 所示。切削速度可用下式计算：

$$v_c = \frac{\pi dn}{1000} \approx \frac{dn}{318}$$

式中：v_c——切削速度，m/min；

d——工件(或刀具)的直径，mm；

n——车床主轴的转速，r/min。

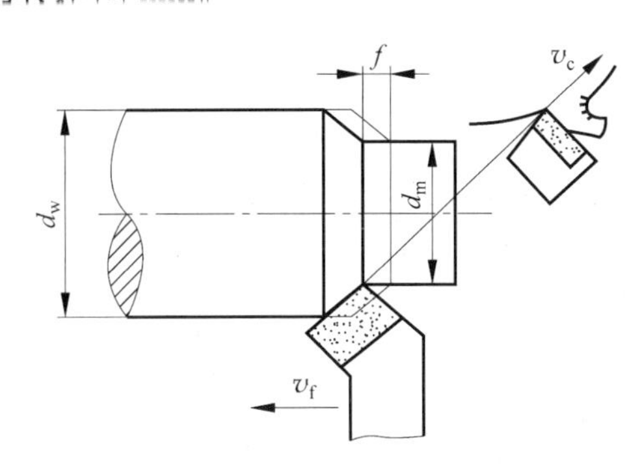

图 1-48 切削速度示意图

2. 切削用量的选择原则

(1) 粗车时的选择

粗车时，应考虑提高生产率，并保证合理的刀具耐用度。首先要选用较大的背吃刀量

(a_p),然后再选择较大的进给量(f),最后根据刀具耐用度,选用合理的切削速度(v_c)。

(2) 半精车和精车时的选择

半精车和精车时,必须保证加工精度和表面质量,同时还必须兼顾必要的刀具耐用度和生产效率。

(3) 背吃刀量的选择

粗车时应根据工件的加工余量和工艺系统的刚性来选择。在保留半精车余量 1～3mm和精车余量 0.1～0.5mm 后,其余量应尽量一次车去。

半精车和精车时的背吃刀量是根据加工精度和表面粗糙度要求,由粗加工后留下的余量确定的。用硬质合金车刀车削时,由于车刀刃口在砂轮上不易磨得很锋利,最后一刀的背吃刀量不宜太小,以 $a_p=0.1\text{mm}$ 为宜,否则很难达到工件表面粗糙度的要求。

(4) 进给量的选择

粗车时,选择进给量主要应考虑机床进给机构的强度、刀杆尺寸、刀片厚度、工件直径和长度等因素,在工艺系统刚性和强度允许的情况下,可选用较大的进给量。

半精车和精车时,为了减小工艺系统的弹性变形,减小已加工表面的表面粗糙度值,一般多采用较小的进给量。

(5) 切削速度的选择

在保证合理的刀具使用寿命的前提下,可根据生产经验和有关资料确定切削速度。一般在粗加工的范围内,用硬质合金车刀车削时,切削速度可按如下速度进行选择。

① 切削热轧中碳钢,切削速度为 100m/min。

② 切削合金钢,切削速度为 70～80m/min。

③ 切削灰铸铁,切削速度为 70m/min。

④ 切削调质钢,切削速度为 70～80m/min。

⑤ 切削有色金属,切削速度为 100～300m/min。

此外应注意,断续切削、车削细长轴、加工大型偏心工件的切削速度不宜太高。

三、切削液

1. 切削液的作用

(1) 冷却作用

切削液能吸收并带走大量的切削热,改善散热条件,降低刀具的工作温度,从而延长刀具的使用寿命,可防止工件因热变形而产生的尺寸误差。

(2) 润滑作用

切削液能渗透到工件与刀具之间,在切削与刀具之间的微小间隙中形成一层薄薄的吸附膜,减小了摩擦因数,因此可减少刀具、切削与工件之间的摩擦,使切削力和切削热降低,减少刀具的磨损并能提高工件的表面质量。对精加工,润滑就显得更重要。

(3) 清洗作用

切削过程中产生的微小切屑,易黏附在工件和刀具上,尤其是钻深孔和铰孔时,切削容易堵塞,影响工件的表面粗糙度和刀具的使用寿命。使用切削液能将切屑迅速冲走,使切削顺利进行。

2. 切削液的种类

车削时常用的切削液有两大类。

(1) 乳化液

乳化液主要起冷却作用。乳化液是把乳化油用15～20倍的水稀释而成。这类切削液的比热大,黏度小,流动性好,可以吸收大量的热量。使用这类切削液主要是冷却刀具和工件,提高刀具的使用寿命,减少热变形。乳化液中水分较多,润滑和防锈性能差,因此,乳化液中常加入极压添加剂(如硫、氯等)和防锈添加剂,可以提高其润滑和防锈性能。

(2) 切削油

切削油的主要成分是矿物油,少数采用动物油或植物油。这类切削液的比热较小,黏度较大,流动性差,主要起润滑作用。常用的是黏度较低的矿物油,如10号、20号机油及轻柴油、煤油等。纯矿物油的润滑效果差,实际使用时常常加入极压添加剂和防锈添加剂,以提高润滑和防锈性能。动物油或植物油能形成较牢固的润滑膜,润滑效果比纯矿物油号,但这些油容易变质,应尽量少用或不用。

3. 切削液的选用

切削液应根据加工性质、刀具材料、工件材料和工艺要求等具体情况合理选用。选择切削液的一般原则如下。

(1) 根据加工性质选用

① 粗加工时,加工余量和切削用量较大,会产生大量的切削热,使刀具磨损加快。这时加注切削液的主要目的是降低切削温度,所以用以冷却为主的乳化液。

② 精加工时,加注切削液主要是减少刀具与工件之间的摩擦,以保证工件的精度和表面质量。因此,应选用润滑作用好的极压切削油或高浓度的极压乳化液。

③ 钻孔、铰孔和深孔加工时,刀具在半封闭状态下工作,排屑困难,切削液不能及时到达切削区,容易烧伤刀刃,严重破坏工件的表面质量,这时应选用黏度较小的极压乳化液和极压切削油,并应加大压力和流量。一方面进行冷却、润滑;另一方面将切屑冲刷出来。

(2) 根据刀具材料选用

① 高速钢刀具粗加工时,用极压乳化液;对钢料精加工时,用极压乳化液或极压切削油。

② 硬质合金刀具一般不加切削液。但在加工某些硬度高、强度好、导热性差的特种材料和细长工件时,可选用以冷却作用为主的切削液,如3%～5%的乳化液。

(3) 根据工件材料选用

① 钢件粗加工一般用乳化液,精加工用极压切削油。

② 切削铸铁、铜及铝等材料时,由于碎屑会堵塞冷却系统,容易使机床磨损,一般不加切削液。精加工时,为了得到较高的表面质量,可采用黏度较小的煤油或7%～10%乳化液。

③ 切削有色金属或铜合金时,不宜采用含硫的切削液,以免腐蚀工件。切削镁合金

时，不能用切削液，以免燃烧起火。必要时，可使用压缩空气。

(4) 注意事项

① 油状乳化液必须用水稀释(一般加 15～20 倍的水)后才能使用。

② 切削液必须浇注在切削区域。

③ 硬质合金刀具在切削时，如用切削液，必须一开始就连续充分地浇注，否则硬质合金刀片因骤冷会产生裂纹。

综合训练

一、填空题

1. 车削工件时，为了切除多余的金属，必须使工件和车刀产生相对的车削运动。按其作用划分，车削运动可分为________和________两种。

2. 工件在车削加工时有三个不断变化的表面，即________、________与________。

3. 切削用量是________、________和切削速度三者的总称。

二、判断题

1. 车削加工一般是等截面连续性地进行，因此切削力变化小，车削过程相对平衡，生产效率高。 ( )

2. 切削液能吸收并带走大量的切削热，改善散热条件，降低刀具的工作温度，从而延长刀具的使用寿命。 ( )

3. 粗加工时，加注切削液的主要目的是降低切削温度。 ( )

4. 硬质合金刀具在切削时，如用切削液必须一开始就连续充分地浇注。 ( )

三、选择题

1. 切削液的主要作用包括( )。

A. 清洗作用　　B. 润滑作用　　C. 冷却作用　　D. 防锈作用

2. 车削时工件的旋转运动是主运动，通常主运动的速度较( )。

A. 高　　B. 低　　C. 不确定

四、简答题

1. 车床加工有哪些特点？

2. 车床的主运动和进给运动是如何实现的？

项目2

车削台阶轴

教学目标

（1）能了解轴类零件的作用、分类及特点。

（2）能掌握轴类零件的装夹方法。

（3）能掌握轴类零件的车削方法。

（4）能掌握轴类零件的检测与质量分析。

典型任务

对某企业台阶轴样件进行车削加工，零件图样如图 2-1 所示。

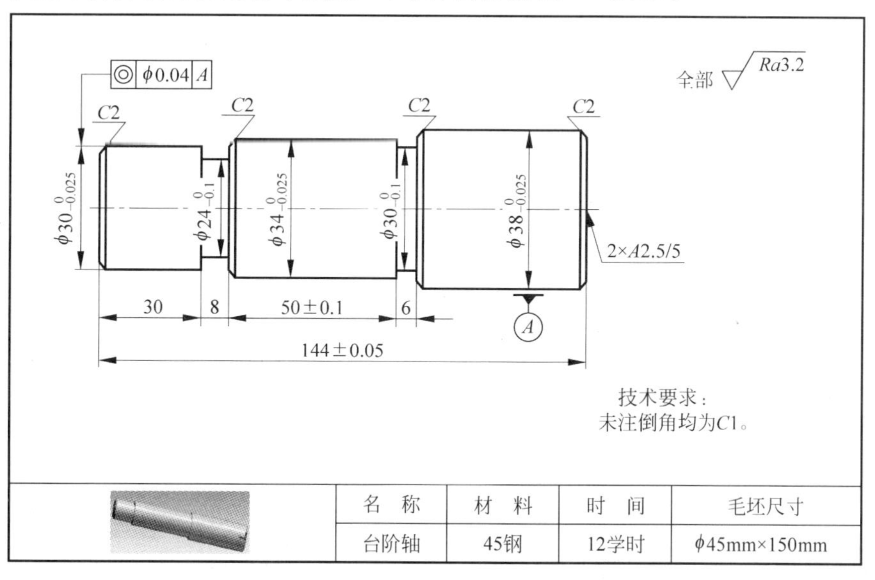

名　称	材　料	时　间	毛坯尺寸
台阶轴	45钢	12学时	φ45mm×150mm

图 2-1　台阶轴

任务1　轴类零件简介

(1) 认识轴类零件。

(2) 掌握轴类零件的组成、作用、分类及特点。

相关知识

一、轴

1. 轴的定义

在机器中，用来支承回转零件及传递运动和转矩的零件称为轴。轴是机器中最重要的零件之一。齿轮、带轮、链轮等零件都必须安装在轴上，才能进行确定的回转运动和传递动力。

2. 轴的作用

轴的主要作用有以下两方面。

(1) 传递运动和转矩。

(2) 支承回转零件。

二、轴的分类

轴的截面一般是圆形，按其轴心线形状的不同，轴可分为直轴、曲轴和软轴三类。

1. 直轴

轴心线是一条直线的轴称为直轴。直轴按其承载情况的不同，可分为传动轴、心轴和转轴三种。

(1) 传动轴

主要承受转矩作用的轴称为传动轴，如图 2-2 所示的汽车传动轴。

(2) 心轴

只承受弯矩作用的轴称为心轴，如图 2-3 所示的自行车前轮轴。

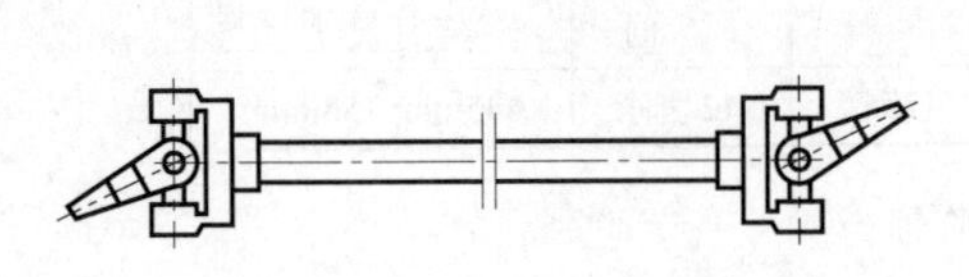

图 2-2　汽车传动轴

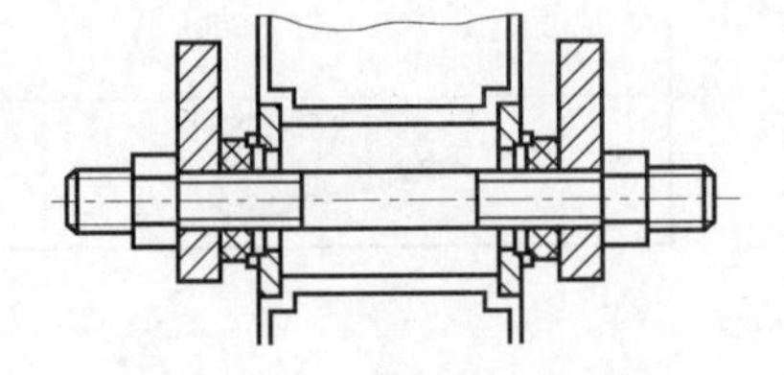

图 2-3　自行车前轮轴

（3）转轴

既承受弯矩又承受转矩作用的轴称为转轴，如图 2-4 所示的减速器中的齿轮轴。根据外形的不同，转轴可分为光轴和阶梯轴两种。

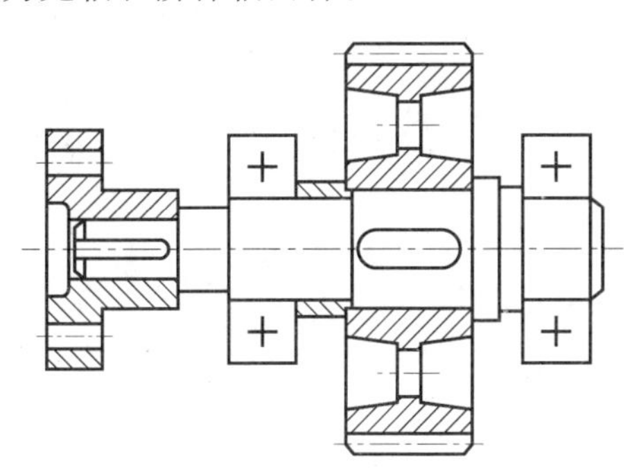

图 2-4 减速器轴

① 光轴。各截面直径相等的直轴称为光轴。

② 阶梯轴。各截面直径呈阶梯形变化的直轴称为阶梯轴。各种直轴中，以阶梯轴的应用范围最广。

2. 曲轴

曲轴是用于往复运动和旋转运动相互转换的专用零件。曲轴兼有转轴和曲柄的双重功能，主要用于内燃机、曲柄压力机等机器中，如图 2-5 所示。

图 2-5 曲轴

3. 软轴

软轴具有良好的挠性，可以把回转运动灵活地传递到任何空间位置，如图 2-6 所示。

三、轴类零件的组成

如图 2-7 所示，轴类零件一般由圆柱面、台阶、端面、退刀槽、倒角和圆弧等部分组成。

1. 圆柱面

圆柱表面一般用于支承传动工件（如齿轮、带轮等）和传递扭矩。

2. 台阶和端面

台阶和端面一般用来确定安装在轴上工件的轴向位置。

3. 退刀槽

退刀槽的作用是方便磨削外圆或车螺纹退刀，并可使工件在装配时有个正确的轴向

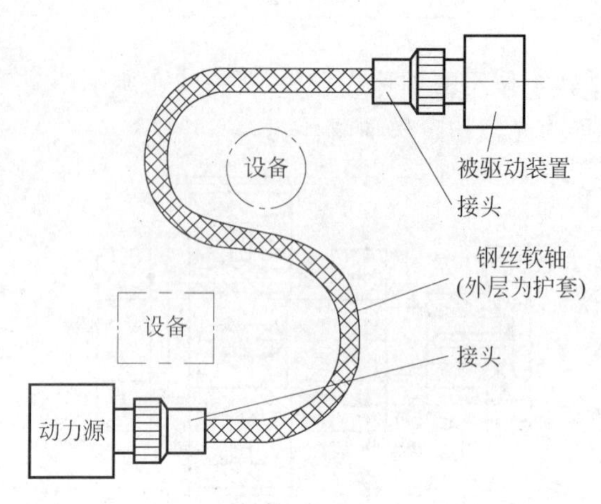

图 2-6 软轴

图 2-7 轴类零件的结构

位置。

4. 倒角

倒角的作用一方面是防止工件边缘锋利划伤工人，另一方面是便于在轴上安装其他零件，如齿轮、轴套等。

一、填空题

1. 在机器中，用来支承回转零件及传递运动和转矩的零件称为________。
2. 轴的主要作用有________和________两方面。

二、判断题

1. 轴按其轴心线形状的不同，轴可分为直轴、曲轴和软轴三类。 (　　)
2. 各截面直径呈阶梯形变化的直轴称为阶梯轴。 (　　)

三、选择题

1. 轴类零件一般由(　　)圆弧等部分组成。

   A. 圆柱面　　B. 台阶　　C. 端面　　D. 退刀槽

2. 心轴的作用是(　　)。

   A. 承受弯曲　　B. 传递运动　　C. 传递扭矩

四、简答题

1. 轴类零件有哪些分类？

2. 轴类零件的基本组成部分有哪些？

任务2 台阶轴的装夹

学习目标

(1) 认识轴类零件常用的装夹方法。

(2) 掌握台阶轴的装夹方法及注意事项。

任务描述

对台阶轴零件进行工艺分析，完成台阶轴的装夹方案设计，零件图样如图 2-1 所示。

【学】——轴类零件的装夹方法

一、轴类零件装夹方法概述

轴类零件常用的装夹方法有三爪自定心卡盘装夹，四爪单动卡盘装夹，两顶尖装夹，一夹一顶装夹，卡盘、顶尖配合中心架以及跟刀架装夹等。其中，最常用的装夹方法是三爪自定心卡盘装夹、两顶尖装夹和一夹一顶装夹。

二、三爪自定心卡盘

1. 结构组成

三爪自定心卡盘是车床上最常见的附件之一，也是应用最为广泛的通用夹具之一，如图 2-8 所示。

三爪自定心卡盘是自定心夹紧装置，用锥齿轮传动。三爪自定心卡盘主要由外壳体、3 个卡爪、3 个小锥齿轮、1 个大锥齿轮等零件组成，如图 2-9 所示。

图 2-8 三爪自定心卡盘

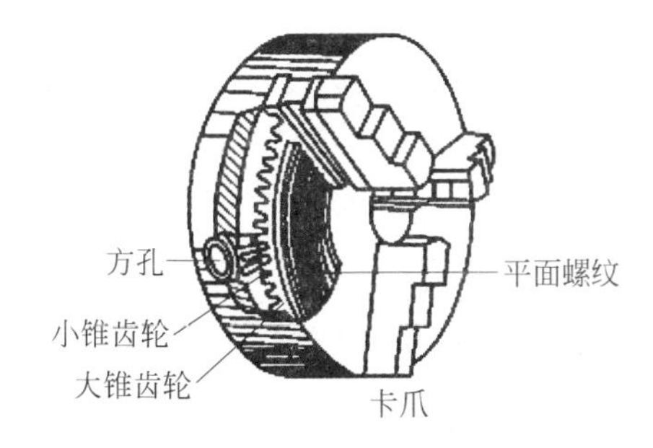

图 2-9 三爪自定心卡盘的结构

当卡盘的专用扳手方榫插入小锥齿轮的方孔中，转动方樵，小锥齿轮就带动大锥齿轮转动，大锥齿轮的背面是平面螺纹，卡爪背面的螺纹与平面螺纹啮合，从而驱动 3 个卡爪同时沿径向运动，以实现夹紧或松开零件的作用。

常用的三爪自定心卡盘的规格有 150mm、200mm 和 250mm。

2. 特点

三爪自定心卡盘用来装夹工件，带动工件随主轴一起旋转，实现主运动。

三爪自定心卡盘适用于装夹大批量生产的中小型零件，具有安装工件快捷、方便，其重复定位精度高、夹持范围大、夹紧力大、调整方便等特点，应用比较广泛。但三爪自定心卡盘的夹紧力没有四爪单动卡盘大，一般用于精度要求不太高、形状规则（如圆柱形、正三棱形、正六棱形等）的中小型工件的装夹。

在装夹较长的工件时，远离卡盘的一端中心可能和车床轴心不重合，需要用划线盘来校正工件的位置。

3. 工件装夹

（1）松卡爪。松开卡爪，根据工件直径，卡爪的开合略大于工件直径。

（2）放工件。放入工件，外留部分应根据工件的长度留足。

（3）旋紧。用卡盘扳手插入方孔内，旋紧，夹紧工件。

4. 工件找正

三爪自定心卡盘能自动定心，一般情况下不需找正。但当工件较长，导致伸出卡盘的长度太长时，工件会歪斜，必须找正后，再夹紧。

工件夹持部分太短时，三爪自定义卡盘不能自动定心，可用划线盘或百分表对工件加以找正。如图 2-10 所示，其方法如下：

（1）在刀架上装夹一圆头铜棒。

（2）装夹工件夹紧。

（3）开动车床，工件低速转动，用手转动小滑扳手柄移动铜棒，轻轻地接触已粗加工的工件端面，轻轻地将工件挤正。

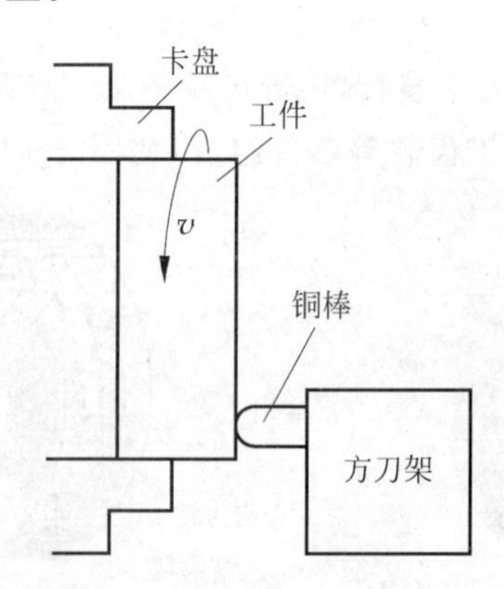

图 2-10 三爪自定心卡盘工件找正

三、四爪单动卡盘

1. 结构特点

四爪单动卡盘有 4 个各自独立的卡爪，每个卡爪的背面有一内螺纹与夹紧螺杆相啮合，每个夹紧螺杆的外端都有方孔，用来安装插卡盘扳手。当用扳手转动其中一个夹紧螺杆时，与其啮合的卡爪就能单独作径向移动，以满足不同大小的工件。四爪单动卡盘如图 2-11 所示。

由于四爪单动卡盘的 4 个卡爪能各自单独运动，装夹工件时，不能自动定心，因此找正比较费时，但其夹紧力比三爪自定心卡盘大，因此适合装夹大型或形状不规则的工件。四爪单动卡盘的结构如图 2-12 所示。

图 2-11　四爪单动卡盘

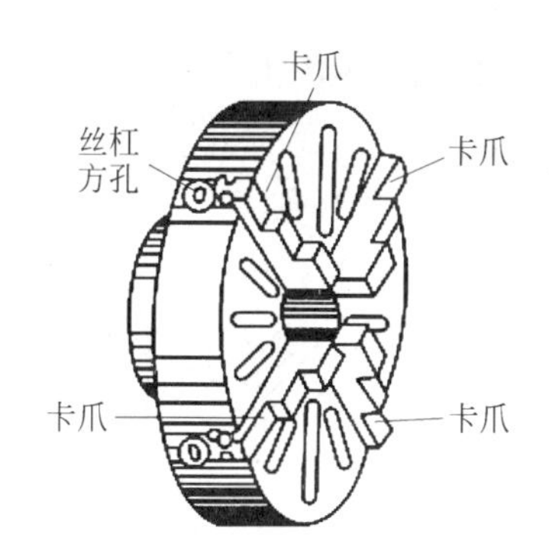

图 2-12　四爪单动卡盘的结构

三爪自定心卡盘和四爪单动卡盘统称为卡盘，都可安装正爪和反爪，而反爪是用来装夹直径较大的工件。

2. 工件装夹

四爪单动卡盘的 4 个卡爪是各自独立运动的，因此工件在装夹时，必须将工件的旋转中心找正到与车床主轴旋转中心重合后，才可车削，其方法如下。

(1) 划线盘找正

把工件夹持在卡盘上，手动旋转工件一周，划针就在工件的端面划了一个圆，观察这个圆是否在端面的正中，从而调整工件的旋转中心，如图 2-13 所示。

(2) 百分表找正

当工件旋转一周时，根据百分表的指针偏移的情况来调整旋转中心，如图 2-14 所示。

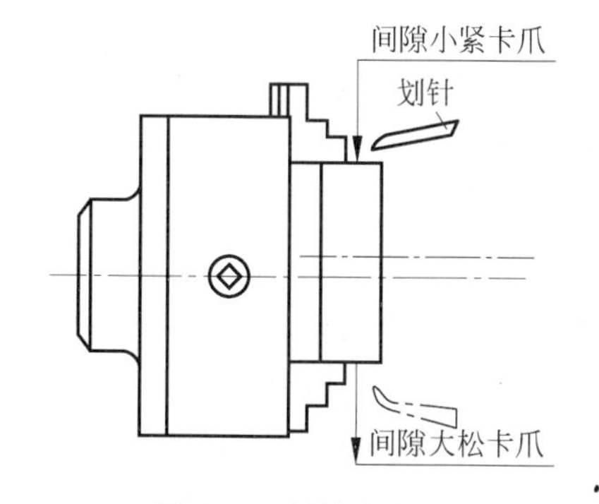

图 2-13　划线盘找正

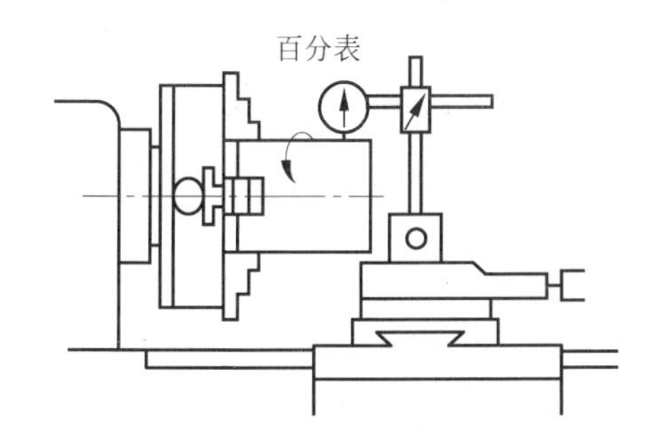

图 2-14　百分表找正

四、用两顶尖装夹

对于长度尺寸较大或加工工序较多的轴类工件，为保证每次装夹时的装夹精度，可用两顶尖装夹。两顶尖装夹工件方便，不需找正，装夹精度高，但两顶尖装夹工件需使用一些专用工具，如中心钻、顶尖等。

用两顶尖装夹工件时，必须先在工件的两端面钻出中心孔。

1. 中心孔的形状和作用

国家标准 GB 145—2001 中规定：中心孔有 A 型、B 型、C 型和 R 型 4 种，如图 2-15 所示，常见的有 A 型和 B 型。

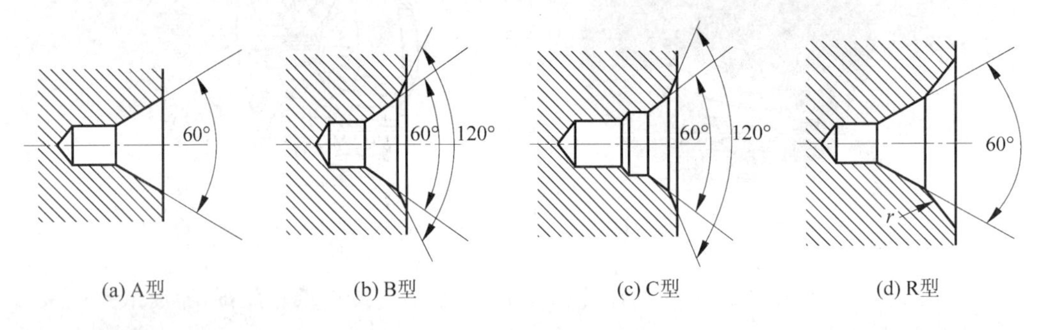

图 2-15　中心孔的形状

(1) A 型

A 型中心孔由圆锥孔和圆柱孔组成，锥角为 60°与顶尖锥面配合，起定心作用，并承受工件的重力和切削力；圆柱孔用来储存润滑油，并可防止顶尖头触及工件，适用于精度要求不高的工件，如图 2-15(a)所示。

(2) B 型

B 型中心孔是在 A 型中心孔的端部再加工出 12°的保护圆锥面，用以防止 60°锥面碰伤而影响中心孔的精度，并且便于加工端面，适用于精度要求较高、工序较多的工件，如图 2-15(b)所示。

(3) C 型

C 型中心孔是在 B 型中心孔的 60°锥孔后加一短圆柱孔，为防止攻螺纹时不碰毛 60°锥面，在圆柱孔后面有一内螺纹。当需要把其他工件固定在轴上时，可用 C 型中心孔，如图 2-15(c)所示。

(4) R 型

R 型中心孔是把 A 型的圆锥面改成 60°圆弧面。这样顶尖与锥面的配合变为线接触，在轴类工件装夹时能自动纠正少量的位置偏差，如图 2-15(d)所示。

中心孔的质量直接影响工件的加工精度，因此要求中心孔锥面应圆整光滑，两端中心孔轴线应同轴。对精度要求较高或热处理后仍需继续加工的工件，中心孔还应进行研磨。

2. 顶尖的类型

顶尖用来确定中心，承受工件重力和切削力。根据顶尖在车床上装夹位置的不同分为前顶尖、后顶尖。前顶尖装在主轴锥孔内随工件一起转动，与中心孔无相对运动，不发生摩擦，故不需淬火。后顶尖装在尾座套筒内，分回转式顶尖和固定式顶尖两种。

(1) 回转式顶尖

回转式顶尖如图 2-16(a)所示，与工件一起转动，减少了摩擦，因此其转动灵活，适用于高速切削。活顶尖把死顶尖与中心孔的滑动摩擦改为轴承的滚动摩擦，克服了死顶尖的缺点。但活顶尖有一定装配积累误差，滚动轴承磨损后，会使顶尖产生径向摆动，从而降低了加工精度。

(2) 固定式顶尖

固定式顶尖如图 2-16(b)所示。固定式顶尖装夹工件刚度高，空心准确，但是车削时固定式顶尖与工件中心孔产生滑动摩擦而发热，引起中心孔或顶尖"烧坏"现象，高速车削还会使顶尖退火，故目前多用镶硬质合金的顶尖。

(a) 回转式顶尖

(b) 固定式顶尖

图 2-16　顶尖类型

3. 两顶尖装夹的方法

前顶尖直接安装在车床主轴锥孔中，后顶尖插入车床尾座套筒的锥孔内，零件夹持在两顶尖之间，如图 2-17 所示。具体方法如下：

(1) 移动尾座，调整尾架伸出长度。

(2) 将尾座推近工件，固定尾架。

(3) 装上工件，调整顶尖与工件的松紧。

(4) 锁紧套筒。

(5) 刀架移到行程最左端，用手转动主轴，检查有无干涉。

(6) 拧紧鸡心夹头上的螺钉。

4. 两顶尖装夹的特点

(1) 固定顶尖刚性好、定心准确，但中心孔与顶尖之间是滑动摩擦，易磨损和烧坏顶尖，因此只适用于低速、精度要求较高的工件。

(2) 活顶尖内部装有滚动轴承，顶尖和工件一起转动，能在高转速下正常工作，但刚性较差，精度低。活顶尖只适用于精度要求不太高的车削加工。

(3) 工件两端用顶尖装夹好，车床的动力需经拨盘和鸡心夹头才能传到工件上。拨盘可用三爪自定心卡盘代替。

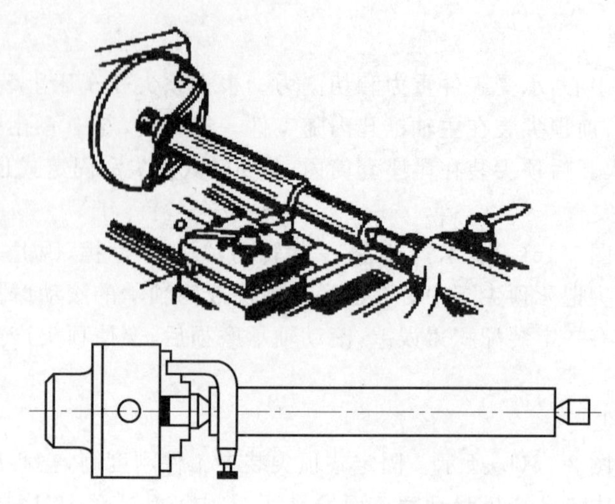

图 2-17　两顶尖装夹工件

5. 注意事项

（1）前后顶尖的连线应与车床主轴轴线一致，尾座套筒尽量缩短。

（2）中心孔形状要正确，表面粗糙度值要小。

（3）固定顶尖时要用黄油润滑，松紧合适。

五、用一夹一顶装夹

1. 一夹一顶装夹的定义及特点

车削较重工件时要用一端夹住，另一端用顶尖顶住的装夹方法，称为一夹一顶装夹，如图 2-18 所示。一夹一顶的装夹方法比较安全，能承受较大的轴向切削力，安装刚性好，轴向定位准确，所以应用广泛。

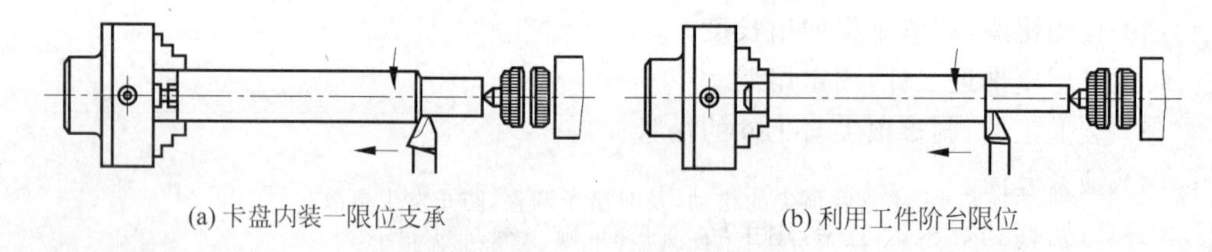

(a) 卡盘内装一限位支承　　(b) 利用工件阶台限位

图 2-18　一夹一顶装夹工件

2. 注意事项

（1）装夹工件时，为了防止工件由于切削力的作用而产生轴向位移，卡盘内装一限位支承，或利用工件的台阶限位。

（2）后顶尖的中心线应在车床主轴轴线上。

（3）在不影响车削的前提下，尾座套筒伸出部分尽量短些。

（4）顶尖与中心孔配合的松紧程度必须合适。

【教】——台阶轴的装夹过程

一、任务分析

1. 装夹方案确定

根据台阶轴图2-1所示，台阶轴上有三个外圆和两个沟槽，两端外圆有同轴度要求，其允许误差为ϕ0.04mm。总之，台阶轴结构简单，但精度要求较高，因此，该零件的装夹方法为粗车采用一夹一顶装夹，精车采用两顶尖装夹。

2. 卡具选择

三爪自定心卡盘、后顶尖、前顶尖、鸡心夹。

二、装夹流程

一夹一顶装夹（粗车）→两顶尖装夹（精车）。

【做】——台阶轴的装夹

按照表2-1的相关要求，进行零件的装夹。

表2-1 台阶轴装夹过程记录卡

<table>
<tr><td colspan="2">一、装夹过程
台阶轴的装夹方案包括________________。
A. 三爪自定心卡盘 B. 四爪单动卡盘 C. 一夹一顶装夹 D. 两顶尖装夹</td></tr>
<tr><td>二、所需设备、工具和卡具</td><td>三、装夹步骤</td></tr>
<tr><td colspan="2">四、装夹注意事项
1. 采用一夹一顶装夹，注意后顶尖的松动，及时给予调整，防止发生事故。
2. 顶尖支顶不能过紧或过松。过松，工件跳动；过紧，易烧坏死顶尖。</td></tr>
<tr><td colspan="2">五、检测过程分析</td></tr>
<tr><td>出现的问题：</td><td>原因与解决方案：</td></tr>
</table>

【评】——台阶轴装夹方案评价

根据表 2-1 中记录的内容，对台阶轴装夹过程进行评价。台阶轴装夹过程评价表见表 2-2。

表 2-2 台阶轴装夹过程评价表

项目	内　容	分值	评价方式			备　注
			自评	互评	师评	
装夹方法	三爪自定心卡盘装夹	20				所选择的装夹方法画“√”
	四爪单动卡盘装夹					
	两顶尖装夹					
	一夹一顶装夹					
装夹步骤	卡具选择是否正确	20				是否按要求进行规范操作
	装夹过程是否正确	30				
职业素养	卡具维护和保养	10				按照 7S 管理要求规范现场
	工具定置管理	10				
	安全文明操作	10				
合　计		100				
综合评价						

【练】——综合训练

一、填空题

1. 三爪自定心卡盘主要由________、________、________和________等组成。

2. ________和________统称为卡盘。

3. 国家标准 GB/T 145—2001 规定：中心孔有________、________、________和________ 4 种，常见的是________和________。

二、判断题

1. 三爪有正、反两副卡爪，正卡爪用于装夹外圆直径较大的工件。（　　）

2. 工件一端夹住，另一端用顶尖顶住的装夹方法称为一夹一顶装夹。（　　）

3. 活顶尖只适用于精度要求不太高的车削加工。（　　）

4. 根据顶尖在车床上装夹位置的不同分为前顶尖、后顶尖。（　　）

三、选择题

1. 轴类零件常用的装夹方法有（　　）。

A. 三爪自定心卡盘装夹　　B. 四爪单动卡盘装夹

C. 一夹一顶装夹　　D. 两顶尖装夹

2. 后顶尖分(　　)和(　　)两种。

A. 固定式顶尖　　B. 死顶尖　　C. 回转式顶尖　　D. 活顶尖

四、简答题

1. 叙述卡盘的装卸方法。
2. 轴类零件装夹的方法有几种？各有什么特点？
3. 两顶尖装夹轴类零件时应该注意什么问题？

任务3 台阶轴的车削

学习目标

(1) 认识轴类零件的车削方法。

(2) 掌握台阶轴的车削方法及注意事项。

任务描述

对台阶轴零件进行车削加工，零件图样如图2-1所示。

【学】——轴类零件的车削方法

一、车削轴类零件常用刀具

车削轴类零件常用车刀的主偏角有90°、45°、75°等几种，并有左右之分，刀刃向右的称为右车刀，刀刃向左的称为左车刀。

1. 90°车刀

90°车刀又称偏刀，可分为右偏刀和左偏刀两种。90°车刀的主偏角较大，作用于工件的径向切削力较小，所以车外圆时，不易将工件顶弯，所以适合台阶轴的粗加工，如图2-19所示。

90°右偏刀用来车端面时，一般由中心向外缘进给。

左偏刀是车刀从车床主轴箱向尾座方向进给的车刀，一般用来车削左向台阶外圆。

当外圆表面粗糙度要求较高时，就可采用90°精车刀。用此车刀时，背吃刀量要小，最大不能超过0.5mm。

2. 45°车刀

45°车刀又称弯头车刀，有左、右两种，如图2-20所示。45°车刀主要用于倒角及端面的车削，也可用来车削长度较短的外圆。

45°车刀的刀头强度好，较耐用，因此也适用于粗车轴类工件的外圆以及强力切削铸件、锻件等余量较大的工件。

45°车刀的主要特点是后角的刃磨，加工内倒角时，后面不能与内孔相碰。

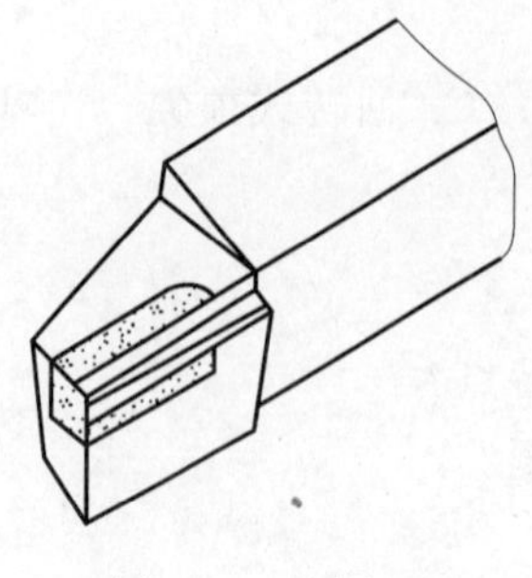

图 2-19　90°车刀

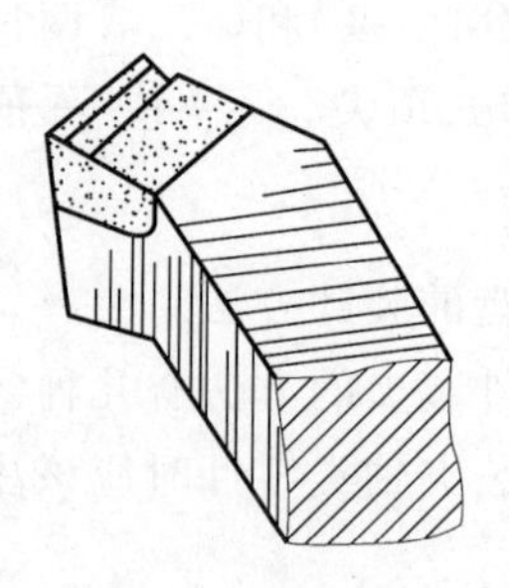

图 2-20　45°车刀

3. 75°车刀

75°车刀刀尖强度好，是强度最好的车刀，如图 2-21 所示。该车刀用于粗车轴类工件的外圆或强力车削余量较大的铸件、锻件和大端面。

4. 切槽、切断刀

轴类零件加工时，需要加工槽或切断，这时就需要切槽刀或切断刀，如图 2-22 所示。切槽刀以横向进给为主，主偏角取 90°，两个副偏角相等，一般认为，切断刀形状与切槽刀相似，不同之处是刀头窄而长，切断刀的几何参数，如图 2-23 所示。

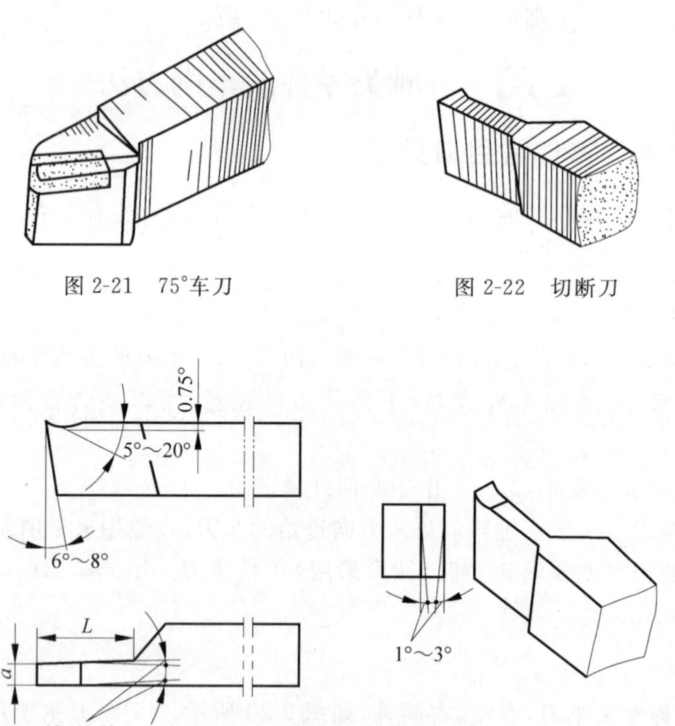

图 2-21　75°车刀

图 2-22　切断刀

图 2-23　切断刀的几何参数

切断刀的刀头强度较差，常用的切槽刀有高速钢切断刀和硬质合金切断刀两种。

(1) 高速钢切断刀

高速钢切断刀的主切削刃宽度一般取2～5mm，两个副切削刃要磨对称，切断刀刀头的长度应略大于被切工件的半径，具体刃磨原则如下：

① 前角 车削中碳钢时取20°～30°，车削铸铁时取5°～10°。

② 后角 车削塑性材料时取大些，车削脆性材料时取小些，一般取6°～8°。

③ 副后角 切断刀有两个对称的副后角1°～3°，作用是减少副后面与工件已加工表面的摩擦。

④ 主偏角 主偏角取90°，在切断时会在工件端面中心处留有小凸台。解决方法是把主切削刃磨成斜角。

⑤ 副偏角 切断刀的两个副偏角也必须对称。其作用是减少副切削刃和工件的摩擦。为了不消弱刀头强度，一般取1°～1.5°。

⑥ 主切削刃宽 主切削刃太宽会因切削力太大而振动，同时浪费材料；太窄又会削弱刀头强度。因此主切削刃宽度a可用下面的经验公式计算：

$$a \approx (0.5 \sim 0.6) \sqrt{d}$$

式中：d——待加工表面直径。

⑦ 刀头长度 刀头太长也容易引起振动和使刀头折断。刀头长度$L=h+(2\sim3)$mm，h表示背吃刀量。

(2) 硬质合金切断刀

硬质合金切断刀高速切断工件时，由于断屑槽和工件槽宽度相等，容易使切屑堵塞在槽内，为了排屑顺利，可把主切削刃两边倒角磨成人字形。

5. 粗精车刀的选择原则

(1) 粗车刀

粗车刀必须适应粗车时切削深、进给快的特点，要求车刀具有足够的强度，能在一次进给中车去较多的余量，选择原则如下：

① 为了增加刀头强度，前角和后角应取小些，但前角过小会使切削力增大。

② 主偏角不宜太小，太小容易引起振动。

③ 粗车时用0°～3°的刃倾角，以增加刀头强度。

④ 为了增加刀尖强度，改善散热条件，提高刀具的使用寿命，刀尖处应磨有过渡刃，高速钢车刀取大些，硬质合金车刀取小些。

⑤ 为了增加切削刃的强度，主切削刃上应磨有负倒棱，其倒棱宽度为$(0.5\sim0.8)f$，倒棱前角取$-10°\sim-5°$。

⑥ 粗车塑性材料时，为保证切削顺利，需要自行断屑，应在前面磨有断屑槽。断屑槽常用的有直线形、圆弧形和直线圆弧形三种。

(2) 精车刀

精车时要求工件必须达到规定的尺寸精度和表面粗糙度，因此要求车刀必须锋利，切削刃要平直光洁，刀尖处应磨有修光刃，并使切屑排向工件的待加工表面，选择原则如下：

① 为使车刀锋利，切削轻快，前角一般应取大些。

② 为了减小车刀和工件之间的摩擦，后角应取大些。

③ 为了减小工件的表面粗糙度值，应取较小的副偏角或在刀尖处磨修光刃。修光刃长度一般为(1.2～1.5)f。

④ 为使切屑排向工件的待加工表面，刃倾角应取3°～8°。

⑤ 精车塑性金属材料时，为了断屑，车刀的前面应磨出较窄的断屑槽。

二、车削轴类零件的方法

1. 试切削法

精车工件以前，一般要进行试切，才能车出准确的尺寸，如图2-24所示。

(1) 进刀。如图2-24(a)所示，刀具与工件表面轻微接触即可。

(2) 退刀。如图2-24(b)所示，退出车刀。

(3) 横向车削。如图2-24(c)所示，刀具横向进给切深。

(4) 纵向车削。如图2-24(d)所示，刀具纵向进给1～4mm。

(5) 退刀、停车、测量尺寸。如图2-24(e)所示，退出车刀，工件停转后进行测量。

(6) 加工。如图2-24(f)所示，根据测量结果，调整背吃刀量，进行加工。

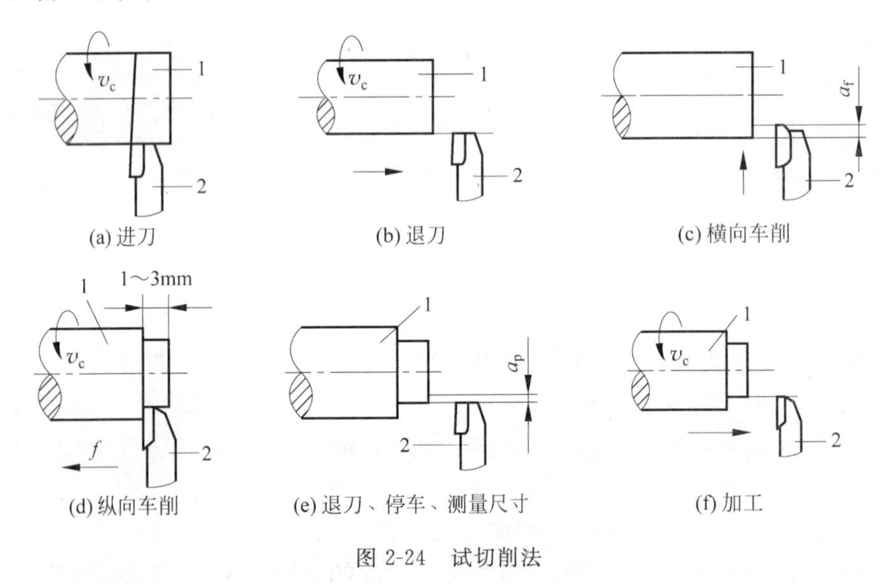

图2-24 试切削法

2. 刻度盘的原理

(1) 中滑板

车削轴类零件时，中滑板可以控制背吃刀量。中滑板刻度盘安装在中滑板丝杠上。当中滑板的摇动手柄带动刻度盘转一周时，中滑板丝杠也转一周。这时固定在中滑板上与丝杠配合的螺母沿丝杠轴线方向移动了一个螺距，因此安装在中滑板上的刀架也移动了一个螺距。

（2）小滑板

小滑板刻度盘用来控制车刀短距离的纵向移动，其刻度的工作原理与中滑板相同。

（3）注意事项

① 刻度的准确性。由于丝杠和螺母之间有间隙存在，因此在使用刻度盘时会产生空行程。应根据加工需要慢慢地把刻度盘转到所需位置，如果不慎多转了几格，不能简单地直接退回多转的格数，必须向相反的方向退回全部空行程，再将刻度盘转到正确的位置。

② 背吃刀量的确定。由于工件在加工时是旋转的，在使用中滑板刻度盘时，车刀横向进给后的切除量正好是背吃刀量的两倍。因此，当工件外圆余量确定后，中滑板刻度盘控制的背吃刀量是外圆余量的1/2。而小滑板的刻度值则直接表示工件长度方向的切除量。

3. 车削轴类零件的方法

（1）外圆的车削

① 起动车床。起动车床，使工件旋转。

② 刻度调“0”。用手摇动床鞍和中滑板的进给手柄，使车刀刀尖与工件右端外圆表面接触，把中滑板刻度盘和大滑板刻度盘均调到“0”刻度位置。

③ 确定背吃刀量。反方向退出大滑板，使车刀向右离开工件3～5mm，摇动中滑板手柄，使车刀横向进给，进给量即为背吃刀量。

④ 确定外径。把大滑板纵向进给车削3～5mm后，中滑板不动，将大滑板退回，停车测量工件，与要求的尺寸比较，再重新调整背吃刀量，直到达到尺寸要求。如果切削余量较多，可分几次完成。

⑤ 停车检查。车到尺寸后，退刀，停车检查。

（2）端面的车削

① 用45°车刀车削端面。45°车刀的刀头强度和散热条件比90°的车刀好，常用于车削工件的端面、倒角。

② 用右偏刀车削端面。90°右偏刀车削端面时，如果车刀由工件外缘向中心进给，是副切削刃切削。当背吃刀量较大时，切削力会使车刀扎入工件，而形成凹面，如图2-25(a)所示。为防止产生凹面，可改为由中心向外缘进给，用主切削刃切削，但背吃刀量要小，如图2-25(b)所示。当切削余量较大时，在车刀的副切削刃上磨出前角，使之成为主切削刃来车削，如图2-25(c)所示。

③ 用左偏车刀车削端面。90°左偏车刀是用主切削刃进行切削的，其主偏角为60°～75°，因此刀尖强度和散热条件好，车刀使用寿命长，适用于车削铸件、锻件的大平面，如图2-25(d)所示。

（3）台阶轴的车削

车台阶时，既要保证外圆和台阶面的长度尺寸，又要保证台阶平面与工件轴线的垂直度。

当车削相邻两个直径相差不大的台阶时，可用90°偏刀，这样既车削外圆又车削端面。

如果车削相邻两个直径相差较大的台阶，可先用一把主偏角小于90°的车刀粗车，再

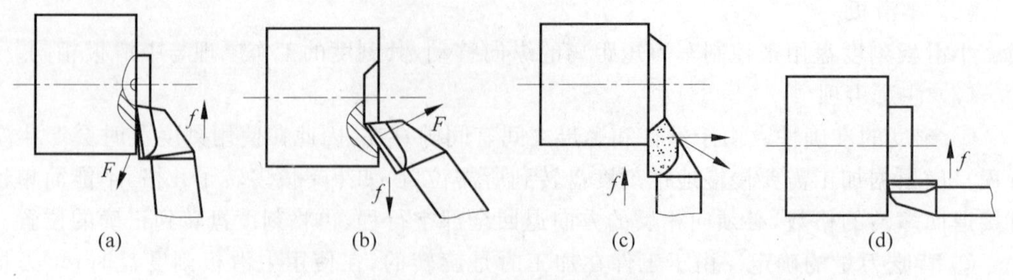

图 2-25　90°右偏刀车削端面

把 90°偏刀的主偏角安装成 93°～95°，分几次进给，进给时应留精车外圆和端面的加工余量。精车外圆到台阶长度后，停止纵向进给，手摇中滑板手柄使车刀慢慢均匀地退出，一个台阶便加工完毕。

车削台阶时，控制台阶长度尺寸有以下三种方法。

① 刻线法。先用钢直尺、样板或卡钳量出台阶的长度尺寸，再用车刀刀尖在台阶所在位置处车出细线，然后再车削，如图 2-26 所示。

② 挡铁法。在成批生产台阶轴时，为了准确迅速地掌握台阶长度，可用挡铁定位来控制，如图 2-27 所示。先把挡铁固定在床身导轨的某一个适当位置上，与图上台阶 a_1 的台阶面轴向位置一致。挡铁 b 和 c 的长度分别等于台阶 b_1、c_1 的长度。当床鞍纵向进给碰到挡铁 c 时，正好车好工件台阶长度 c_1，拿去挡铁 c，调整下一个台阶的背吃刀量，继续纵向进给。

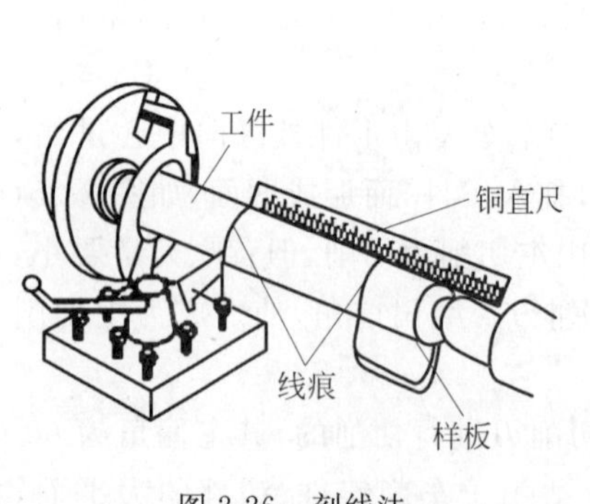

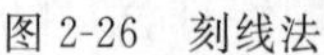
图 2-26　刻线法

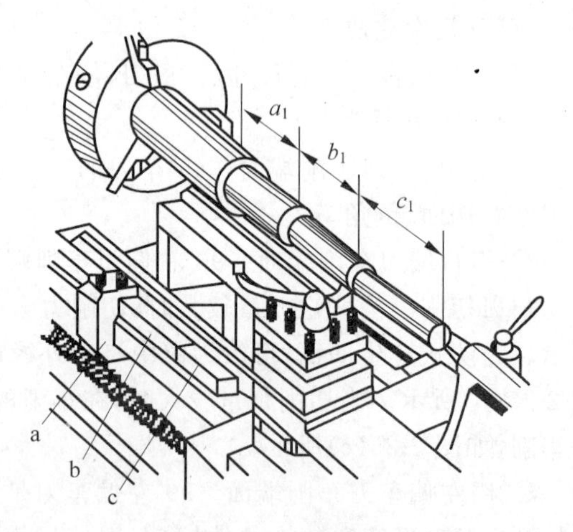

图 2-27　挡铁法

当床鞍碰到挡铁 b 时，正好车好台阶长度 b_1，当床鞍碰到挡铁 a 时，正好车好台阶长度 a_1，这样就完成了全部台阶的车削。用这种方法车台阶，可减少大量的测量时间，台阶长度精度可达 0.1～0.2mm。用卡盘顶尖安装工件时，在车床主轴锥孔内必须安装限位支承，以保证工件的轴向尺寸。

③ 刻度盘法。CA6140 型卧式车床床鞍进给刻度盘一格等于 1mm。据此，可根据台阶长度计算出床鞍进给刻度盘手柄应摇动的格数，如图 2-28 所示。

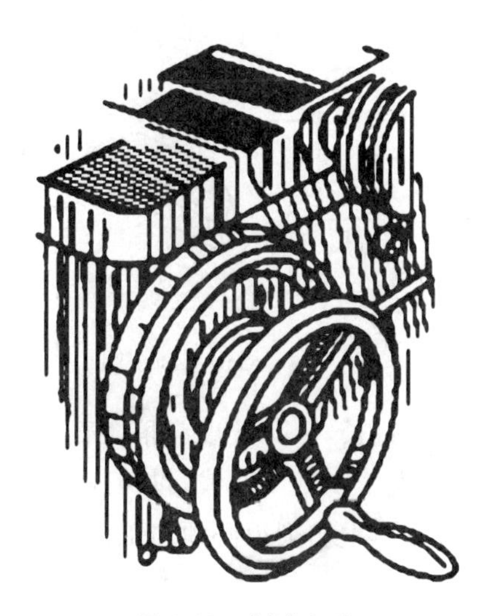

图 2-28 刻度盘法

(4) 切槽

① 直沟槽的车削。车削宽度在 5mm 以下较窄的外沟槽时,可用刀头宽度等于槽宽的车刀一次直进车出,切槽刀必须达到相应的要求,如图 2-29(a)所示。

车削较宽的外沟槽时,可以分两次车削。第一次用刀头宽度小于槽宽切断刀粗车,在槽的两侧和底面留有精车余量,如图 2-29(b)所示,第二次用精车刀精车至目标尺寸如图 2-29(c)所示。

槽底的直径可用外卡钳或游标卡尺测量,槽的宽度可用钢直尺、游标卡尺或量规测量。

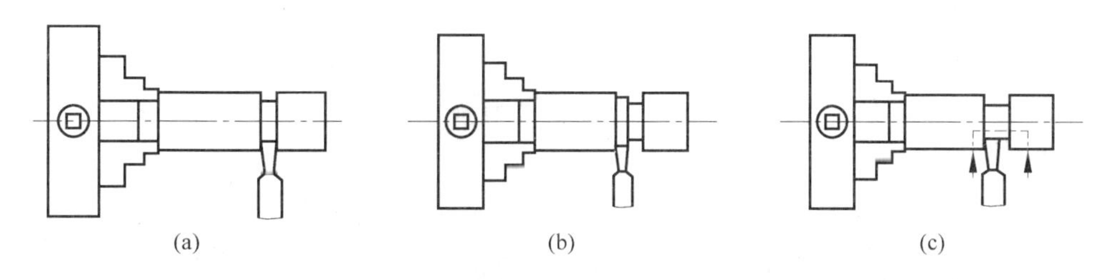

(a) (b) (c)

图 2-29 直沟槽的车削

② 斜沟槽的车削。车削 45°外沟槽时,可用 45°外沟槽专用车刀。车削时把小滑板转过 45°,用小滑板进给车削,如图 2-30(a)所示。

车圆弧沟槽时,把车刀的刀头磨成相应的圆弧刀刃,如图 2-30(b)所示。

车削外圆端面沟槽时,刀头形状如图 2-30(c)所示。

(5) 切断

切断工件时,切削位置应尽量靠近卡盘,并采用较低的切削速度,尽可能地减小主轴刀架滑动部分的间隙。切断工件时进给要均匀,将要切断时应放慢速度,以免突然切断工件时刀头折断。当难以直接切断时,可分段切断,如同切削宽槽一样,这样使切断刀减少一个摩擦面而有利于排屑和减少振动。具体注意事项如下:

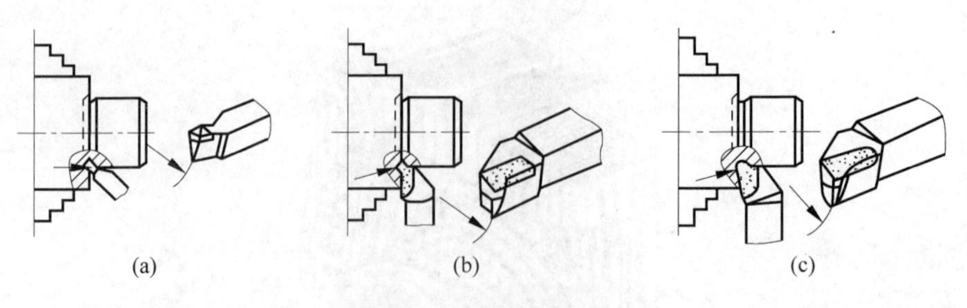

图 2-30 斜沟槽的车削

① 安装时，切断刀不宜伸出过长，刀头长度应稍大于槽深。

② 切断刀的中心线必须垂直于工件中心线，以保证两个副偏角对称。

③ 切断实心工件时，切断刀的主切削刃必须与工件中心等高，否则不能车到中心，且容易崩刃，甚至折断车刀。

④ 切断工件中途如需停车，应先退刀。

⑤ 切断钢件时应用冷却液进行冷却。

三、确定加工工艺的原则

根据工件的形状特点、技术要求、数量和工件的安装方法，轴类工件的车削工艺应考虑下面几个方面。

1. 粗精分开

车轴类工件时，轴的毛坯余量较大又不均匀或精度要求较高，应粗加工与精加工分别进行。

2. 用双顶尖装夹车削

用双顶尖装夹车削轴类工件时，一般至少要装夹 3 次，即粗车第一端，调头再粗车和精车另一端，最后精车第一端。

3. 车短小的工件

车短小的工件时，一般先车端面，这样便于确定长度方向的尺寸。车铸件时，最好先倒角再车削，刀尖就不会遇到外皮和型砂，避免损坏车刀。

4. 需要磨削的工件

当工件车削后还需磨削时，这时只需粗车和半精车，但要注意留磨削余量。

5. 车削台阶轴

车削台阶轴时，应先车削直径较大的一端，以避免过早降低工件的刚性。

6. 轴上车槽

在轴上车槽，一般安排在粗车和半精车之后，精车之前。如果工件的刚性好或精度要求不高，也可在精车以后再车槽。

【教】——台阶轴的车削过程

一、任务分析

车削如图 2-1 所示台阶轴。

1. 确定工件毛坯

工件各台阶之间直径差较小，毛坯可采用棒料，下料后便可以加工，因此工件毛坯为 45 钢棒料，规格为 ϕ45mm×150mm。

2. 确定定位基准

两端外圆同轴度为 ϕ0.04mm，因此采用两端中心孔作为定位基准。

3. 确定最后精车内容

两端外圆同轴度有要求，最后精车有精度要求的外圆。

4. 确定工艺流程卡

配料→车削端面和钻中心孔→粗车 ϕ38mm 外圆→车削端面、保总长、钻中心孔→粗车削 ϕ34mm、ϕ30mm 外圆→精车 ϕ34mm 外圆→切槽→精车 ϕ38mm 外圆→精车 ϕ30mm 外圆→检验入库。

5. 确定刀具

90°硬质合金右偏刀粗精各 1 把、45°硬质合金车刀 1 把、高速钢切槽刀 1 把。

二、加工工艺流程

1. 检查

(1) 检查毛坯的材料、直径和长度是否符合要求。

(2) 检查车床的各个手柄是否复位。

(3) 开启电源开关。

(4) 夹毛坯外圆，留在卡盘外的长度约 50mm。

(5) 安装 90°硬质合金右偏刀、45°硬质合金车刀、高速钢切槽刀。

2. 车端面和钻中心孔

(1) 起动车床，转速调到 800r/min 左右，走刀量为 0.15mm/r。

(2) 用 45°车刀车端面，采用手动进给，直到端面车平为止。

(3) 停车。

(4) 把 ϕ2.5mm 的 A 型中心钻，装入车床尾座。

(5) 移动尾座，使中心钻距零件 10mm 左右，锁紧尾座。

(6) 起动车床。

(7) 摇动尾座的手柄钻中心孔,深度为 5mm。

(8) 把尾座移回车床尾部,停车。

3. 粗车 ϕ38mm 外圆

(1) 起动车床。

(2) 使用 90°右偏刀粗车。

(3) 摇动床鞍使 90°右偏刀到零件端面处。

(4) 摇动中滑板使 90°右偏刀刚好车削到零件表面,床鞍、中滑板的刻度调到"0"位,再摇动床鞍退刀,不能移动中滑板。

(5) 摇动中滑板的手柄使背吃刀量为 1.5mm 左右,然后起动自动纵向走刀,车削长度约 51mm,横向退出车刀,再纵向退刀与零件端面齐平,第一次粗车完毕,开始第二次粗车。

(6) 摇动中滑板使 90°右偏刀粗车刚好车削到零件表面,再摇动床鞍,车削长度约 3mm退回车刀,不能移动中滑板。

(7) 停车。

(8) 测量 3mm 长的外圆直径,确定 45～40mm 后除以 2,所得的数值就是背吃刀量,然后摇动中滑板确定背吃刀量。

(9) 起动车床,自动车削约 51mm,横向退出车刀,再纵向退回车刀离开零件。这样车出 ϕ38mm 的外圆,留 2mm 余量。

4. 车端面、保总长和钻中心孔

(1) 调头,夹持 ϕ38mm 外圆,夹持长度 30mm 左右。

(2) 起动车床,用 45°车刀车端面,采用手动进给。

(3) 移动床鞍使车刀与零件端面齐平,把床鞍、中滑板上的刻度调到"0"。

(4) 进给中滑板,把端面车平后移动中滑板退刀,不能移动床鞍。

(5) 停车,量出零件的长度,这一数值减去 144mm,就是进给床鞍的进给量。

(6) 起动车床,自动进给中滑板车削端面,保证轴总长达到图样要求的尺寸。

(7) 停车。

(8) 移动尾座,中心钻距零件约 10mm,锁紧尾座。

(9) 起动车床,摇动尾座的手柄钻中心孔,深度为 5mm。

(10) 尾座移回车床尾部,停车。

5. 粗车 ϕ34mm、ϕ30mm 的外圆

(1) 顶尖装入尾座,移动尾座使顶尖顶在零件的中心孔里,然后锁紧尾座(采用一夹一顶装夹)。

(2) 使用 90°外圆粗车偏刀。

(3) 与前面粗车 ϕ38mm 外圆的方法类似,粗车 ϕ34mm 外圆,留 0.5mm 余量; 粗车

ϕ30mm 外圆留 0.5mm 余量，长度留 0.5mm 余量。

6. 精车 ϕ34mm 外圆

(1) 调节主轴转速和纵向走刀量(f=0.5mm/r，主轴转速调到 n=1200r/min，回转式顶尖，精车车刀)。

(2) 精车 ϕ34mm 外圆至要求尺寸，车削方法与粗车类似，采用自动走刀。

7. 切槽和倒角

(1) 调节主轴转速为 200r/min 左右，换用高速钢切槽刀，采用手动进给。

(2) 移动床鞍在 ϕ34mm 外圆处，保证 50mm 尺寸，摇动中滑板使车刀刚好在外圆面时，调节中滑板和床鞍的刻度盘使读数都为"0"，摇动中滑板退刀。

(3) 开启车床，分几次切槽，使槽宽为 5.6mm，槽深为 1.8mm，停车，退刀到开始切槽的位置。

(4) 测量槽的尺寸，算出进给数值，开启车床，移动大滑板、中滑板一次车出宽 6mm 的槽至图样要求的尺寸，保证旁边 ϕ38mm 的 50mm 长度，停车。

(5) 同前面的方法，车出 8mm 槽宽至要求尺寸。

(6) 调节主轴转速为 800r/min 左右，换用 45°车刀，开启车床。

(7) 手动倒角 2×C2 并去毛刺，停车。

8. 精车 ϕ38mm 外圆

(1) 加装前顶尖，用两顶尖装夹工件。

(2) 装上鸡心夹头。

(3) 粗车、精车 ϕ38mm 外圆，注意保证 50mm 的长度尺寸。

(4) 调节主轴转速 800r/min 左右，换用 45°车刀，开启车床。

(5) 手动倒角 C2 并去毛刺，停车。

9. 精车 ϕ30mm

(1) 调头，用两顶尖装夹，装上鸡心夹头。

(2) 半精车、精车 ϕ30mm 外圆至要求尺寸，保证长度 30mm。

(3) 调节转速为 800r/min 左右，换用 45°车刀，开启车床。

(4) 手动倒角 C2，停车。

10. 检测工件

11. 上油、入库

【做】——进行台阶轴的车削

按照表 2-3 的相关要求，进行零件的加工。

表 2-3 台阶轴零件车削过程记录卡

<table>
<tr><td colspan="2">一、车削过程
台阶轴零件的车削过程________。
(1) 配料 (2) 粗车 ϕ38mm 外圆 (3) 粗车 ϕ34mm、ϕ30mm 外圆 (4) 切槽
(5) 精车 ϕ38mm 外圆 (6) 精车 ϕ30mm 外圆 (7) 精车 ϕ34mm 外圆</td></tr>
<tr><td>二、所需设备、工具和卡具</td><td>三、装夹步骤</td></tr>
<tr><td colspan="2">四、注意事项
1. 用双顶尖装夹车削轴类工件时，一般至少要装夹 3 次，即粗车第一端，调头再粗车和精车另一端，最后精车第一端。
2. 车削台阶轴时，应先车削直径较大的一端，以避免过早降低工件的刚性。
3. 在轴上车槽，一般安排在粗车和半精车之后，精车之前。</td></tr>
<tr><td colspan="2">五、检测过程分析</td></tr>
<tr><td>出现的问题：</td><td>原因与解决方案：</td></tr>
</table>

【评】——台阶轴车削方案评价

根据表 2-3 中记录的内容，对台阶轴车削过程进行评价。台阶轴车削过程评价表见表 2-4。

表 2-4 台阶轴车削过程评价表

<table>
<tr><td rowspan="2">项目</td><td rowspan="2">内 容</td><td rowspan="2">分值</td><td colspan="3">评价方式</td><td rowspan="2">备 注</td></tr>
<tr><td>自评</td><td>互评</td><td>师评</td></tr>
<tr><td rowspan="5">车削方法</td><td>ϕ38mm 外圆</td><td>5</td><td></td><td></td><td></td><td rowspan="5">利用车床完成三个外圆和两个沟槽的车削</td></tr>
<tr><td>ϕ34mm 外圆</td><td>5</td><td></td><td></td><td></td></tr>
<tr><td>ϕ30mm 外圆</td><td>5</td><td></td><td></td><td></td></tr>
<tr><td>8mm 切槽</td><td>5</td><td></td><td></td><td></td></tr>
<tr><td>6mm 切槽</td><td>5</td><td></td><td></td><td></td></tr>
<tr><td rowspan="2">车削步骤</td><td>刀具选择是否正确</td><td>20</td><td></td><td></td><td></td><td rowspan="2">是否按要求进行规范操作</td></tr>
<tr><td>车削过程是否正确</td><td>25</td><td></td><td></td><td></td></tr>
<tr><td rowspan="3">职业素养</td><td>卡具维护和保养</td><td>10</td><td></td><td></td><td></td><td rowspan="3">按照 7S 管理要求规范现场</td></tr>
<tr><td>工具定置管理</td><td>10</td><td></td><td></td><td></td></tr>
<tr><td>安全文明操作</td><td>10</td><td></td><td></td><td></td></tr>
<tr><td colspan="2">合 计</td><td>100</td><td></td><td></td><td></td><td></td></tr>
<tr><td>综合评价</td><td colspan="6"></td></tr>
</table>

【练】——综合训练

一、填空题

1. 三爪自定心卡盘主要由________、________、________和________等组成。

2. 车削轴类零件的常见方法有________、________、________、________。

3. 车削台阶轴时,控制台阶长度尺寸有________、________、________三种方法。

二、判断题

1. 精车刀为使车刀锋利,切削轻快,前角一般应取大些。 ( )

2. 粗车刀为了增加刀头强度,前角和后角应取小些,但前角过小会使切削力增大。 ( )

3. 精车工件以前,一般要进行试切削,才能车削出准确的尺寸。 ( )

4. 安装时,切断刀不宜伸出过长,刀头长度应稍大于槽深。 ( )

三、选择题

1. 常用车削轴类零件车刀的主偏角有45°、75°、90°等几种,并有左、右之分,刀刃向右的称为( ),刀刃向左的称为( )。

A. 右车刀　　B. 右偏刀　　C. 左偏刀　　D. 左车刀

2. 切槽刀以横向进给为主,主偏角取( ),两个副偏角相等,一般认为,切断刀形状与切槽刀相似,不同之外是刀头窄而长。

A. 90°　　B. 75°　　C. 60°　　D. 45°

四、简答题

1. 简单叙述刻度盘的工作原理。

2. 选择加工工艺的原则是什么?

任务4 台阶轴的检测与质量分析

(1) 认识轴类零件的检测方法。

(2) 掌握台阶轴的检测方法及注意事项。

对台阶轴零件进行质量检测与分析,零件图样如图2-1所示。

【学】——轴类零件的检测方法

一、检测轴类零件常用量具

1. 钢直尺

(1) 结构特点

钢直尺是一种用来量取尺寸、检测工件长度的简单量具，如图 2-31 所示。在钢直尺的表面刻有尺寸刻度线，最小刻度单位为 0.5mm，按其长度规格有 150mm、300mm、500mm、1000mm 等多种。该量具具有结构简单、读数直观、使用方便、精度较低等特点。

图 2-31 钢直尺

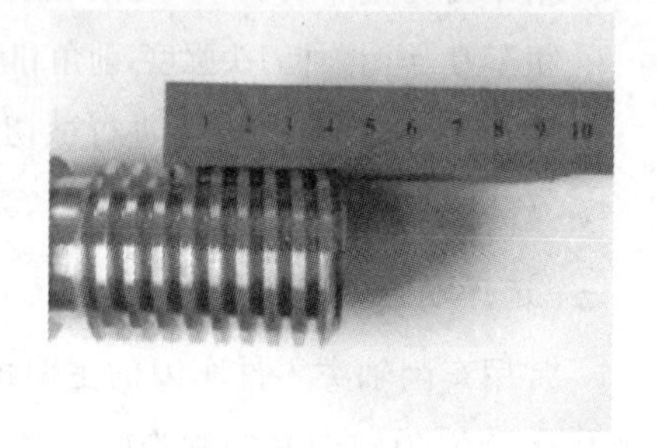

图 2-32 钢直尺的检测原理

(2) 测量原理

在使用钢直尺检测时，首先将被测长度的一端与钢直尺零线对齐，然后观察零件另一端与钢直尺的哪条刻线对齐，读出读数再加上单位即为被测尺寸的量值，如图 2-32 所示。读数时视线必须与钢直尺的刻度面垂直，只有这样才能减小读数误差，如图 2-33 所示。

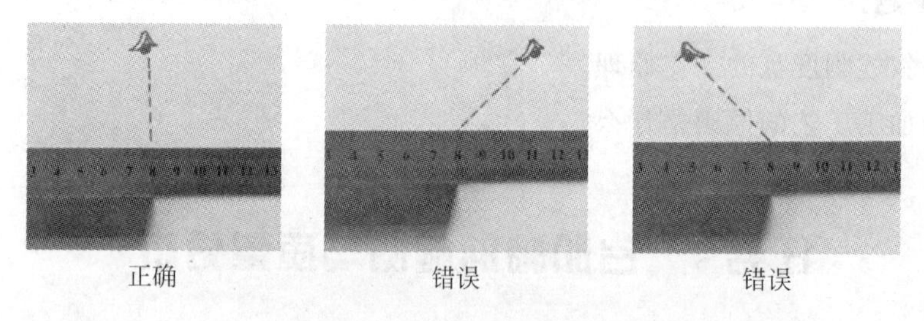

正确　错误　错误

图 2-33 钢直尺的读数方法

(3) 检测方法

① 直角台阶检测。对台阶零件进行检测时，钢直尺应对准基准边垂直放置，零件的起始一端必须与“0”刻线对准，如图 2-34 所示，读数时视线与钢直尺的刻度面垂直。

② 无台阶检测。检测没有台阶的零件时，“0”刻度线与零件的测量起始边对齐，用大拇指在零件终止处支承出钢直尺上的刻度线，如图 2-35 所示，读数时视线与钢直尺的刻度面垂直。

图 2-34　直角台阶测量

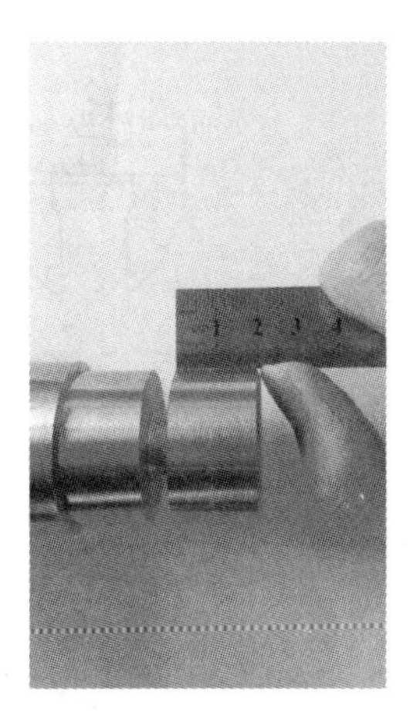

图 2-35　无台阶测量

(4) 注意事项

① 对于加工完的工件要放置在室内停留一段时间后再进行检测。

② 检测时，钢直尺与被测长度要保持平行。

③ 检测前，应擦拭干净工件与钢直尺的接触表面。

④ 读数时，视线必须与钢直尺的刻度面垂直，保存读数正确性。

(5) 维护保养

钢直尺使用时必须保持良好的状态，尺身不能弯曲，尺端、尺边不能有损伤。

2. 游标卡尺

(1) 结构特点

游标卡尺是一种常用量具，能直接测量零件的外径、内径、长度、宽度和孔距等，应用极为广泛，如图 2-36 所示。目前机械加工中常用游标卡尺测量范围有 0～150mm、0～200mm、0～300mm 等几种规格。游标卡尺的结构如图 2-37 所示。

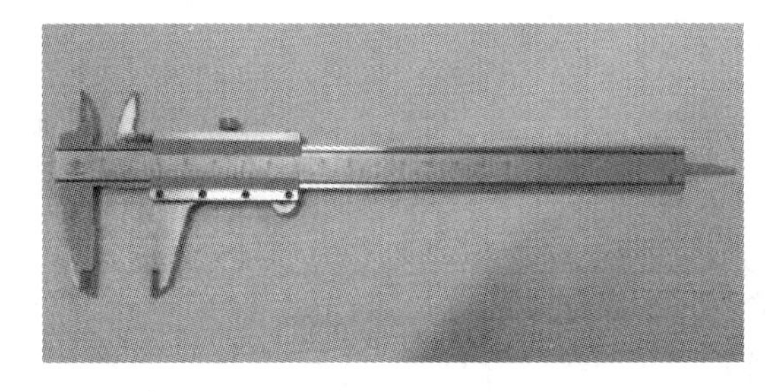

图 2-36　游标卡尺

(2) 分度原理

游标卡尺按精度分一般有 0.01mm、0.02mm、0.05mm 三种，其中 0.02mm 的常用。下面以 0.02mm 的游标卡尺为例说明游标卡尺的分度原理。

游标卡尺尺身刻线间距为 1mm，当两测量爪合并时，游标卡尺上 50 格刚好与尺身上 49mm 对正，尺身与游标每格之差为(1－49/50)mm＝0.02mm，此差值即为游标卡尺的

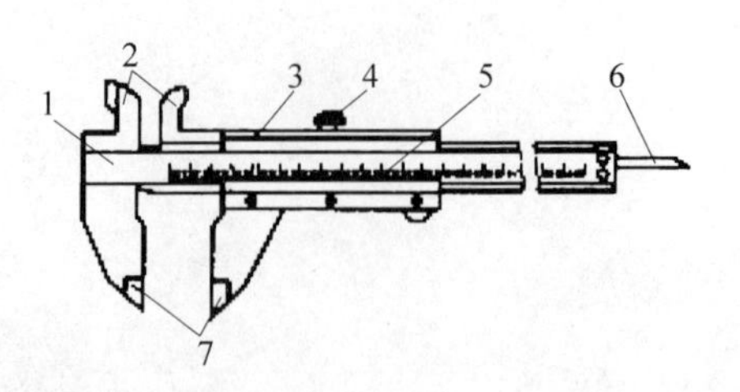

图 2-37 游标卡尺的结构

1—尺身；2—内测量卡爪；3—尺框；4—紧固螺钉；5—游标；6—深度尺；7—外测量卡爪

测量精度。

(3) 读数方法

第一步，读整数，在尺身上读出位于游标零线左边最接近的整数值。

第二步，读小数，看游标上哪条刻线与主尺刻线对齐，按每格 0.02mm 读出小数值。

第三步，求和，将以上整数和小数相加，即为被测尺寸。

例如，如图 2-38 所示为精度 0.02mm 的游标卡尺。

第一步，游标零线在 90mm 后面，即整数为 90mm。

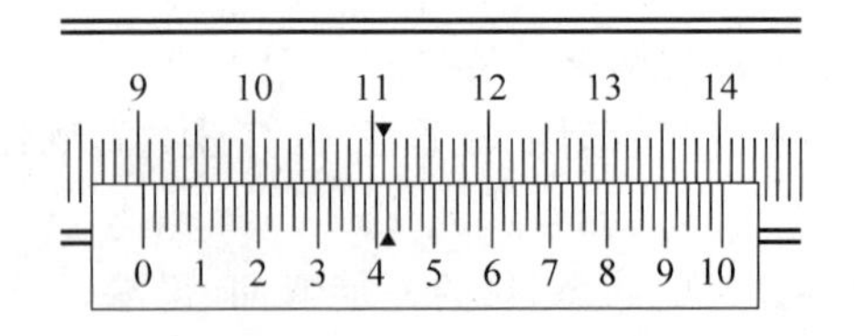

图 2-38 游标卡尺读数方法

第二步，游标刻线 4 后面第一条刻线与主尺刻线对齐，即小数为 0.02×21mm＝0.42mm。

第三步，求和 90mm＋0.42mm＝90.42mm，即为检测结果。

(4) 使用方法

游标卡尺的使用方法如图 2-39 所示。

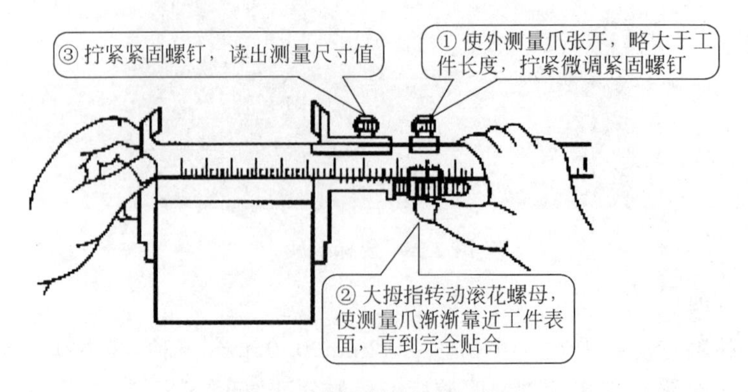

图 2-39 游标卡尺的使用方法

① 检测外部尺寸。首先应将外测量爪开口略大于被测尺寸，自由进入工件，以固定量爪贴住工件，然后移动副尺，使活动量爪与工件另一表面相接触，拧紧紧固螺钉，读出读数，如图 2-40 所示。

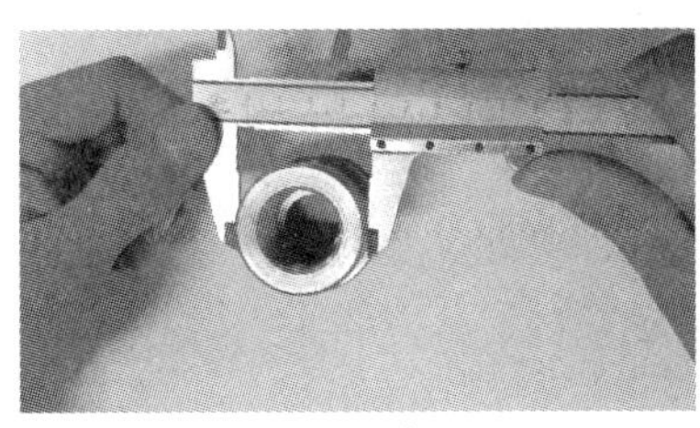

(a) 正确

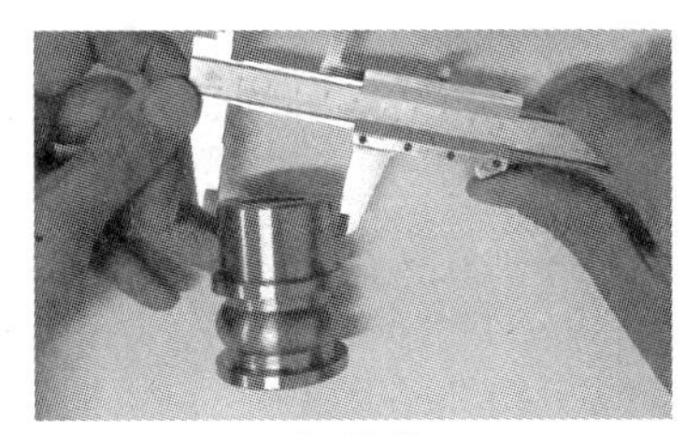

(b) 错误

图 2-40 检测外部尺寸时量爪的位置

② 检测内部尺寸。应使游标卡尺的量爪间距略小于被测工件的尺寸，将量爪沿孔的中心线放入，使用固定量爪与孔边接触，然后将量爪在被测工件孔内表面上稍微移动一下，找出最大尺寸，其位置如图 2-41 所示。

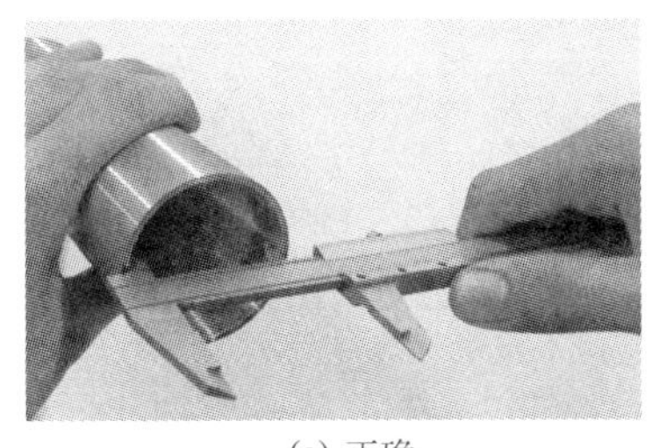

(a) 正确

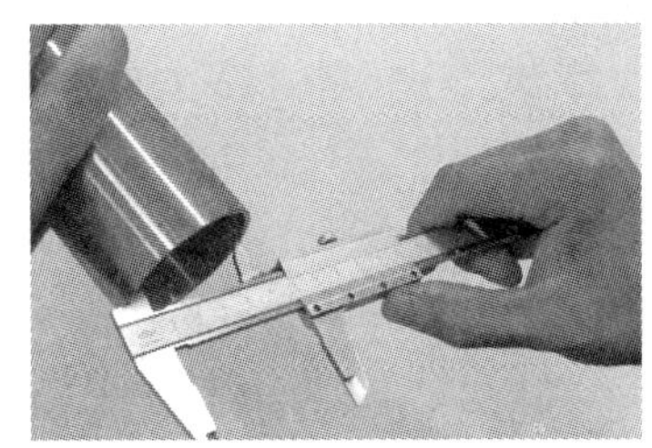

(b) 错误

图 2-41 检测内部尺寸时量爪的位置

对于平面形沟槽尺寸应当用量爪的平面测量刃进行检测，尽量避免用端部测量刃检测；而对于圆弧形沟槽尺寸，则应当用刀口形量爪进行测量，不应当用平面形测量刃进行检测，如图 2-42 所示。

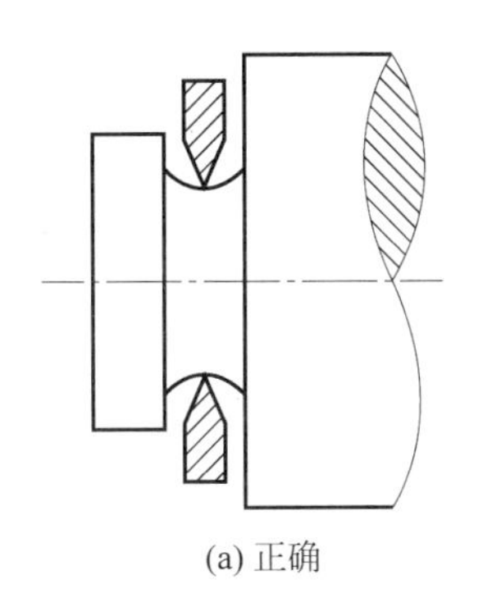

(a) 正确

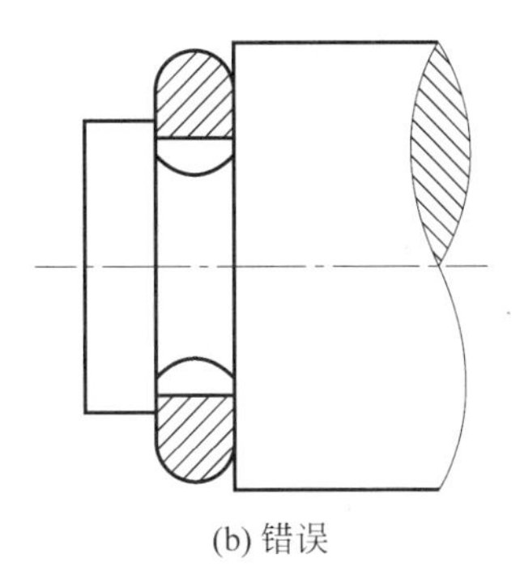

(b) 错误

图 2-42 测量沟槽时量爪的选择

③ 检测沟槽宽度。检测沟槽宽度时，要放正游标卡尺的位置，应使卡尺两测量刃的连线垂直于沟槽，不能歪斜。否则，量爪若在的错误的位置上，测量结果将不准确，如图 2-43 所示。

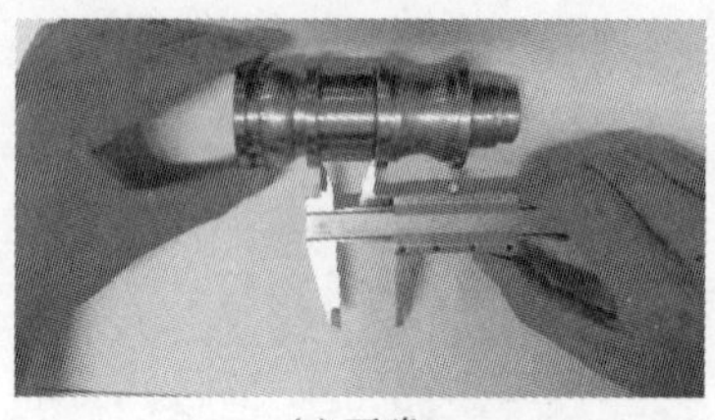
(a) 正确

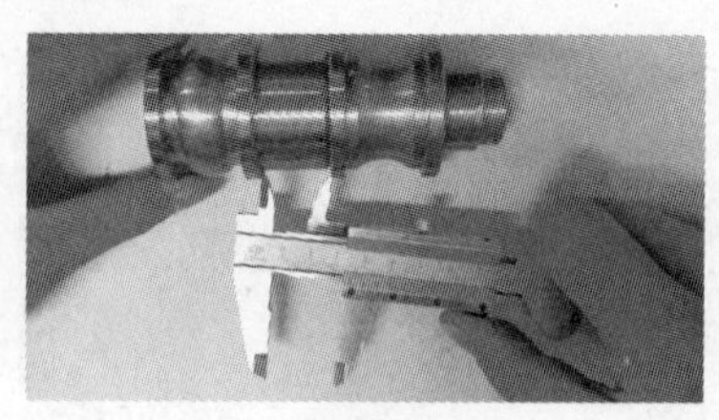
(b) 错误

图 2-43　检测沟槽宽度时量爪的位置

④ 检测深度尺寸。检测深度尺寸时，要使卡尺端面与被测工件的顶端平面贴合，同时保持深度尺与该平面垂直，如图 2-44 所示。

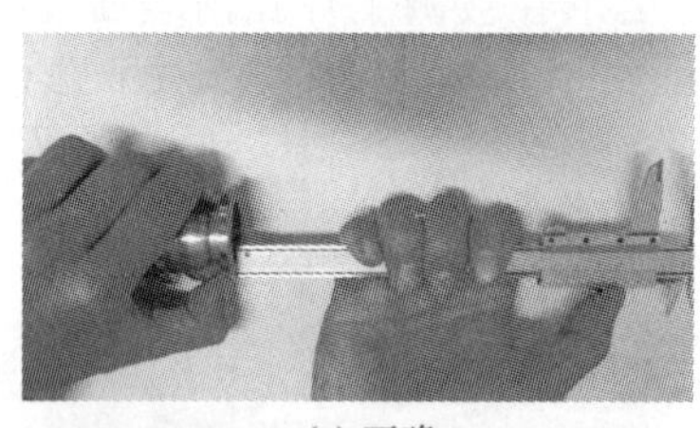
(a) 正确

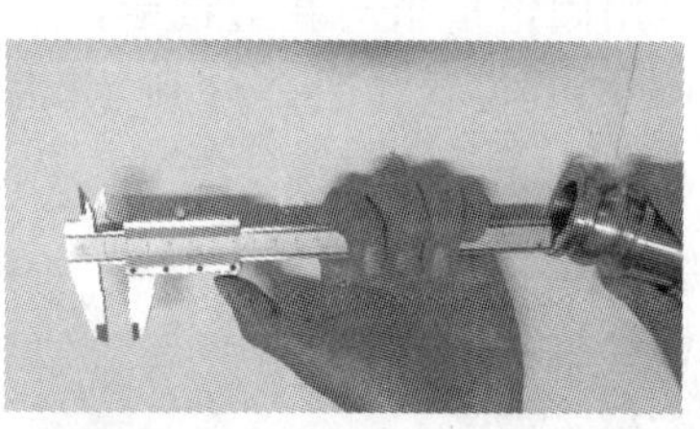
(b) 错误

图 2-44　检测深度尺寸时卡尺的位置

⑤ 检测厚度尺寸。检测厚度尺寸时，应使游标卡尺量爪间距略大于被测工件的尺寸，再使工件与固定量爪贴合，然后使活动量爪与被测工件另一表面接触，找出最小尺寸，如图 2-45 所示。

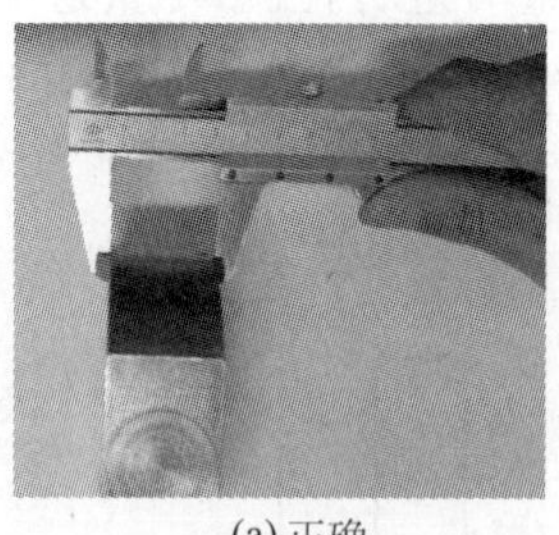
(a) 正确

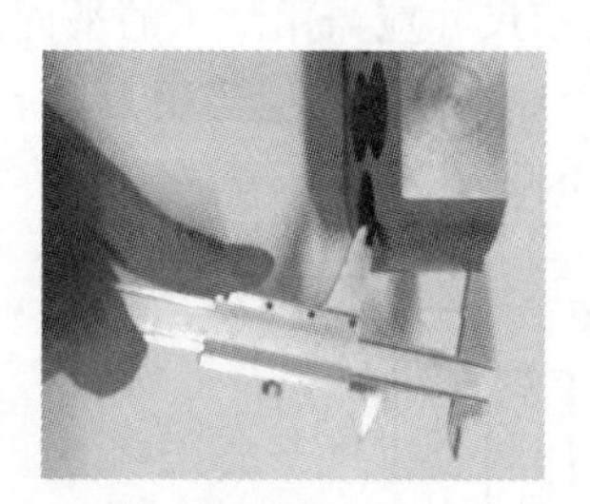
(b) 错误

图 2-45　检测厚度尺寸时卡尺的位置

⑥ 检测孔中心线与侧平面之间的距离。用游标卡尺检测孔中心线与侧平面之间的距离 L 时，先用游标卡尺测量出孔的直径 D，再用刀口形量爪测量孔的壁面与零件侧面间的最短距离，如图 2-46 所示。

此时，卡尺应垂直于侧平面，且要找到它的最小尺寸，读出卡尺的读数 A，则孔中心线与侧平面之间的距离为

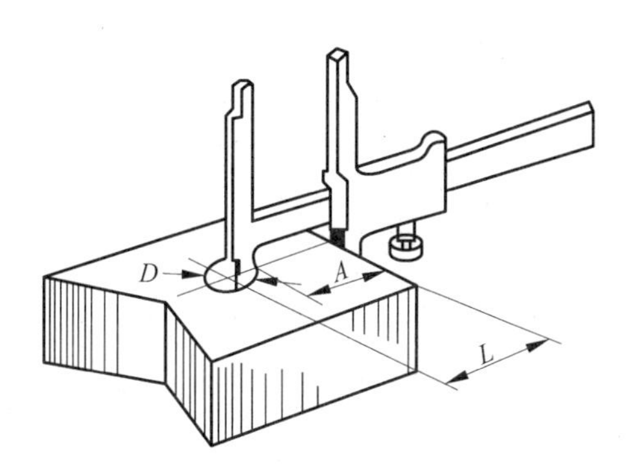

图 2-46 检测孔中心线与侧平面之间的距离

$$L = A + \frac{D}{2}$$

另一种检测方法也是先分别量出两孔的内径 D_1 和 D_2，如图 2-47 所示，然后用刀口形量爪量出两孔内表面之间的最小距离 B，则两孔的中心距为

$$L = B + \frac{1}{2}(D_1 + D_2)$$

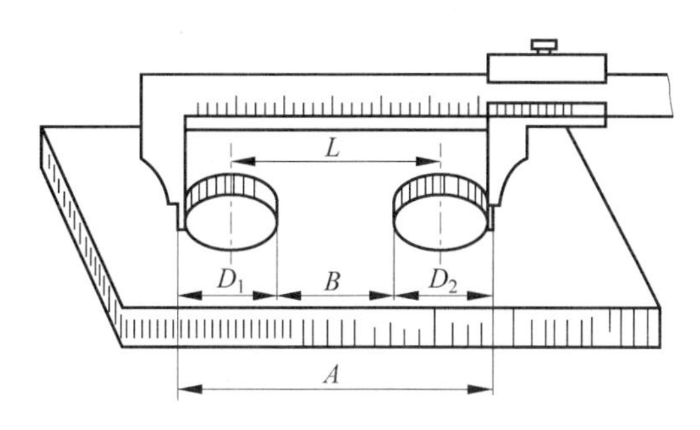

图 2-47 检测两孔的中心距

(5) 其他游标卡尺

由于用途的不同，游标卡尺还有游标深度尺、齿厚游标卡尺，如图 2-48 所示。

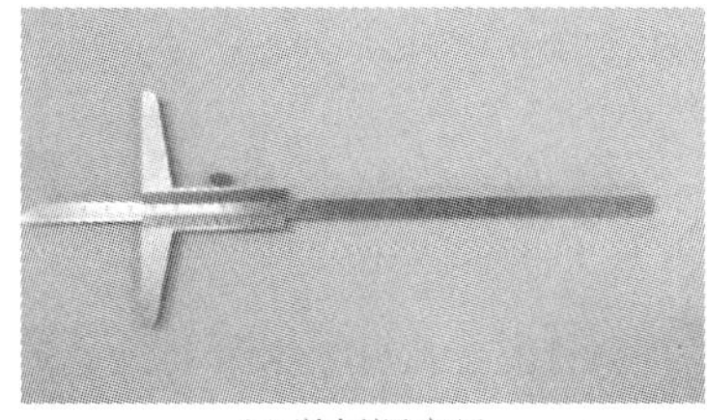

(a) 游标深度尺

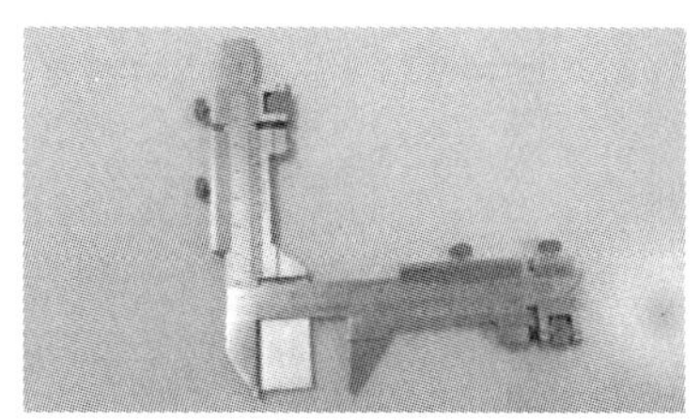

(b) 齿厚游标卡尺

图 2-48 其他游标卡尺

① 游标深度尺。游标深度尺主要用于测量工件的沟槽、台阶的深度尺寸等，其读数方法、注意事项与游标卡尺相同。

② 齿厚游标卡尺。齿厚游标卡尺的结构类似两把游标卡尺垂直组装而成，两把卡尺的游标刻度值是 0.02mm，用来测量齿轮或蜗杆的弦齿后或弦齿高。这类游标卡尺有两

种规格：一种是用来测量模数为 1～18mm 齿轮的齿厚游标卡尺；另一种是用来测量模数为 5～36mm 齿轮的齿厚游标卡尺。齿厚游标卡尺的读数方法与游标卡尺的读数方法相同。

(6) 维护保养

① 按游标卡尺操作规程使用。

② 不允许把游标卡尺当扳手、画线工具、卡钳、卡规使用。

③ 不能使用游标卡尺测量毛坯件。

④ 游标卡尺损坏后，应送有关部门修理，并经检验合格后才能使用。

⑤ 不能在游标卡尺尺身处做记号或打钢印。

⑥ 游标卡尺不能放在磁场附近。

⑦ 不用的游标卡尺应涂抹防锈油，放入量具盒中。

⑧ 游标卡尺及量具盒应平放。

3. 千分尺

1) 结构特点

千分尺是一种精密量具，其测量精度比游标卡尺高，应用广泛，如图 2-49 所示。常见的千分尺由尺架、测微头、测力装置和锁紧装置等组成，如图 2-50 所示。

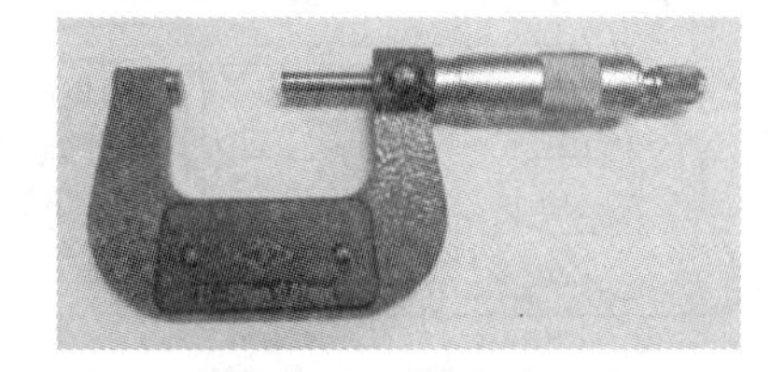

图 2-49 千分尺

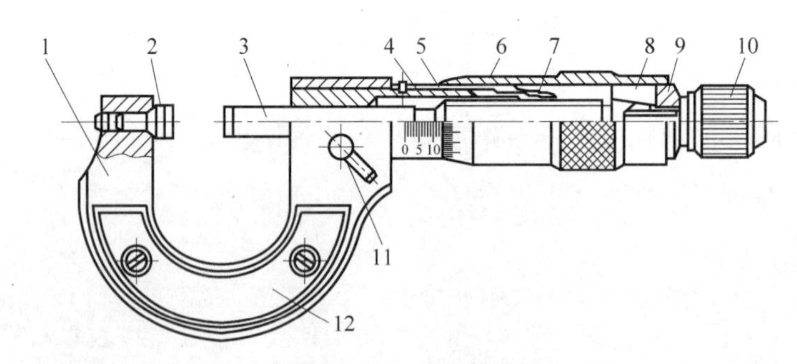

图 2-50 千分尺的结构

1—尺架；2—固定测砧；3—测微螺杆；4—螺纹轴套；5—固定刻度套筒；6—微分筒；7—调节螺母；8—接头；9—垫片；10—测量装置；11—锁紧螺钉；12—绝热板

2) 分度原理

固定套筒刻线间距为 1mm，基线上下刻线间距为 0.5mm，微分筒圆周上分布有 50 小格，微分筒旋转一周，固定套筒轴线移动为 0.5mm，螺杆螺距为 0.5mm。因此，每格刻度值＝0.5mm÷50＝0.01mm，也就是说微分筒上每格刻度值为 0.01mm。

3）读数原理

第一步，读出微分筒孔边缘在固定套管的多少毫米刻度线后面。

第二步，读出微分筒上哪一格与固定套筒上的基准线对齐。

第三步，把两个尺寸相加，即最后读数值。

例如，如图 2-51 所示，先读出 33mm，再读出 0.15mm，则最后读数为 33mm＋0.15mm＝33.15mm。

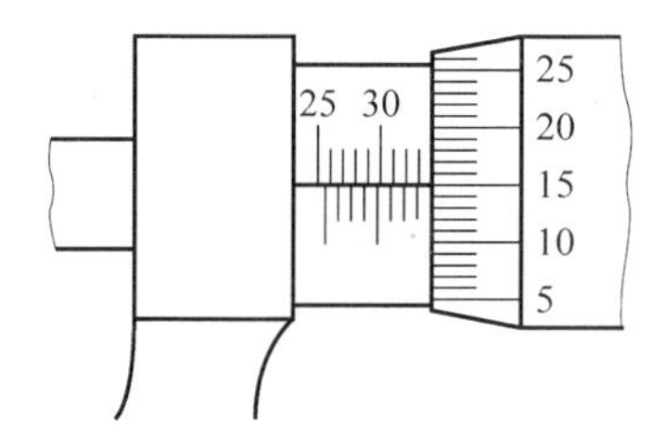

图 2-51 千分尺读数原理

4）使用方法

使用千分尺测量时，有单手测量和双手测量两种方式。

（1）单手测量

单手测量时，以右手掌和小拇指托住千分尺的绝热板部分，将千分尺调整至大于待测尺寸。测量时，以千分尺固定测杆靠住工件，右手拇指和食指旋转棘轮，至发出 2～3 声声响为止，即可读出数值，如图 2-52 所示。

图 2-52 单手测量

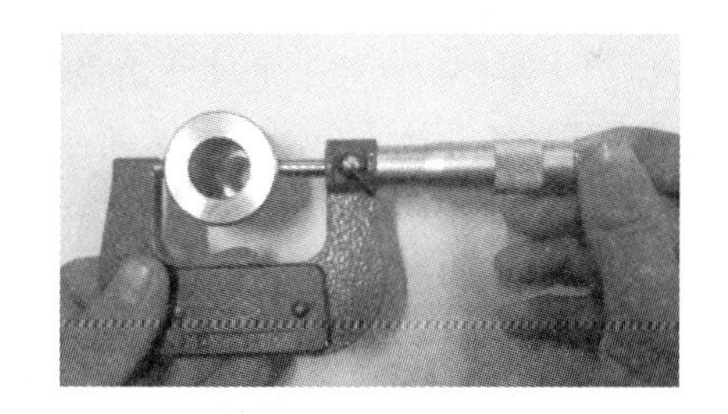

图 2-53 双手测量

（2）双手测量

双手测量时，以左手持千分尺的绝热板部分，右手将千分尺调整至大于待测尺寸。测量时，以千分尺固定测杆靠住工件，右手旋转棘轮，至发出 2～3 声声响为止，即可读出数值，如图 2-53 所示。

（3）注意事项

① 测量轴线要与工件被测长度方向一致，不要歪斜，如图 2-54 所示。

② 测尺寸调节千分尺时，要慢慢地转动微分筒或测力装置，不要握住微分筒摇动或摇转尺架，以致精密测微螺杆变形，如图 2-55 所示。

③ 测量被加工的工件时，工件要在静态下测量，则易使测量面磨损，测杆弯曲，甚至折断。不要在工件转动时测量，如图 2-56 所示。

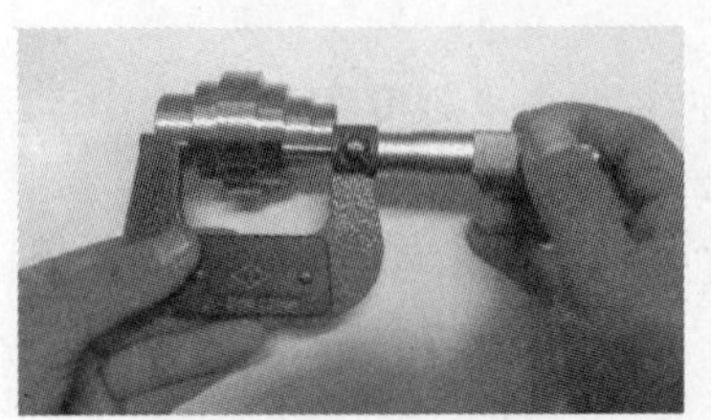

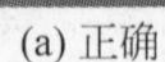

(a) 正确

(b) 错误

图 2-54　千分尺测量轴线与工件测量长度方向一致

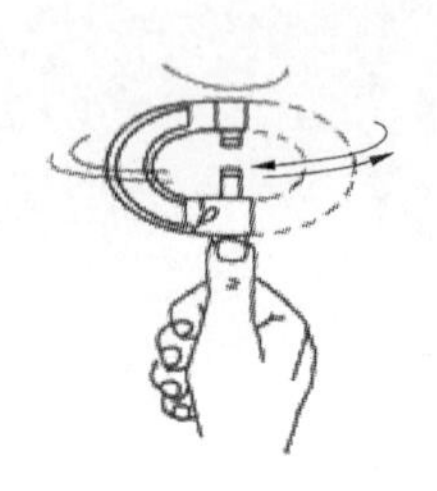

图 2-55　错误调节千分尺

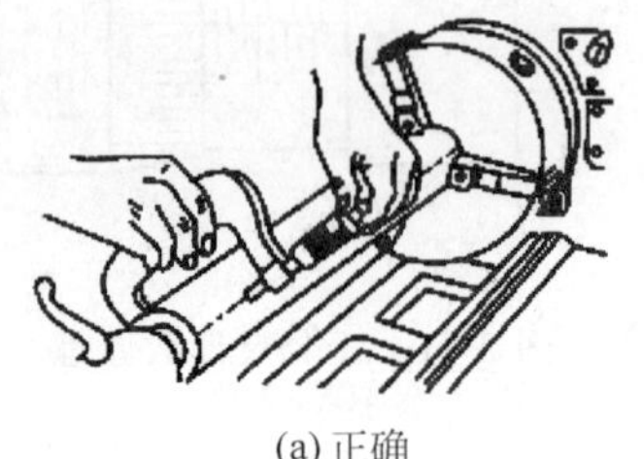

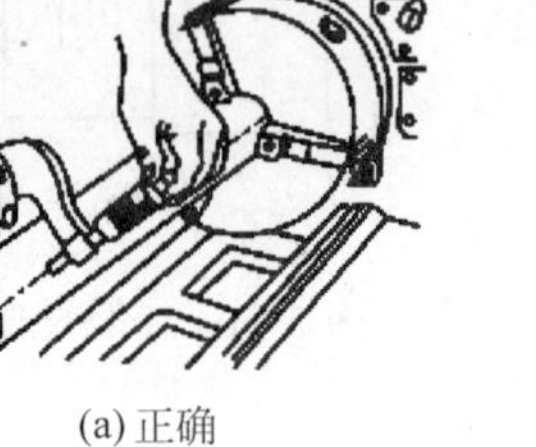

(a) 正确

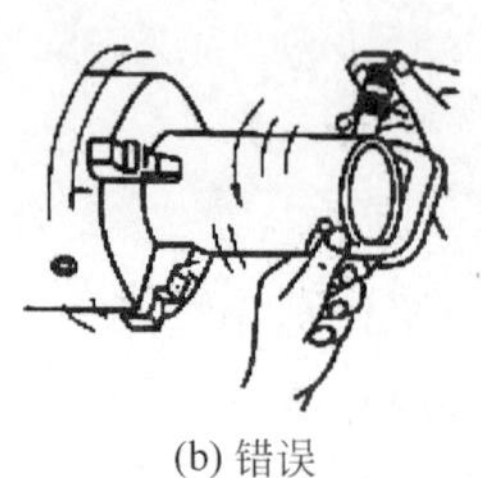

(b) 错误

图 2-56　车床上使用千分尺测量工件

5）其他千分尺

按照用途不同，还有螺纹千分尺、深度千分尺、壁厚千分尺、尖头千分尺和公法线千分尺。

(1) 螺纹千分尺

螺纹千分尺用来测量精度较低的螺纹中径，其结构与千分尺相似，它有两个可调换的量块，量块与螺纹牙型角相吻合，如图 2-57 所示。测量范围是螺距为 0.4～6mm 的普通螺纹。

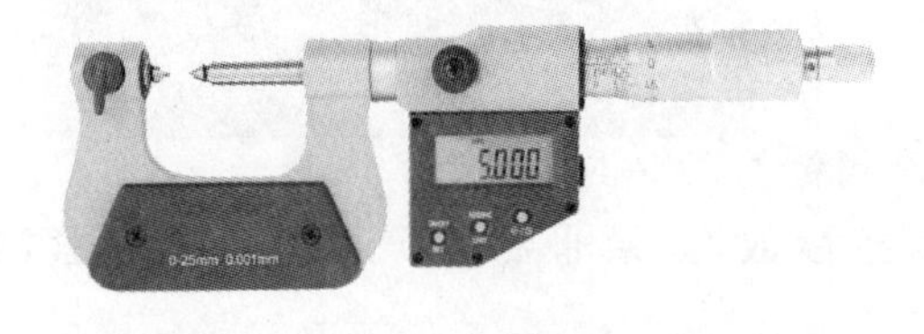

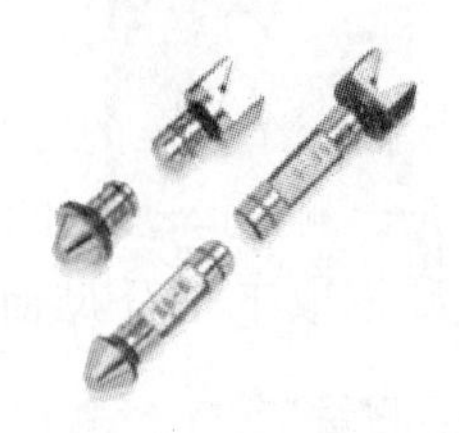

图 2-57　螺纹千分尺

(2) 深度千分尺

深度千分尺用来测量工件台阶、槽和孔的深度，它的结构与千分尺基本相同，如图 2-58 所示，但它的测微螺杆长度可根据工件尺寸进行调换。

(3) 壁厚千分尺

壁厚千分尺用来测量精密管形工件壁厚，为了提高寿命，测量面上镶有硬质合金，如图 2-59 所示。

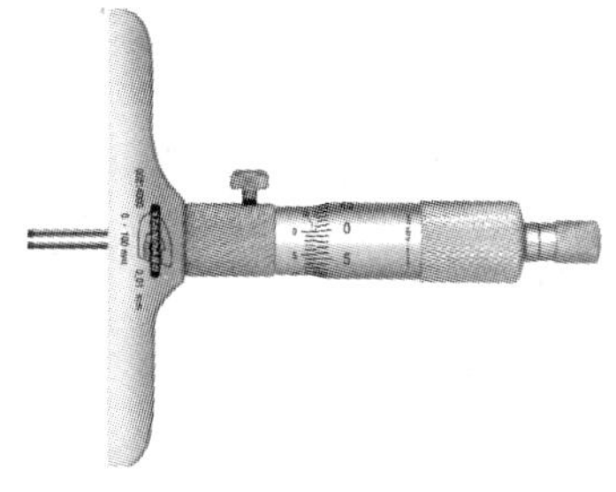

图 2-58 深度千分尺

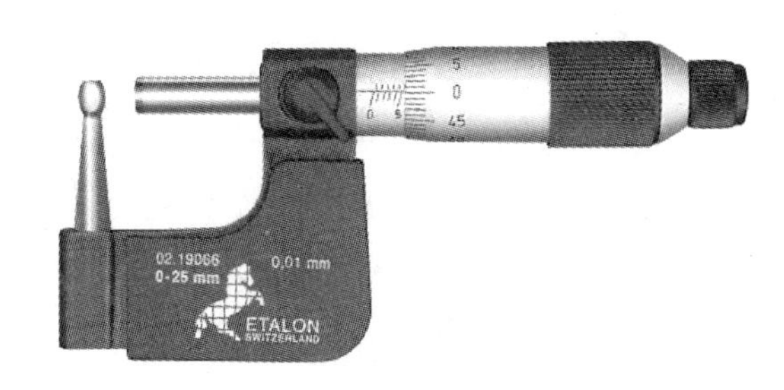

图 2-59 壁厚千分尺

(4) 尖头千分尺

尖头千分尺用来测量普通千分尺不能测量的小沟槽，测量范围为 0～25mm，如图 2-60 所示。

(5) 公法线千分尺

公法线千分尺用来测量齿轮公法线长度，如图 2-61 所示，它的结构与普通千分尺相似，只是用两个精确平面的圆盘代替原来的测量面。

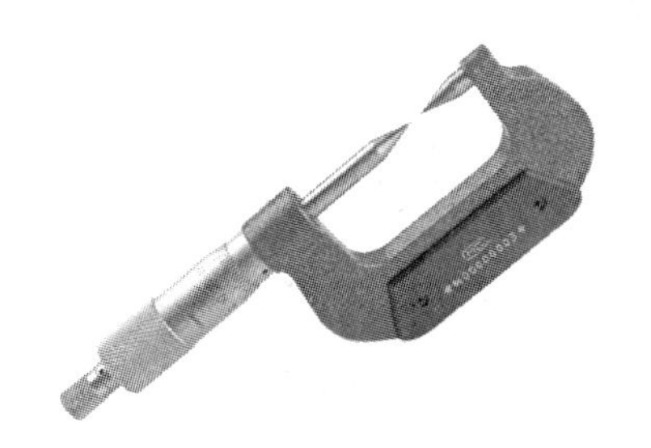

图 2-60 尖头千分尺

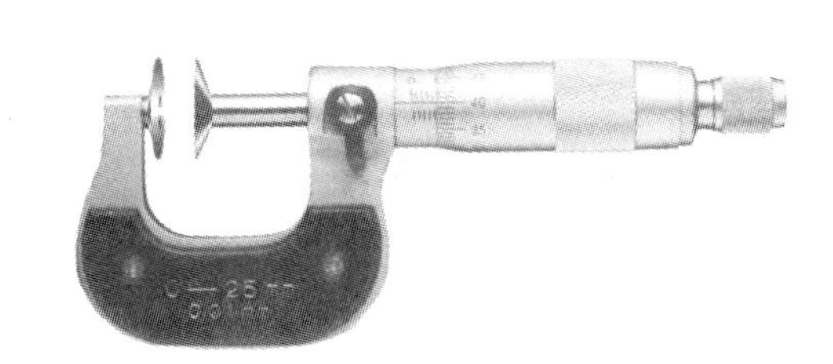

图 2-61 公法线千分尺

6) 注意事项

(1) 严格按照千分尺的测量步骤操作。

(2) 不允许测量运动的工件和粗糙的工件。

(3) 最好不取下千分尺而直接读数，如果非要取下读数，应先锁紧，并顺着工件滑出。

(4) 轻拿轻放，防止掉落摔坏。

(5) 用毕放回盒中，不要接触两测量面，长期不用时，要涂油防锈。

4. 百分表

1) 结构特点

百分表是一种应用广泛的通用量具，它使用简单，制造维修方便，测量范围较大，不仅能用于比较测量，而且能用于绝对测量，如图 2-62 所示。但由于齿轮的传动间隙、齿轮的磨损及齿轮本身的误差，因此不宜用于精度要求很高零件的测量工作，其结构如图 2-63 所示。

图 2-62 百分表

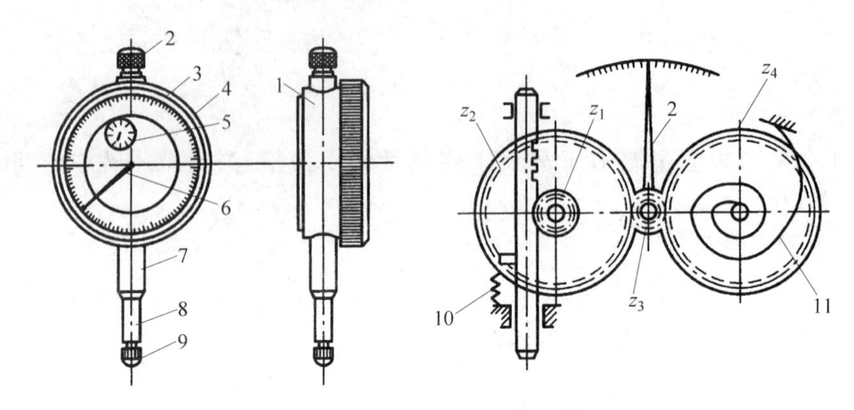

图 2-63 百分表的结构

1—表体；2—挡帽；3—表盘；4—表圈；5—指示盘；6—大指；
7—套筒；8—测量杆；9—测量头；10—弹簧；11—游丝

2）检测原理

百分表的工作原理是将测杆的直线移动，经过齿条、齿轮传动放大，转变为指针的转动，并在刻度盘上指示出相应的示值。

3）分度原理

百分表的测量杆移动 1mm，大指针正好回转一圈，而在百分表的表盘上沿圆周刻有 100 个刻度，当指针转过 1 格时，表示所测量的尺寸变化为 1mm/100＝0.01mm，所以百分表的分度值为 0.01mm。常用的百分表有 0～3mm、0～5mm、0～10mm 三种。

4）应用实例

(1) 用百分表测偏心距

百分表使用时，要装在专用表架上，表架应在平整位置上，百分表在表架上可上、下、前、后调节，并可调整角度。具体步骤如下：

第一步，检测时，将 V 形架放在测量平台上，并把工件安放在 V 形架上，如图 2-64 所示。

第二步，转动偏心轴，用百分表测量出偏心轴的最高点，然后将工件固定。

第三步，将百分表水平移动，测出偏心轴外圆到基准圆外圆之间的距离 a。

第四步，用百分表测量出基准轴直径和偏心轴直径的实际尺寸。

第五步，计算偏心轴距 e。

$$e=\frac{D}{2}-\frac{d}{2}-a$$

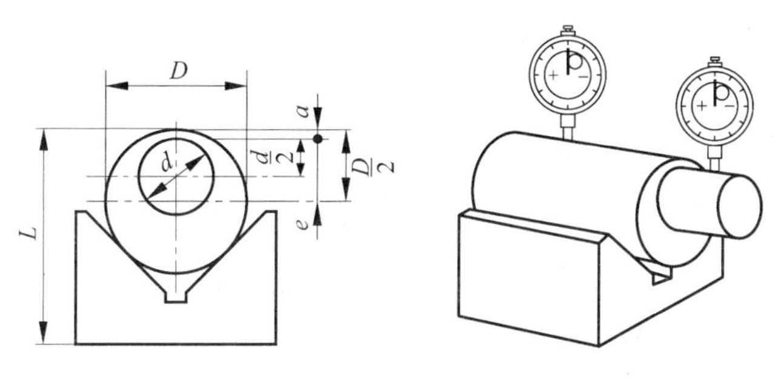

图 2-64 偏心轴测量方法

式中：D——基准轴的直径，mm；

d——偏心轴的直径，mm；

a——基准轴外圆到偏心轴外圆之间的最小距离，mm。

(2) 利用百分表测量工件表面直线度和平面度

利用百分表测量工件表面平面度，如图 2-65 所示。

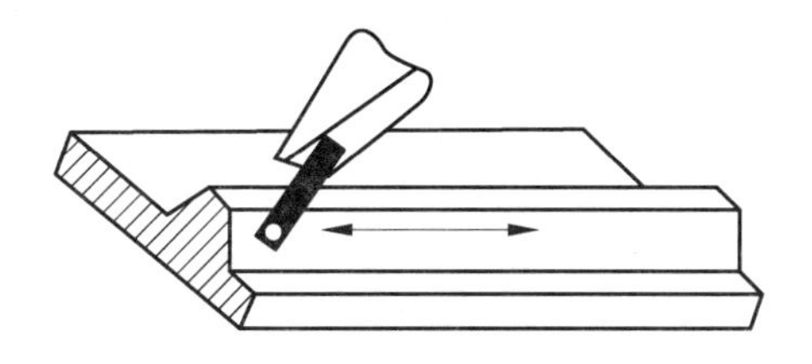

图 2-65 百分表测量平面度

(3) 百分表测量圆跳动

在偏摆仪上测量圆跳动，如图 2-66 所示。

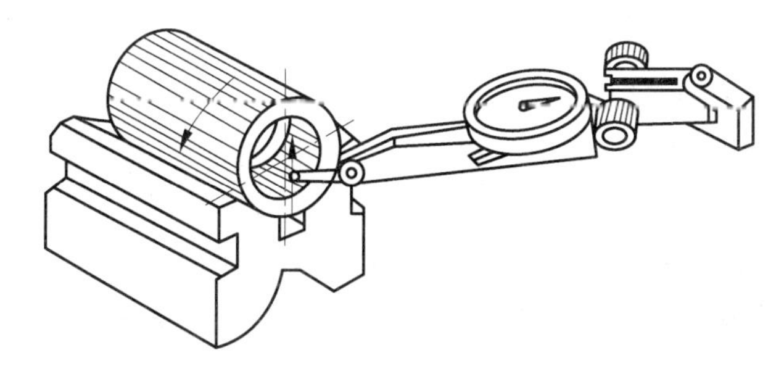

图 2-66 百分表测量圆跳动

(4) 测量工件是否等高

测量工件两边是否等高，如图 2-67 所示。

5) 百分表的维护保养

(1) 拉压测量的次数不宜过频，距离不要过长，测量的行程不要超过测量范围。

(2) 使用百分表测量工件时，不能使触头突然放在工件的表面上。

(3) 不能用手握测量杆，也不要把百分表同其他工具混放在一起。

(4) 使用时，表座要安放平稳牢固。

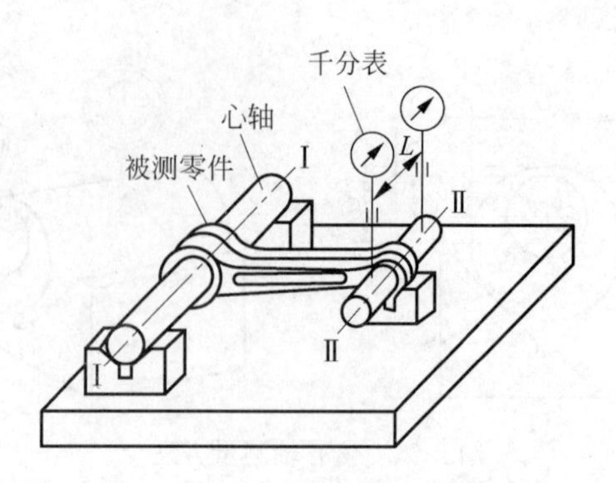

图 2-67 百分表测量是否等高

(5) 严防水、油液、灰尘等进入表内。

(6) 用后擦净、擦干放入盒内,使测量杆处于非工作状态,避免表内弹簧失效。

5. 千分表

千分表的用途、结构形式及工作原理与百分表类似,也是通过齿轮、齿条传动机构把测量杆的直线移动转变为指针的转动,并在表盘上指示出数值。但是,千分表传动机构中齿轮传动的级数要比百分表多,因此放大比更大,分度值更小,测量精度也就更高,可用于较高精度的测量场合。

千分表的分度值为 0.001mm,示值范围为 0～1mm。示值误差在工作行程范围内不大于 5μm,在任意 0.2mm 范围内不大于 3μm。示值变化不大于 0.3μm。

千分表的使用方法与百分表相同。由于千分表的精度高,测量范围小,所以使用和维护保养应更加精心、细致。

二、轴类零件的质量分析

1. 圆度不合格的原因与解决方法

(1) 车床主轴的间隙太大。进行车削前,检查主轴的间隙,并调整合适。如因轴承磨损太多,则需更换轴承。毛坯余量不均匀,切削过程中背吃刀量发生变化。

(2) 用双顶尖装夹时,中心孔接触不良,或后顶尖顶得不紧,或前后顶尖产生径向圆跳动。用双顶尖装夹时,必须松紧适当。若回转顶尖产生径向圆跳动,须及时修理或更换。

2. 圆柱度不合格的原因与解决方法

(1) 用一夹顶或双顶尖装夹工件时,后顶尖轴线与主轴轴线不同轴。车削前,应找正后顶尖,使之与主轴轴线同轴。

(2) 用卡盘装夹工件纵向进给车削时,产生锥度是由于车床床身导轨跟主轴轴线不平行,应调整车床主轴与床身导轨的平行度。

(3) 用小滑板车外圆时,圆柱度超差是由于小滑板的位置不正,即小滑板刻线与中滑板的刻线没有对准"0"。必须先检查小滑板的刻线是否与中滑板刻线的"0"对准。

（4）工件装夹时悬伸较长，车削时因切削力影响使前端让开，造成圆柱度超差。应尽量减少工件的伸出长度或另一端用顶尖支承，增加装夹刚性。

（5）车刀中途逐渐磨损，应选择合适的刀具材料或适当降低切削速度。

3. 尺寸精度不合格的原因与解决方法

（1）看错图样或刻度盘使用不当。应认真看清图样中的尺寸要求，正确使用刻度盘，看清刻度值。

（2）没有进行试切削。应根据加工余量算出背吃刀量，进行试切削，然后修正背吃刀量。

（3）由于切削热的影响，使工件尺寸发生变化。不能在工件温度较高时测量，如测量应掌握工件的收缩情况，或浇注切削液，降低工件温度。

（4）测量不正确或量具有误差。使用量具前，必须检查和调整零位。

（5）尺寸计算错误，槽深度不正确。应仔细计算工件的各部分尺寸，对留有磨削余量的工件，车槽时应考虑磨削余量。

（6）没及时关闭机动进给，使车刀进给长度超过台阶长度。注意及时关闭机动进给或提前关闭机动进给，用手动进给到长度尺寸。

4. 表面粗糙度不合格的原因与解决方法

（1）车床刚性不足，如滑板塞铁太松，传动零件不平衡或主轴太松引起振动。应消除或防止由于车床刚性不足而引起的振动。

（2）车刀刚性不足或伸出太长而引起振动。应增加车刀刚性和正确装夹车刀。

（3）工件刚性不足引起振动，应增加工件的装夹刚性。

（4）车刀几何参数或角度选择不合理，如选用过小的前角、后角和主偏角。

（5）切削用量选用不当。进给量不宜太大，精车余量和切削速度应选择恰当。

【教】——台阶轴的检测过程

一、基本原理

1. 检测方法

根据台阶轴图2-1所示，对每一项尺寸进行三次检测，然后求取平均值，将最终检测结果填入表2-5中。

2. 量具选择

0～150mm游标卡尺、0～25mm千分尺、25～50mm千分尺、杠杆百分表。

二、检测流程

量取尺寸→记录数值→求平均值→结果填表。

表 2-5 台阶轴检测结果

尺寸代号	实际检测值			平均值	是否合格
	1	2	3		
$\phi30_{-0.025}^{0}$ mm					
$\phi24_{-0.1}^{0}$ mm					
$\phi34_{-0.025}^{0}$ mm					
$\phi30_{-0.1}^{0}$ mm					
$\phi38_{-0.025}^{0}$ mm					
30mm					
(50±0.1)mm					
8mm					
6mm					
(144±0.05)mm					
同轴度 ϕ0.04mm					
不合格的原因及解决措施					

【做】——进行台阶轴的检测

按照表 2-6 的相关要求,进行零件的检测。

表 2-6 台阶轴检测过程记录卡

一、车削过程 1. 台阶轴的检测过程________。 (1) 量取尺寸 (2) 记录数值 (3) 求平均值 (4) 结果填表 2. 轴类零件的检测量具有______、______、______、______、______等几种。(钢直尺、卡钳、千分尺、百分表、游标卡尺、内径千分表)	
二、所需设备、工具和卡具	三、检测步骤
四、注意事项 1. 不能在游标卡尺尺身处做记号或打钢印。 2. 使用千分尺时,要慢慢地转动微分筒,不要握住微分筒摇动。 3. 使用百分表测量工件时,不能使触头突然放在工件的表面上。 4. 不允许测量运动的工件。	
五、检测过程分析	
出现的问题:	原因与解决方案:

【评】——台阶轴检测方案评价

根据表2-6中记录的台阶轴的检测过程，对台阶轴的检测内容进行评价。台阶轴检测内容评价表见表2-7。

表2-7　台阶轴检测内容评价表

项目	内容		分值	评价方式			备注
				自评	互评	师评	
检测方法	外圆尺寸	$\phi30_{-0.025}^{0}$ mm	5				严格按照所需量具的操作规程完成台阶轴的检测任务
		$\phi24_{-0.1}^{0}$ mm	5				
		$\phi34_{-0.025}^{0}$ mm	5				
		$\phi30_{-0.1}^{0}$ mm	5				
		$\phi38_{-0.025}^{0}$ mm	5				
	长度尺寸	30mm	5				
		(50±0.1)mm	5				
		8mm	6				
		6mm	6				
		(144±0.05)mm	5				
	同轴度	ϕ0.04mm	8				
检测步骤	量具选择是否正确		10				是否按要求进行规范操作
	检测过程是否正确		10				
职业素养	量具维护和保养		5				按照7S管理要求规范现场
	工具定置管理		5				
	安全文明操作		10				
合计			100				
综合评价							

【练】——综合训练

一、填空题

1. 钢直尺主要是用来检测工件的________、________和________的常用量具。
2. 对于刚加工好的工件要放置在室内________再进行检测。
3. 目前常用的游标卡尺测量范围有________、________、________等几种规格。
4. 千分尺检测时有________和________两种方式。
5. 百分表的测量杆移动1mm，大指针正好回转________圈。

二、判断题

1. 钢直尺具有结构简单、读数直观、使用方便、精度较高等特点。　　(　　)
2. 台阶零件测量时，钢直尺应对准基准边垂直放置。　　(　　)

3. 检测前,应该擦拭干净工件与钢直尺的接触表面。 ( )

4. 百分表具有结构简单、制造维修方便、检测范围大等特点。 ( )

5. 使用千分尺,当接近被测尺寸时,不要拧微分筒,应当拧棘轮。 ( )

6. 游标卡尺读整数时,在尺身上读出位于游标零线左边最接近的整数值。 ( )

三、选择题

1. 读数时,视线必须与钢直尺的刻度面( ),保证读数正确性。

A. 平行　B. 垂直　C. 倾斜　D. 以上都可以

2. ( )可以用于内孔直径的测量。

A. 外卡钳　B. 内卡钳　C. 钢直尺　D. 以上都可以

3. 百分表的测量头与零件表面接触时,测量杆应有( )～( )mm 的压缩量。

A. 0.3　B. 0.5　C. 1　D. 2

四、简答题

1. 车削轴类零件时,尺寸精度不合格的原因是什么? 如何预防?

2. 车削轴类零件时,圆柱度超差的原因是什么? 如何预防?

3. 车削轴类零件时,表面粗糙度差的原因是什么? 如何预防?

项目3

车削套类零件

教学目标

(1) 能了解套类零件的作用、分类及特点。

(2) 能掌握套类零件的装夹方法。

(3) 能掌握车削套类零件的方法。

(4) 能掌握套类零件的检测与质量分析。

典型任务

对某企业轴承套进行车削加工,零件图样如图 3-1 所示。

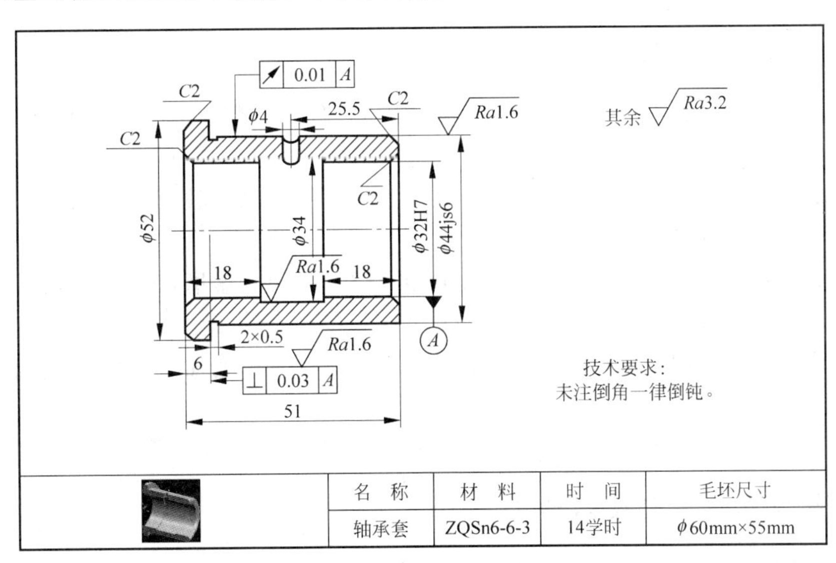

图 3-1 轴承套

任务1 套类零件简介

学习目标

(1) 认识套类零件。

(2) 掌握套类零件的组成、作用、分类及特点。

相关知识

一、套

1. 套类零件的含义

由同一轴线的内孔和外圆为主或外表面由其他结构(如齿、槽等)组成的零件统称为套类零件,如图3-2所示。

由于齿轮、带轮等的加工工艺与套类零件类似,在车削加工时,也将这些作为轴套类零件。

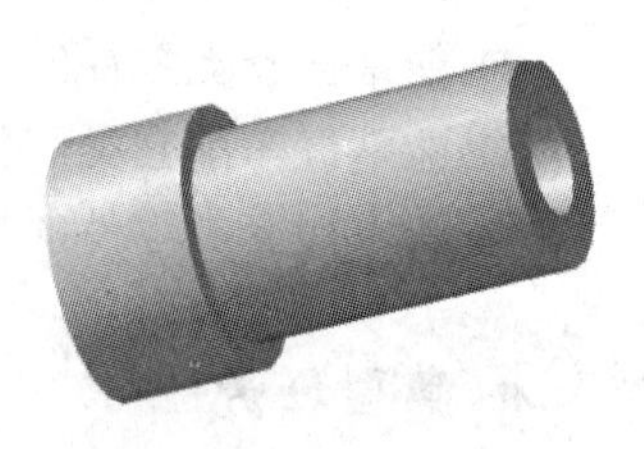

图3-2 衬套

2. 套类零件的特点

(1) 受力特点

套类零件主要是作为旋转零件的支承,在工作中承受进给力和背向力。如车床主轴的轴承孔、床尾套筒孔、齿轮和带轮的孔等。

(2) 车削加工的特点

车削套类零件比车削轴类零件困难得多,套类零件的车削工艺主要是指对工件上圆柱孔的加工工艺。其加工特点如下:

① 孔加工在工件内部进行,切削情况看不清楚,观察、测量较困难,尤其是对深度较深、孔径较小的孔的加工。

② 车孔时,刀杆受孔直径和深度的影响,刀具结构复杂、难磨,刀杆尺寸较细、较长,从而降低刀杆的强度和刚性。

③ 由于是在零件内部进行加工,切屑不容易排出且易拉毛加工表面,切削液不容易进入切削区内,故而对刀具的要求较高。

④ 有些套类零件壁厚较薄,受夹紧力、切削力的作用,易产生变形。

二、套类零件主要技术要求

套类零件与轴配合,其孔的要求就较高,尺寸精度为7~8级,表面粗糙度Ra值可达到0.8~1.6μm,有些套类零件还有形状与位置公差的要求。具体来说,套类零件的精度包括以下几项。

(1) 孔的位置精度

如同轴度、平行度、垂直度、径向圆跳动和端面圆跳动等。

(2) 孔的尺寸精度

如孔径和长度的尺寸精度。

(3) 孔的形状精度

如圆度、圆柱度、直线度等。

(4) 表面粗糙度

要达到哪一级的表面粗糙度，一般按加工图样上的规定。

综合训练

一、填空题

1. 由同一轴线的内孔和外圆为主或外表面组成的零件统称为________。

2. 套类零件主要是作为旋转零件的支承，在工作中承受________和________。

二、判断题

1. 套类零件的形状精度包括圆度、圆柱度、直线度等。（　　）

2. 有些套类零件壁厚较薄，受夹紧力、切削力的作用，易产生变形。（　　）

三、选择题

1. 下列属于套类零件的有(　　)。

A. 轴承孔　　B. 尾座套筒孔　　C. 端面齿轮　　D. 带轮孔

2. 套类零件与轴配合，其孔的要求就较高，尺寸精度为(　　)。

A. 7～8级　　B. 5～6级　　C. 3～4级　　D. 1～2级

四、简答题

1. 什么是套类零件？

2. 简述套类零件的加工特点。

任务2　套类零件的装夹

学习目标

(1) 认识套类零件常用的装夹方法。

(2) 掌握轴承套的装夹方法及注意事项。

任务描述

对轴承套零件进行工艺分析，完成零件的装夹方案设计，零件图样如图3-1所示。

【学】——套类零件的装夹方法

由于套类零件有各种不同的形状和尺寸，精度要求也不相同，所以有各种不同的装夹方法。

一、保证同轴度和垂直度的装夹方法

1. 在一次装夹中完成车削加工

此方法是在一次安装中，把工件全部或大部分尺寸加工完成的一种装夹方法，如图 3-3 所示。适用于单件、小批量生产，常用卡盘或花盘装夹。

这种方法没有定位误差，如果车床精度较高，可获得较高的形位精度，但需要经常转换刀架、变换切削用量，尺寸较难控制。

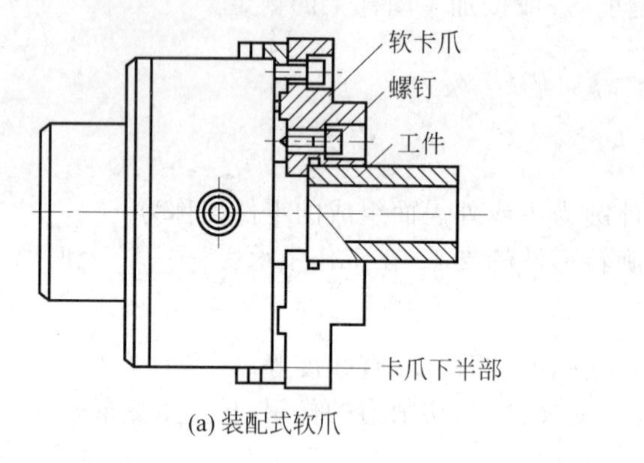

(a) 装配式软爪

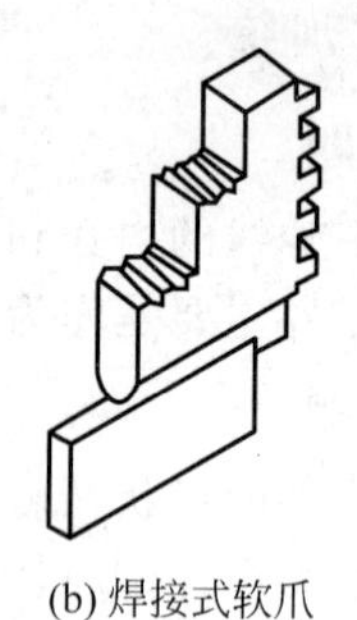

(b) 焊接式软爪

图 3-3　一次安装加工法

2. 零件以外圆定位

如果零件的外圆已经过精加工，而只要求加工内孔，并要求内外圆同轴，这时可用未经淬火的软卡爪装夹零件来车内孔。

如图 3-4 所示，使用时，将硬卡爪上半部拆下，换上软卡爪，用螺钉紧固在卡爪的下半部上，然后把软卡爪车成需要的形状和尺寸，再安装工件。这种方法可以保证装夹精度，且不易夹伤零件表面。

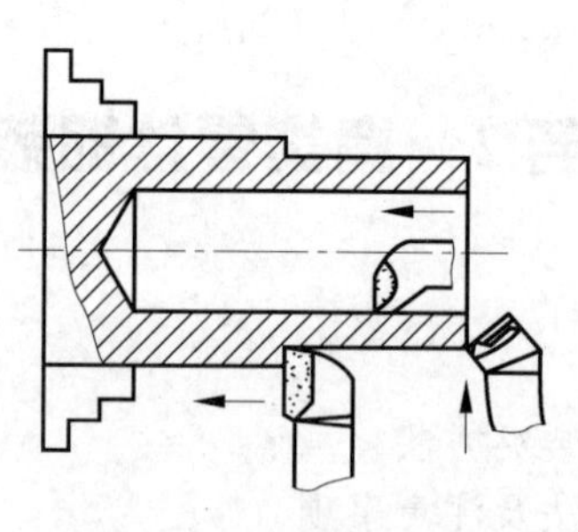

图 3-4　反爪装夹工件

3. 零件以内孔定位

如零件先车内孔，再车外圆，这时就可以应用心轴，用已加工好的内孔定位进行车削。常用的心轴有下列几种。

(1) 实心心轴

实心心轴有小锥度心轴和圆柱心轴两种。

① 小锥度心轴。小锥度心轴的锥度 C 为 1∶1000～1∶5000，如图 3-5(a)所示。小锥度心轴的特点是制造容易、定心精度高，但轴向无法定位，承受切削力小，装卸不太方便。

② 圆柱心轴。圆柱心轴一般带有台阶面，心轴与零件孔是较小的间隙配合，零件用螺母压紧，如图 3-5(b)所示。

圆柱心轴的特点是一次可以装夹多个零件。为了装卸方便，最好采用开口垫圈，但定心精度较低。

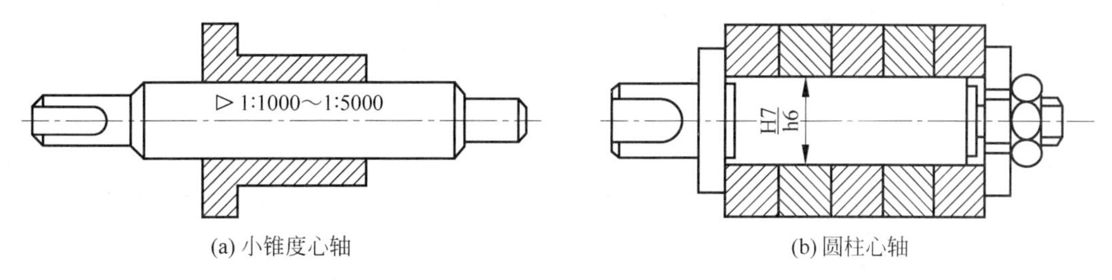

(a) 小锥度心轴 (b) 圆柱心轴

图 3-5 实心心轴

(2) 胀力心轴

胀力心轴依靠材料弹性变形所产生的胀力来固定零件。

图 3-6 所示为装夹在机床主轴锥孔中的胀力心轴。

为了使胀力均匀，槽可做成 3 等份，如图 3-6(b)所示。

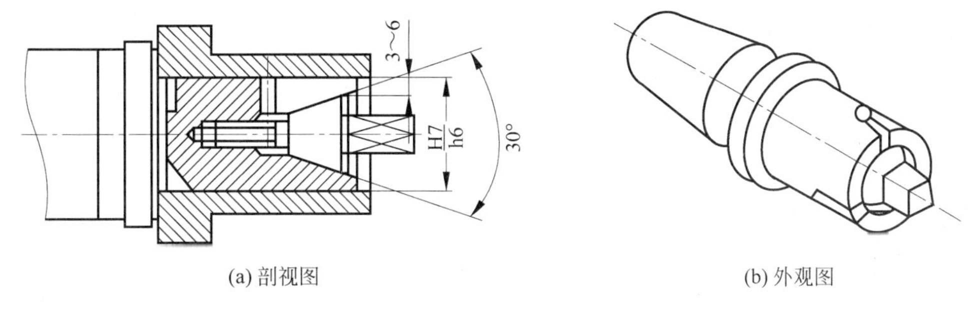

(a) 剖视图 (b) 外观图

图 3-6 胀力心轴

胀力心轴装夹工件方便，精度较高，应用广泛。但夹紧力较小，多用于位置精度要求较高工件的精加工。

中小型轴套、带轮、齿轮等零件，常以工件内孔作为定位基准，安装在心轴上，以保证工件的同轴度和垂直度。

二、薄壁型套类零件内孔的装夹方法

车削薄壁套筒的内孔时，由于零件的刚性差，在夹紧力的作用下容易产生变形，所以必须特别注意装夹问题。

1. 工件分粗车和精车

粗车时，夹紧力大些；精车时，夹紧力小些，在精车以前把卡爪略微放松一下，使其恢复原状，然后再轻轻夹紧。

2. 用开缝套筒

用开缝套筒来增大装夹的接触面积，使夹紧力均匀地分布在零件的外圆上，可减小夹紧变形。使用时，先把开缝套筒装在零件外圆上，如图 3-7 所示，然后再和零件一起紧夹在三爪自定心卡盘上。

3. 用轴向夹紧夹具

用轴向夹紧夹具夹紧零件时，可使夹紧力沿零件轴向分布，防止夹紧变形，如图 3-8 所示。

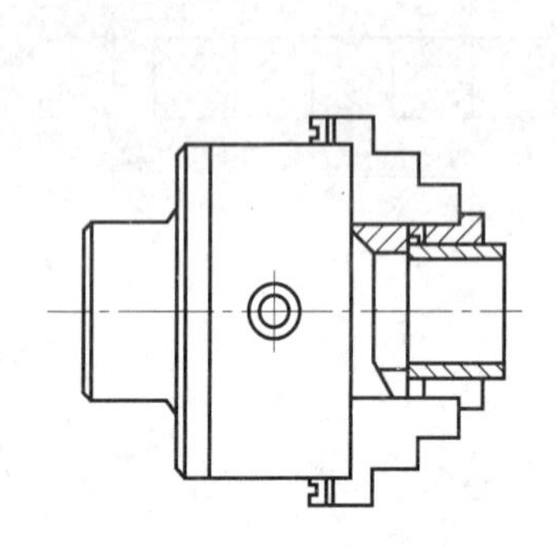

图 3-7 用开口套装夹薄壁零件

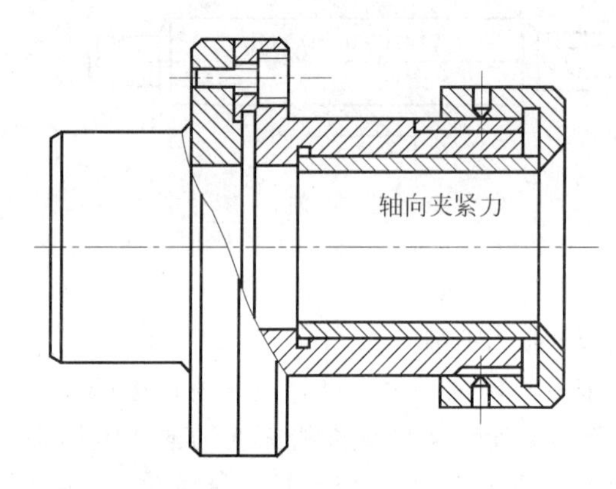

图 3-8 轴向夹紧夹具

【教】——轴承套的装夹过程

一、任务分析

如图 3-1 所示，轴承套的装夹方案很多，可以是单件，也可以是多件。单件装夹生产效率低，原材料浪费较多，每件都要切去用于工件装夹的材料，因此本次采用多件装夹。

二、卡具选择

三爪卡盘、软爪、后顶尖、前顶尖、鸡心夹、小锥度心轴。

三、装夹流程

多件装夹（粗车）→软爪装夹（单件精车）→心轴装夹（单件精车）。

【做】——进行轴承套的装夹

按照表 3-1 的相关要求，进行零件的装夹。

表 3-1 轴承套零件装夹过程记录卡

<table>
<tr><td colspan="2">一、装夹过程
1. 轴承套的装夹顺序________________。
(1) 心轴装夹　(2) 软爪装夹　(3) 多件装夹
2. 套类零件根据(　　)不同,选择不同的装夹方法。
A. 形状　B. 精度　C. 尺寸　D. 方向</td></tr>
<tr><td>二、所需设备、工具和卡具</td><td>三、装夹步骤</td></tr>
<tr><td colspan="2">四、装夹注意事项
1. 小锥度心轴定心精度高,但轴向无法定位,承受切削力小。
2. 对于内外圆同轴度有要求,且外圆已经过精加工,这时可用软爪装夹零件来车削内孔。</td></tr>
<tr><td colspan="2">五、检测过程分析</td></tr>
<tr><td>出现的问题:</td><td>原因与解决方案:</td></tr>
</table>

【评】——轴承套装夹方案评价

根据表 3-1 中所记录的内容,对轴承套装夹过程进行评价。轴承套装夹过程评价表见表 3-2。

表 3-2 轴承套装夹过程评价表

<table>
<tr><td rowspan="2">项目</td><td rowspan="2">内　容</td><td rowspan="2">分值</td><td colspan="3">评 价 方 式</td><td rowspan="2">备　注</td></tr>
<tr><td>自评</td><td>互评</td><td>师评</td></tr>
<tr><td rowspan="4">装夹方法</td><td>三爪自定心卡盘装夹</td><td rowspan="4">20</td><td rowspan="4"></td><td rowspan="4"></td><td rowspan="4"></td><td rowspan="4">所选择的装夹方法画“√”</td></tr>
<tr><td>软卡爪装夹</td></tr>
<tr><td>两顶尖装夹</td></tr>
<tr><td>心轴装夹</td></tr>
<tr><td rowspan="2">装夹步骤</td><td>卡具选择是否正确</td><td>20</td><td></td><td></td><td></td><td rowspan="2">是否按要求进行规范操作</td></tr>
<tr><td>装夹过程是否正确</td><td>30</td><td></td><td></td><td></td></tr>
<tr><td rowspan="3">职业素养</td><td>卡具维护和保养</td><td>10</td><td></td><td></td><td></td><td rowspan="3">按照 7S 管理要求规范现场</td></tr>
<tr><td>工具定置管理</td><td>10</td><td></td><td></td><td></td></tr>
<tr><td>安全文明操作</td><td>10</td><td></td><td></td><td></td></tr>
<tr><td colspan="2">合　计</td><td>100</td><td></td><td></td><td></td><td></td></tr>
<tr><td>综合评价</td><td colspan="6"></td></tr>
</table>

【练】——综合训练

一、填空题

1. 中小型轴套、带轮、齿轮等零件，常以工件________作为定位基准，以保证工件的同轴度和垂直度。

2. 胀力心轴依靠材料________所产生的胀力来固定零件。

3. 小锥度心轴的锥度 C 为________________。

4. 圆柱心轴的特点是一次________多个零件，为了装卸方便，最好采用开口垫圈，但定心精度较低。

二、判断题

1. 小锥度心轴定心精度高，但轴向无法定位，承受切削力小。（　　）

2. 对于外圆已经过精加工，这时可用软爪装夹零件来车削内孔。（　　）

三、选择题

1. 保证套类零件同轴度和垂直度的装夹方法包括(　　)。

　A. 在一次装夹中完成车削加工　　B. 零件以外圆定位

　C. 零件以内孔定位　　D. 两顶尖间装夹

2. 轴向夹紧零件时，可使夹紧力沿零件(　　)分布，防止夹紧变形。

　A. 轴向　　B. 周向　　C. 径向　　D. 不确定

四、简答题

1. 简述保证套类零件同轴度和垂直度的装夹方法。

2. 简述薄壁套类零件内孔的装夹方法。

3. 零件以内孔定位时可采用哪些心轴定位？各有什么特点？

任务3　套类零件的车削

学习目标

(1) 认识套类零件的车削方法。

(2) 掌握轴承套的车削方法及注意事项。

任务描述

对轴承套零件进行车削加工，零件图样如图 3-1 所示。

【学】——套类零件的车削方法

一、车削套类零件常用钻头

用钻头在实心材料上加工孔的方法称为钻孔。

钻孔的尺寸精度可达IT11～IT12，表面粗糙度 Ra 值可达12.5～25μm。

钻孔使用的刀具就是钻头，根据形状和用途的不同，钻头有扩孔钻、麻花钻等多种，使用得最广泛的是麻花钻。

1. 麻花钻

(1) 麻花钻的材料

麻花钻通常由高速钢制成，在一些特定加工中，如高速钻削时，也使用硬质合金钢制成的麻花钻，因为硬质合金钢制成的麻花钻红硬性较好。

(2) 麻花钻的类型

麻花钻分为直柄麻花钻、锥柄麻花钻、镶硬质合金麻花钻三类。

(3) 麻花钻的组成

麻花钻由工作部分、柄部和颈部组成，如图3-9所示。

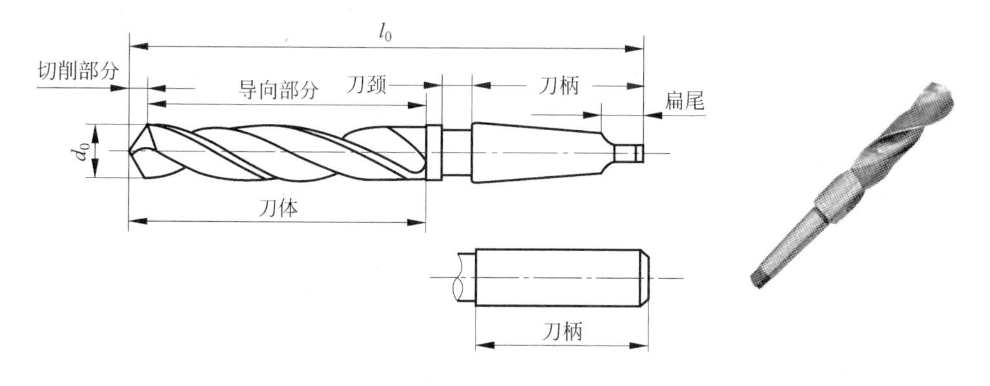

图3-9 麻花钻的结构

① 柄部。柄部是被机床或电钻夹持的部分，柄部装夹时起定心作用，切削时起传递转矩的作用，柄部分为锥柄和直柄两种。一般12mm以下的麻花钻用直柄，12mm以上用锥柄。

直柄麻花钻传递扭矩较小，用于直径在12mm以下的钻孔。

锥柄麻花钻采用莫氏锥度，锥柄的扁尾既能增加传递的扭矩，又能避免工作时钻头打滑，还能供拆卸钻头时敲击用。

② 颈部。颈部位于柄部和工作部位之间，其作用是在磨削钻头时，供砂轮退刀用，还可用来刻印商标和规格说明。直径小的钻头没有颈部。

③ 工作部分。工作部分是钻头的主要部分，由切削部分和导向部分组成。

切削部分承担主要的切削工作。

导向部分是在钻孔时，起引导钻削方向和修磨孔壁的作用，同时也是切削部分的备用段。

(4) 麻花钻工作部分的几何形状

麻花钻工作部分的几何形状如图3-10所示，有两条对称的主切削刃、两条副切削刃和一条横刃。麻花钻钻孔时，相当于两把反向的车孔刀同时切削，所以其几何角度的概念与车刀基本相同，但也具有其特殊性。

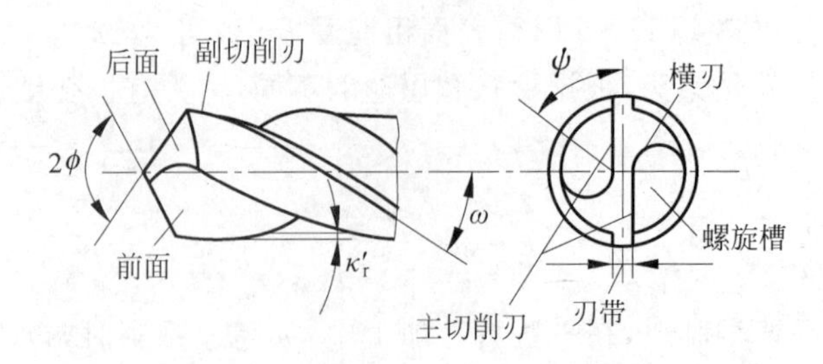

图 3-10 麻花钻工作部分的几何形状

① 螺旋槽。钻头的工作部分有两条螺旋槽，其作用是构成切削刃、排除切屑和进入切削液。

② 螺旋角(β)。位于螺旋槽内不同直径处的螺旋线展开成直线后与钻头轴线都有一定夹角，此夹角通称螺旋角。越靠近钻心处螺旋角越小，越靠近钻头外缘处螺旋角越大。标准麻花钻的螺旋角为18°～30°。钻头上的名义螺旋角是指外缘处的螺旋角。

③ 前面。指切削部分的螺旋槽面，切屑从此面排出。

④ 主后面。指钻头的螺旋圆锥面，即与工件过渡表面相对的表面。

⑤ 主切削刃。指前面与主后面的交线，担负着主要的切削工作。钻头有两个主切削刃。

⑥ 顶角($2\kappa_r$)。顶角是两主切削刃之间的夹角。一般标准麻花钻的顶角为118°。

当顶角为118°时，两主切削刃为直线，如图3-11(a)所示。

当顶角大于118°时，两主切削刃为凹曲线，如图3-11(b)所示。

当顶角小于118°时，两主切削刃为凸曲线，如图3-11(c)所示。

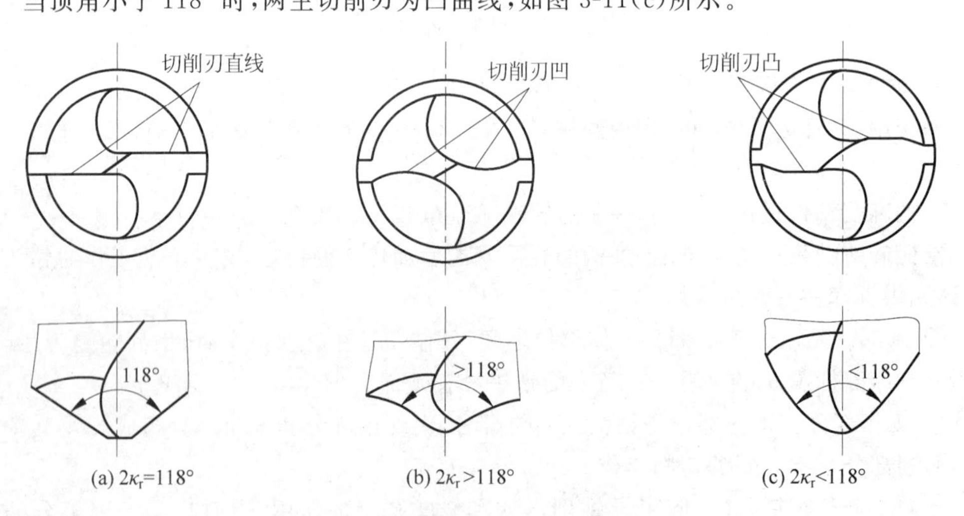

(a) $2\kappa_r$=118°　(b) $2\kappa_r$>118°　(c) $2\kappa_r$<118°

图 3-11 麻花钻顶角与切削刃的关系

刃磨钻头时，可据此大致判断顶角大小。

顶角大，主切削刃短，定心差，钻出的孔径容易扩大。但顶角大时，前角也增大，切削省力。顶角小时则反之。

⑦ 前角(γ_0)。主切削刃上任一点的前角是过该点的基面与前面之间的夹角。

麻花钻前角的大小与螺旋角、顶角、钻头直径等因素有关，其中影响最大的是螺旋角。由于螺旋角随直径大小而改变，所以主切削刃上各点的前角也是变化的，如图 3-12 所示。近外缘处的前角最大，自外缘向中心逐渐减小，大约在 1/3 钻头直径以内开始为负前角，前角的变化范围为$-30°\sim+30°$。

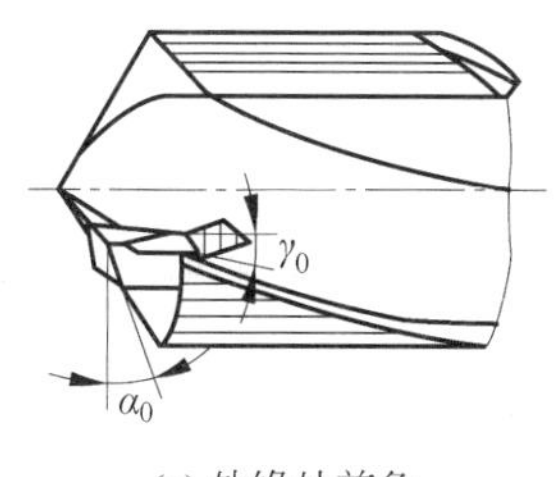

(a) 外缘处前角　　(b) 钻尖处前角

图 3-12　麻花钻前角的变化

⑧ 后角(α_0)。主切削刃上任一点的后角是过该点切削平面与主后面之间的夹角。

后角也是变化的，靠近外缘处最小，接近中心处最大，变化范围为 $8°\sim14°$。实际后角就在圆柱面内测量，如图 3-13 所示。

⑨ 横刃。横刃是两个主后面的交线，也就是两主切削刃连接线。

横刃太短，会影响麻花钻的钻尖强度。横刃太长，会使轴向力增大，对钻削不利。试验表明，钻削时有 1/2 以上的轴向力是因横刃产生的。

⑩ 横刃斜角(φ)与棱边。在垂直于钻头轴线的端面投影中，横刃与主切削刃之间所夹的锐角。横刃斜角的大小与后角有关，后角增大时，横刃斜角减小，横刃亦变长。后角小时，情况相反。横刃斜角一般为 55°。

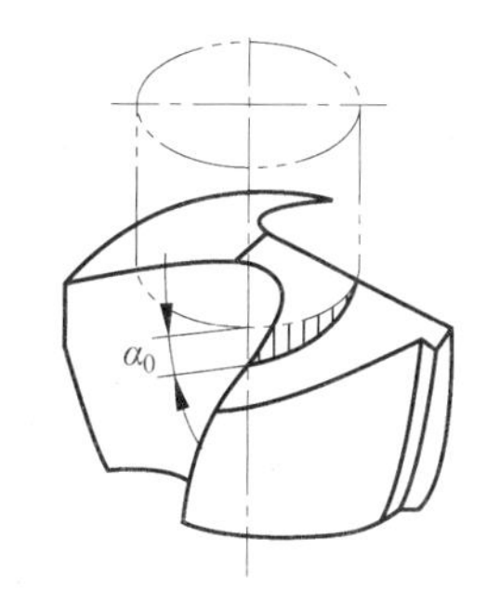

图 3-13　圆柱面内麻花钻的后角

棱边也称刃带，既是副切削刃，也是麻花钻的导向部分。在切削过程中能保持确定的钻削方向、修光孔壁，还可作为切削部分的后备部分。为了减小切削过程中棱边与孔壁的摩擦，导向部分的外径经常磨有倒锥。

(5) 麻花钻的结构特点

① 主切削刃上各点的前角变化大。靠近边缘处的前角较大($+30°$)，切削刃强度差，横刃处前角为$-54°\sim60°$。切削条件变差，挤压严重，增加功率消耗。

② 横刃过长，并且横刃处有很大的负前角。钻削时横刃不是切削而是挤压和刮削，消耗能量大，产生的热量也大。而且由于横刃的存在使轴向力增大，定心差。

③ 排屑不顺利，切削液不易进入切削区。钻孔时，参加切削的主切削刃长、切屑宽，切削刃各点切屑排出速度相差很大。切屑占较大的空间，排屑不顺利，切削液不易进入切削区。

④ 产生的热量多，使外缘处磨损加快。棱边处后角为零度，棱边与孔壁摩擦，加之该处的切削速度又高，因此产生的热量多，使外缘处磨损加快。

针对上述缺点，麻花钻在使用时，应根据工件材料、加工要求，采用相应的修磨方法进行修磨。刃磨麻花钻如同刃磨车刀一样，是车工必须熟练掌握的基本功。

(6) 麻花钻的刃磨对钻孔质量的影响

麻花钻的刃磨质量直接关系钻孔的尺寸精度、表面粗糙度和钻削效率。

麻花钻刃磨时，主要刃磨两个主后面，刃磨时除了保证顶角和后角的大小适当外，还应保证两条主切削刃必须对称，并使横刃斜角为55°。

麻花钻刃磨对钻孔质量的影响如下：

① 麻花钻顶角不对称。当顶角不对称钻削时，只有一个切削刃切削时，而另一个切削刃不起作用，两边受力不平衡，会使钻出的孔扩大和倾斜，如图3-14(b)所示。

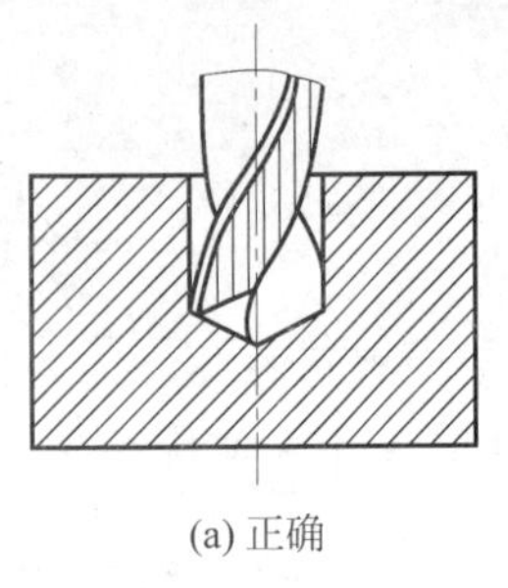

(a) 正确

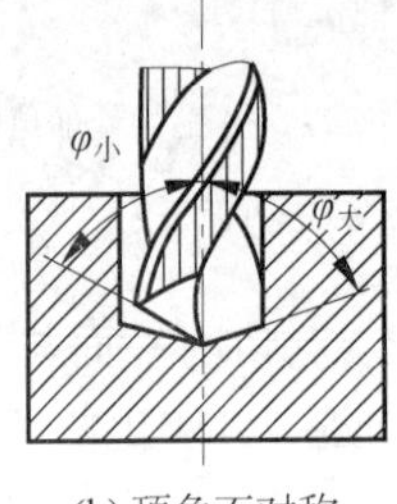

(b) 顶角不对称

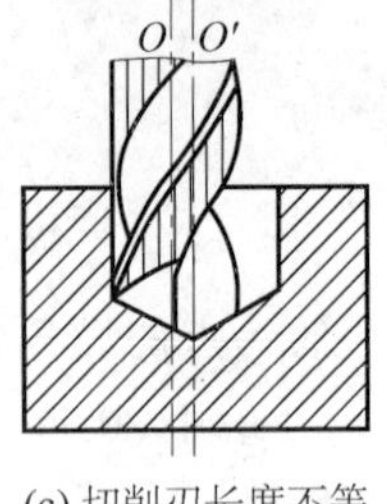

(c) 切削刃长度不等

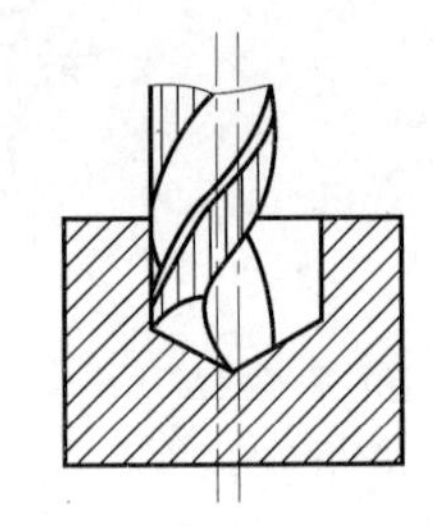

(d) 顶角不对称且切削刃长度不等

图 3-14 钻头刃磨对加工的影响

② 麻花钻顶角对称但切削刃长度不等。当两切削刃长度不等时，使钻出的孔径扩大，如图3-14(c)所示。

③ 顶角不对称且切削刃长度又不相等。当麻花钻的顶角不对称且两切削刃长度又不相等时，钻出的孔不仅孔径扩大，而且会产生台阶，如图3-14(d)所示。

麻花钻的刃磨方法如下：

① 握法。双手交叉握住钻头，右手握住钻头前端，在距钻尖30mm处为支承点，左手握住钻头柄部。

② 刃磨前钻头与砂轮的位置。麻花钻的中心略高于砂轮中心，主切削刃置于水平位置，麻花钻中心线与砂轮外圆表面母线的夹角约为59°，同时使柄部向下倾斜，如图3-15所示。

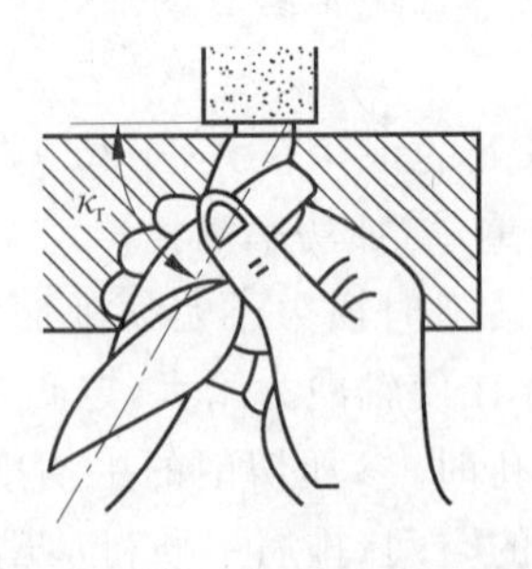

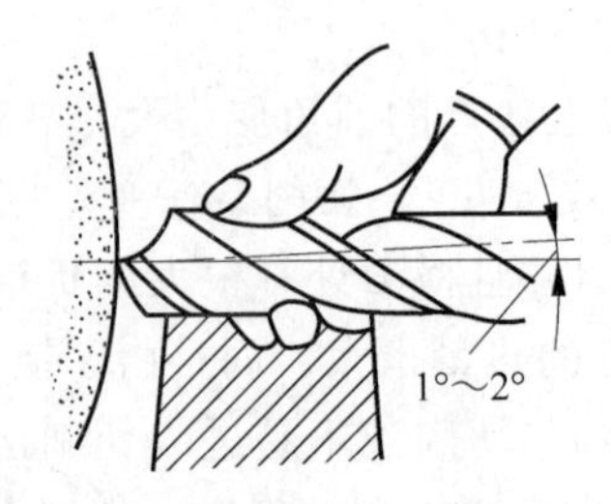

图 3-15 刃磨前钻头位置

③ 刃磨时，将主切削刃置于比砂轮中心稍高一点的水平位置接触砂轮，以钻头前端的支承点为圆心，右手缓慢地使钻头绕其轴线由下向上转动，同时施加适当的压力，这样可使整个后面都能磨到。右手配合左手向上摆动，作缓慢的同步下压运动，刃磨压力逐渐

增大，于是磨出后角，如图 3-16 所示。

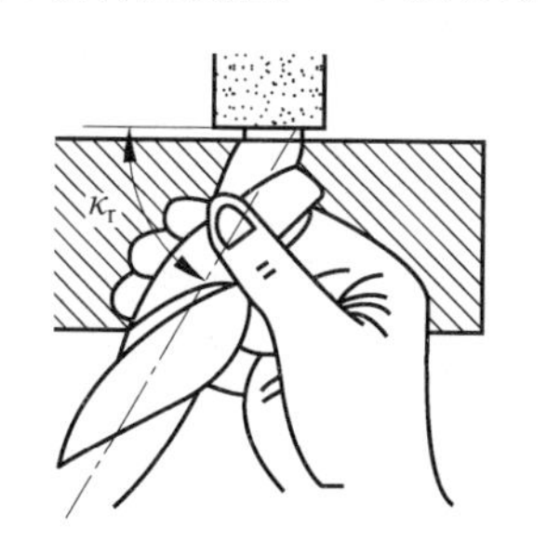

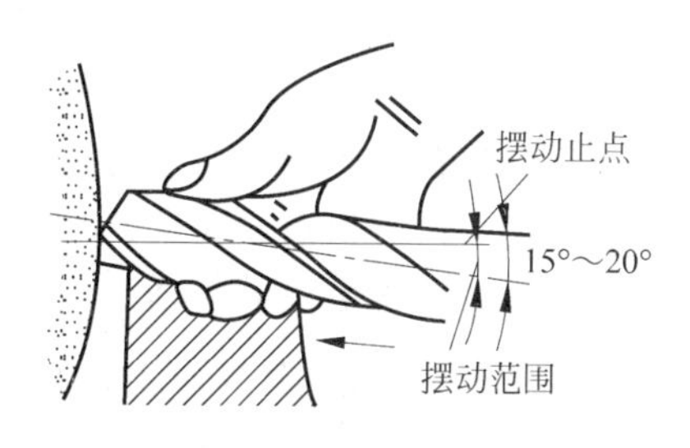

图 3-16　刃磨方法

④ 当一个左后面刃磨后，将钻头转过去 180°刃磨另一个后面时，人和手要保持原来的位置和姿势，这样才能使磨出的两个主切削刃对称。

按此法不断反复，两个主后面交换刃磨，边磨边检查，直至达到要求为止。

（7）刃磨麻花钻注意事项

① 刃磨麻花钻时，要做到姿势正确、规范，安全文明操作。

② 刃磨时，用力要均匀，应经常检查，随时修正。

③ 刃磨时，主切削刃的位置应略高于砂轮中心平面，以免磨出负后角。

④ 根据麻花钻材料的不同来选择砂轮，刃磨高速钢麻花钻时要注意冷却，防止退火。

（8）麻花钻的选用及安装

① 麻花钻的选用。对于精度要求不高的内孔，可用麻花钻直接钻出。对于精度要求较高的内孔，钻孔后还要在经过车削或扩孔、铰孔才能完成，因此在选择麻花钻时应留出下道工序的加工余量。

选择麻花钻的长度时，一般应使麻花钻的螺旋槽部分略长于孔深。麻花钻过长则刚性差，麻花钻过短则排屑困难，也不利于钻穿孔。

② 麻花钻的安装。一般情况下，直柄麻花钻用钻夹头装夹，再将钻夹头的锥柄插入尾座锥孔内。锥柄麻花钻可直接或用莫氏过渡锥套插入尾座锥孔中，如图 3-17 所示。

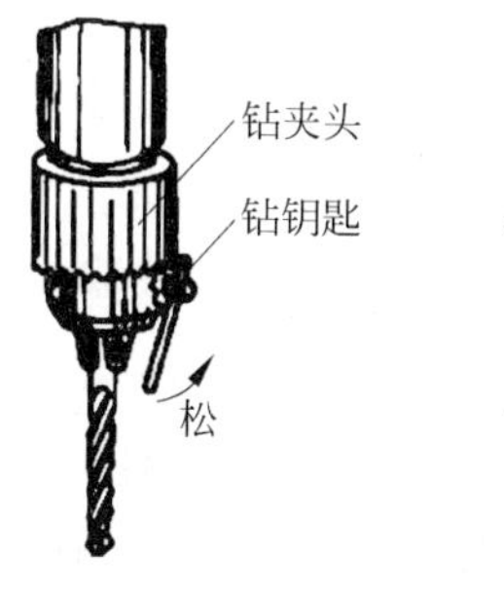

(a) 直柄麻花钻

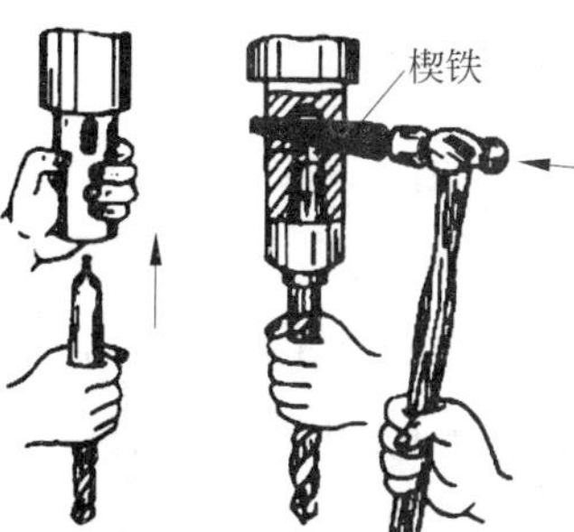

(b) 锥柄麻花钻

图 3-17　麻花钻的装卸

(9) 钻孔注意事项

① 钻孔前,必须将工件的端面车平,中心处不允许有凸台,否则麻花钻不能正确定心。

② 要找正尾座,以防孔径扩大和麻花钻折断。

③ 钻到一定的深度时,应退出麻花钻,停车测量孔径,以防孔径扩大。

④ 钻较深的孔时,应经常退出麻花钻,清除切屑。

⑤ 起钻时,进给量要小,待钻头进入工件后,才可正常钻削。

⑥ 当孔将要钻穿时,应减小进给量,以防麻花钻折断。

⑦ 钻钢件,要充分浇注切削液,使麻花钻冷却。钻铸铁,可以不用切削液。

⑧ 在用细长麻花钻钻孔时,要防止麻花钻晃动,避免所加工孔的轴心线歪斜。可以先用中心钻钻一个中心孔定位,再进行钻孔。

(10) 钻孔的质量分析

钻孔产生的质量问题有孔歪斜和孔径扩大两种。其产生的质量问题和预防措施见表 3-3。

表 3-3 钻孔产生的质量问题和预防措施

种 类	原 因	预 防 措 施
孔歪斜	工件端面不平或与轴向不垂直	钻孔前车平端面,中心不能有凸台
	尾座偏移	找正,调整尾座
	麻花钻刚度低,初钻时进给量大	选用较短的麻花钻,粗钻时进给量要小
	麻花钻顶角不对称	正确刃磨麻花钻
孔径扩大	麻花钻直径选错	看清图样,检查麻花钻的直径
	麻花钻主切削刃不对称	刃磨麻花钻使主切削刃对称
	麻花钻未对准工件中心	检查麻花钻、钻夹头的安装是否正确

(11) 钻孔的步骤及要求

① 选择钻头。根据孔的直径和深度选择钻头,钻头的长度应大于孔深尺寸。钻孔是粗加工,若孔的要求较高,应考虑留出下一工序的加工余量。若孔径较小,可直接按孔径选择钻头直径。若孔径超过 ϕ30mm,可分两次钻出,先用一支较小的钻头,钻出底孔,再用较大的钻头钻出所需的尺寸。

② 安装钻头。

③ 装夹工件。

④ 选择切削用量。

背吃刀量(背吃刀量 a_p):钻孔时,背吃刀量是麻花钻直径的一半。

切削速度(v_c):钻孔时,切削速度是指麻花钻主切削刃外缘处的线速度。

进给量(f):车床上钻孔时的进给量,是工件转一周,麻花钻沿轴向移动的距离。

⑤ 选择合适的切削液。

⑥ 车端面。钻孔前必须车平工件的端面,中心处不能留有凸台。

⑦ 钻头靠近工件端面,锁紧尾座。松开尾座,锁紧手柄,移动尾座,使钻头靠近工件

端面，锁紧尾座。

⑧ 调整主轴转速。以钻头直径为依据，调整主轴转速。钻头直径小，转速应高。钻头直径大，转速应低。用高速钢钻头钻钢件材料时，切削速度应小于或等于 20m/min。钻铸铁件材料时，切削速度应不大于 15m/min。

⑨ 钻孔。

(12) 钻通孔的过程

① 钻孔开始　开动机床，主轴带动工件旋转，缓慢均匀地摇动尾座手轮，使钻头缓慢地切入工件，当两个切削刃完全切入工件时，加足切削液。

② 钻孔过程　双手交替摇动手轮，钻头均匀地向前切削，并间断地减轻手轮压力，以便于排屑。当发现排屑困难时，应退出钻头，及时清除切屑后，再继续钻孔。

③ 钻孔结尾　当孔将要钻穿时，应减慢进给速度，以便孔能比较整齐地钻透，避免损坏钻头。孔一旦钻穿，应立即退出钻头。

(13) 钻盲孔的过程

钻不通孔与钻通孔的方法基本相同，但钻不通孔时，要控制孔的深度。

① 确定钻孔的深度。开动机床，缓慢均匀地摇动尾座手轮，当钻尖刚开始切入工件时，记下尾座套筒标尺上的读数或用钢直尺测出套筒伸出的长度。

钻孔时的深度尺寸＝测出套筒伸出的长度＋孔的深度尺寸

② 钻盲孔。双手继续交替均匀地摇动手轮，达到孔的深度尺寸时，退出钻头。

2. 扩孔钻

在实心工件上钻孔时，如果孔径较大，钻头直径也较大，横刃加长，轴向切削力增大钻削时会很费力，这时可以钻削后用扩孔钻对孔进行扩大加工。

扩孔是用扩孔钻对工件上已有的孔进行扩大加工。车床上的扩孔，一般分为粗加工和半精加工。

(1) 扩孔刀具的类型及结构

扩孔常用的工具是扩孔钻或改制的麻花钻。

精度高的半精加工用扩孔钻，精度低的粗加工用麻花钻。

扩平底孔和台阶孔时，需将麻花钻磨成平头钻，当扩孔钻使用。

扩孔钻有高速钢扩孔钻和硬质合金扩孔钻两种，其结构如图 3-18 所示，由工作部分、导向部分、颈部、柄部四部分组成。

(2) 扩孔钻的特点

扩孔钻有较多的切削刃，既有较多的刀齿棱边刃，切削较为平稳，并且导向性好，扩孔质量比钻孔质量高。扩孔通常作为半精加工或铰孔前的预加工。

由于扩孔钻的钻心较粗，具有良好的刚度，加工时可增大进给量和改善加工质量。在镗床和车床上，扩孔钻应用得较多，生产效率高，并且加工质量好，其精度可达 IT10～IT11，表面粗糙度 Ra 值可达 6.3～12.5μm。

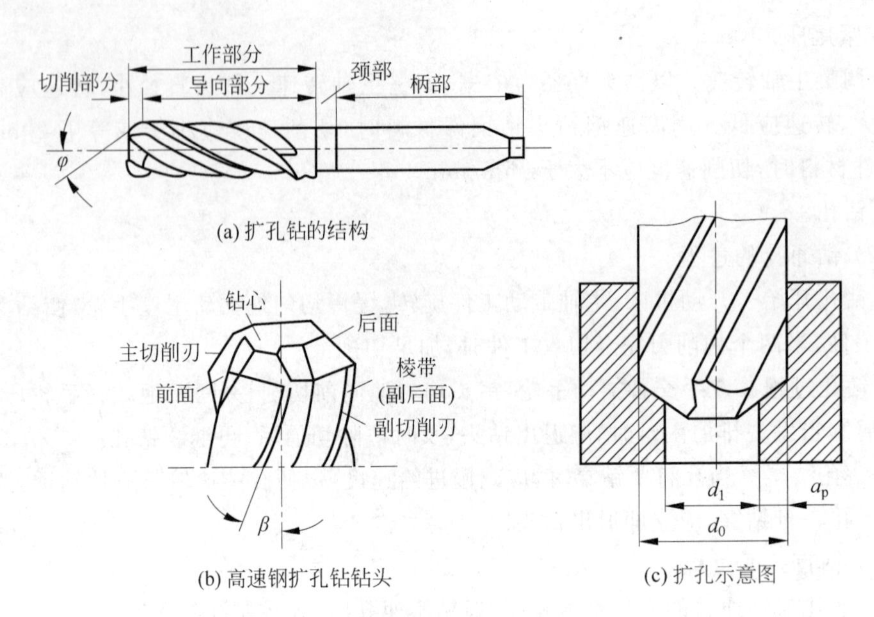

图 3-18　扩孔钻的结构形状及扩孔示意图

(3) 扩孔注意事项

① 平头钻头扩孔时，会有晃动现象。因此应选择尽量短的钻头，以保证工作时钻头有足够的刚性，避免孔径扩大。

② 用麻花钻扩孔时，要控制进给量，防止麻花钻在尾座套筒内打滑。

③ 扩孔时，应该把外缘处前角修磨得小些。

④ 除了铸铁和铸造青铜外，其他工件扩孔时可用切削液。

(4) 扩孔质量分析

扩孔产生的质量问题是孔径不对，其产生的原因及预防措施见表 3-4。

表 3-4　孔径不对产生的原因及预防措施

种　类	原　因	预防措施
孔径不对	扩孔钻直径选错，尾座偏移	正确选择钻头直径，找正尾座

(5) 扩孔的要求

车床上常见的扩孔有扩台阶孔、扩盲孔两种，具体要求如下：

① 如果孔径较小，可一次钻出。

② 如果孔径较大(ϕ30mm 以上)，应先钻孔，后扩孔。

③ 孔径较大，扩孔应分两次完成。第一次扩直径为(0.5～0.7)D 倍的孔(D 是孔的直径)，第二次扩削到需要的直径 D。

④ 扩孔的背吃刀量是扩孔余量的一半。

(6) 扩台阶孔的方法

① 先根据台阶孔小孔的直径，选择钻头并正确装夹。

② 装夹工件，并车平工件的端面。

③ 钻出台阶孔的小孔。

④ 换上由麻花钻改制的、直径为所需孔径的扩孔钻。

⑤ 扩孔的方法与钻不通孔相同，但主轴转速应减慢。

(7) 扩盲孔的方法

① 按所扩盲孔的直径，选择麻花钻。

② 钻出所扩盲孔的深度。用顶角为 118°的麻花钻将孔钻出，孔深从钻尖算起，深度比实际孔深少 1～2mm。

③ 用与钻孔直径相同的平头钻扩盲孔底面。

④ 控制深度的方法与钻不通孔的方法相同。

二、车削套类零件常用刀具

1. 内孔车刀

内孔车刀的用途就是加工内孔。用车刀车内孔的方法称为车孔，一般有车通孔和车盲孔之分，如图 3-19 所示。车孔是常用的孔加工方法，可作为半精加工，也可作为精加工，还可修正孔的直线度。

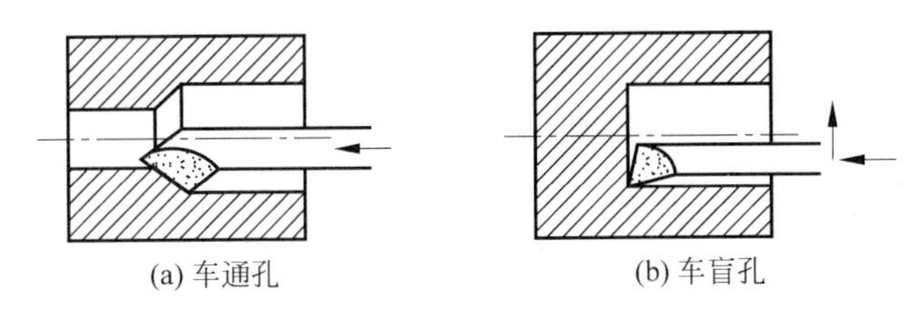

(a) 车通孔　　(b) 车盲孔

图 3-19　车孔

车孔精度一般为 IT7～IT8，表面粗糙度 Ra 值可达 1.6～3.2μm，精车时表面粗度 Ra 值可高达 0.8μm，车孔是对已有的孔进行再加工，为了使其达到所要求的尺寸精度、位置精度、表面粗糙度，满足对不同内孔加工的要求，对车刀有一定的要求。

(1) 内孔车刀的类型及选择

内孔车刀按加工类型有通孔车刀和盲孔车刀之分。按结构有整体式和机夹式两种形式，如图 3-20 所示。

车孔过程中，在保证加工条件下，刀杆应尽可能选得粗些、短些，以增强刀杆的刚性。

(2) 内孔车刀的角度选择

排屑是车孔关键技术之一，精车时要求切屑流向待加工表面，为此采用正刃倾角的车孔刀。加工不通孔时，采用负刃倾角的车孔刀，使切屑从孔口排出。

内孔车刀的前角、后角等角度的选择，主要取决于所加工工件材料的硬度与韧性、粗车与精车工艺等。内孔车刀的角度选择见表 3-5 和图 3-21。

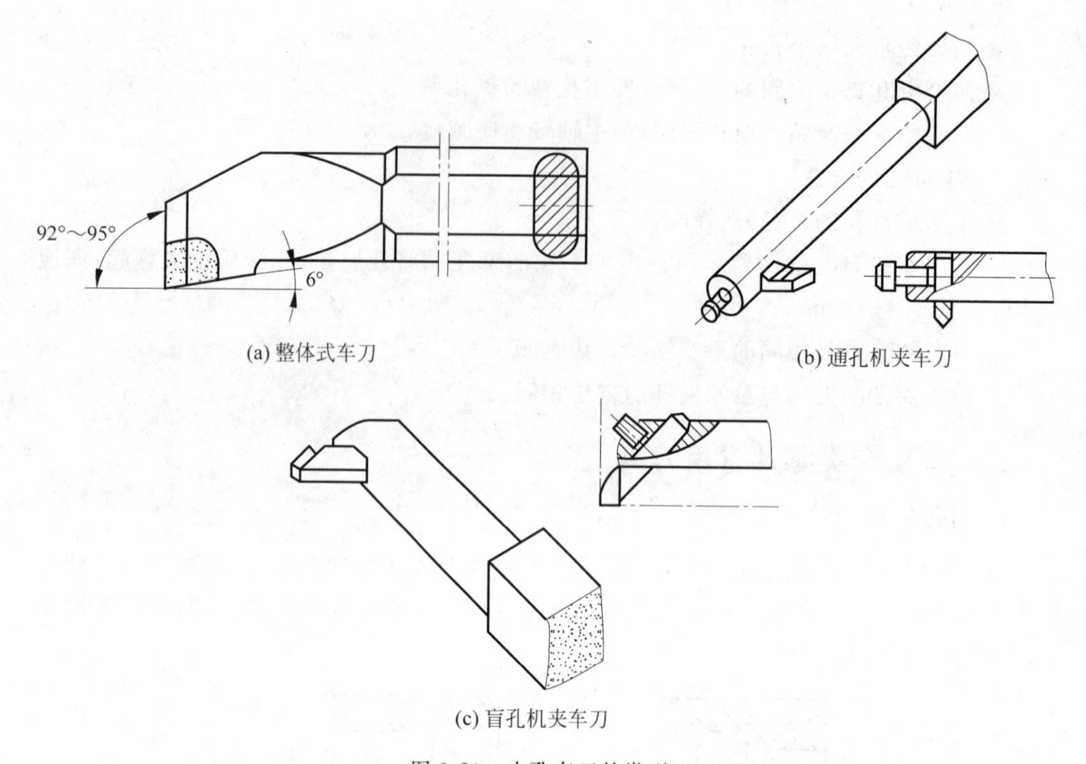

(a) 整体式车刀

(b) 通孔机夹车刀

(c) 盲孔机夹车刀

图 3-20 内孔车刀的类型

表 3-5 内孔车刀的角度选择

车刀类型	前 角	后 角	主偏角	副偏角
通孔车刀	10°～20°	6°～12°	45°～75°	10°～45°
盲孔车刀	10°～20°	6°～12°	92°～95°	3°～6°

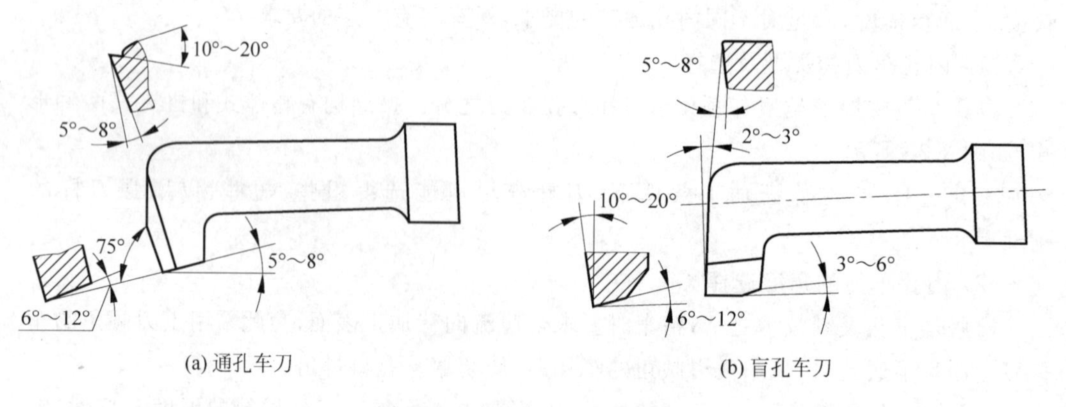

(a) 通孔车刀

(b) 盲孔车刀

图 3-21 内孔车刀的角度选择

(3) 内孔车刀的装夹

① 刀尖的要求。安装车刀时，刀尖对准工件的旋转中心，精车时，刀尖略高于旋转中心。

② 刀杆的要求。刀杆应平行于工件的轴心线，在满足加工要求的前提下，刀杆悬出长度尽量短，即悬出长度比工件长度长 5～10mm。刀杆和工件孔壁不能有擦碰。因此，装夹后，应摇动拖板使车刀在孔内试走一遍。

③ 装夹盲孔车刀的要求。盲孔车刀装夹时，内偏角的主切削刃与孔底平面成 3°～5°，并保证在车底面时有足够的横向退刀余地，如图 3-22 所示。

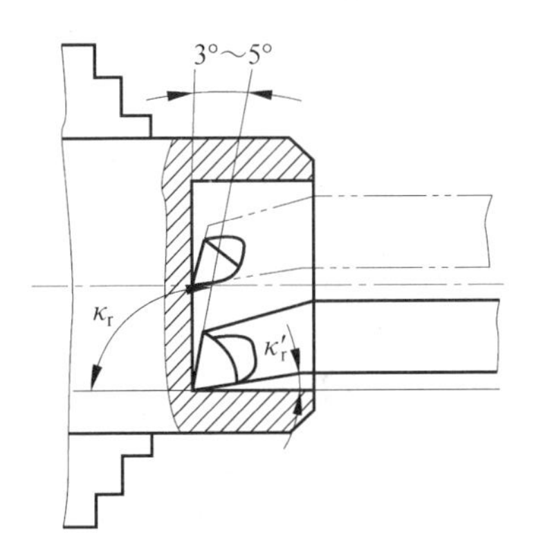

图 3-22 盲孔车刀的安装

(4) 车孔注意事项

① 注意中滑板的进刀、退刀方向与车外圆时相反。

② 精车内孔时，应保持刀刃锋利，否则易产生扎刀。

③ 车刀装好后，应在孔内试走一遍，以防车刀与孔壁碰撞。

(5) 车孔的质量分析

车孔问题的产生原因及预防措施见表 3-6。

表 3-6 车孔问题的产生原因及预防措施

问题种类	产 生 原 因	预 防 措 施
尺寸超差	测量不正确	仔细测量，进行试切削
	车刀安装不对，刀柄与孔壁相碰	选择合理的刀杆直径
	产生积屑瘤，使孔车大	研磨前，使用切削液，增大前角
内孔有锥度	工件没找中心	仔细找正工件的中心
	刀杆刚度低，产生了让刀现象	增加刀杆的刚度
	刀具加工时磨损	选择合理的刀具，减小切削用量
内孔不圆	夹紧力太大，工件变形	选择合理的装夹方法
	轴承间隙太大	调整机床轴承的间隙
	工件加工余量不够	粗车、精车分开
表面粗糙度达不到要求	切削用量选择不当	选择合理的切削用量
	刀具刃磨不正确	保证刀具锋利，研磨车刀前面
	几何角度不正确，刀尖低于中心	刀具角度合理，装刀时略高于中心

(6) 车通孔的方法

通孔的车削方法基本上与车外圆相似，只是进刀和退刀的方向相反，进刀深度小于车外圆。在粗车、精车时，要进行试切削、试测量，其横向吃刀量为径向余量的 1/2。其方法如下：

① 根据孔径、孔深选择车刀，并装夹好。

② 选择合理的切削速度，调整转速，车孔比车外圆的速度稍慢。

③ 粗车对刀。开动机床，内孔车刀刀尖与工件孔壁接触，试车一刀，纵向退出车刀，中滑板刻度置零，如图 3-23 所示。

④ 根据孔的加工余量，确定背吃刀量，一般取 2mm 左右。

⑤ 粗车削孔。摇动溜板箱的手轮，慢慢移动车刀至孔的边缘，合上纵向自动进给手柄，观察切屑能否顺利排出。当车削声停止时，立即脱开进刀手柄，停止进给。再摇动横向进给手柄，使内孔车刀刀尖脱离孔壁。摇动溜板箱手轮，快速退出车刀。

⑥ 精车孔。适当提高转速，精车刀刀尖与孔壁接触，进刀 0.1mm 试车削，切进深度约 3mm 时，停止进给，停下车床。在卡盘停止转动前，快速退出车刀，如图 3-24 所示。

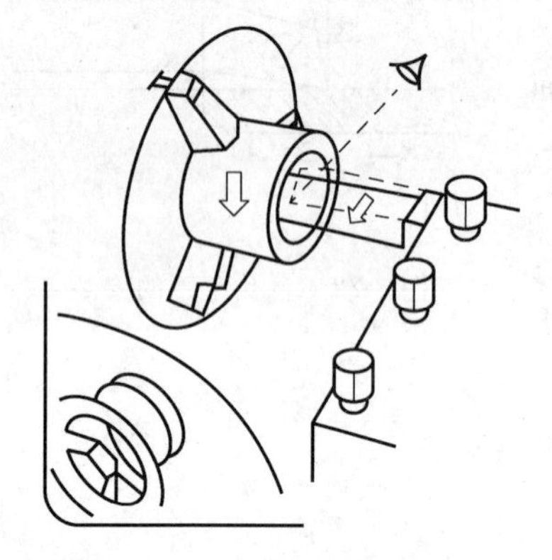
图 3-23 粗车孔的对刀

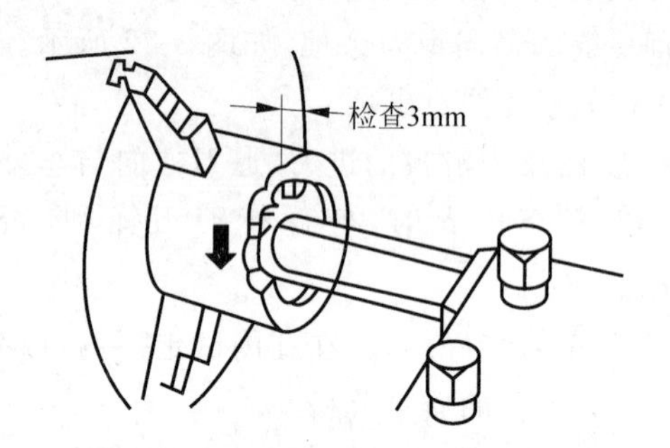

图 3-24 精车孔试切削法

⑦ 用量具测出正确的尺寸，最后一刀的进刀深度为 0.1～0.2mm，进给量为 0.08～0.15mm/r，精车至目标尺寸。

(7) 车台阶孔的方法

车削直径较小的台阶孔时，由于观察困难，尺寸不易掌握，通常采用先粗车、精车小孔，再粗车、精车大孔的方法。车削直径较大的台阶孔时，一般先粗车大孔和小孔，再精车大孔和小孔。具体方法如下：

① 根据台阶孔的直径选用合适的钻底孔的钻头和平头钻。用钻头钻底孔，再用平头钻扩孔。

② 选择合适的盲孔车刀，装夹调试好。刀杆外侧与孔壁留有一定空隙，以防刀杆碰伤孔壁。

③ 粗车小孔。车削方法与车通孔相同，精车余量为 0.3～0.5mm。

④ 粗车大孔。具体方法如下：

开动机床，用内孔刀车平端面，小滑板刻度调至零位，床鞍刻度调零位。粗车用床鞍刻度盘控制，精车用小滑板刻度盘控制。

移动中滑板，刀尖与孔壁接触，纵向退出车刀，中滑板刻度置零位。

移动中滑板，调整好粗车背吃刀量，留 0.3～0.5mm 的精车余量，纵向自动进给粗车孔刀。床鞍刻度接近孔深时，停止自动进给，用手动进给至台阶孔的尺寸时进给停止，摇动中手柄，横向进给，车台阶孔的内端面尺寸。

⑤ 精车小孔至目标尺寸。

⑥ 精车大孔。先进行试车削，测量孔径，确定尺寸正确后，纵向自动进给，精车孔。当床鞍刻度值接近孔深时，改用手动进给，刀尖刚接触台阶面时退出车刀。

⑦ 倒角。用内孔车刀内外倒角。

车台阶孔控制孔深度的方法很多，一般粗车时，在刀柄上刻线痕做记号，如图 3-25(a)所示；放限位铜片，如图 3-25(b)所示；用床鞍刻度盘刻线来控制，如图 3-25(c)所示。精车时，用小滑板刻度盘或游标深度尺来控制。

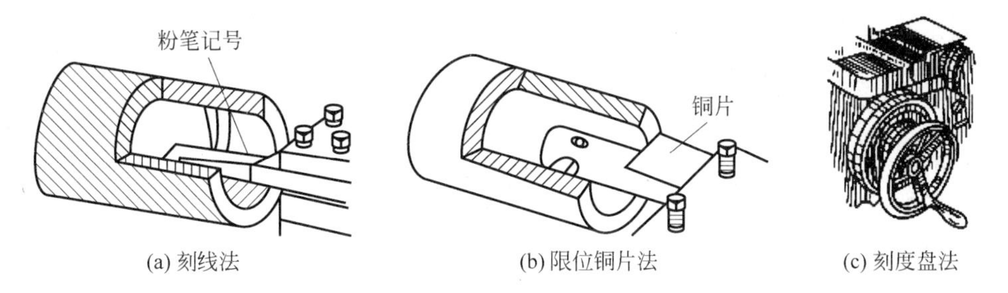

图 3-25 车台阶孔控制孔深的方法

(8) 车盲孔的方法

① 装夹工件，并找正。

② 钻底孔。用比盲孔直径小 1～2mm 的钻头钻孔，深度从钻尖计算，留 1mm 的余量。用相同直径的平头钻扩平孔底，其深度应比设计要求的深度浅 1mm，作为车削余量。

③ 装夹盲孔车刀。刀尖对准工件中心，刀尖到刀杆外侧的距离要小于孔径的一半，如图 3-26 所示。车削前，试移动车刀，当车刀刀尖过工件中心时，观察刀杆外侧与孔壁有擦碰。

④ 调整主轴转速。

⑤ 粗车盲孔。用粗车台阶孔的方法，留 0.5～1mm 的孔径余量和 0.2mm 左右的孔深余量，如图 3-27(a)所示。摇动溜板箱的手轮，慢慢移动车刀至孔的边缘，合上纵向自动进给手柄，观察切屑能否顺利排出。当车削至粗车深度时，立即脱开进刀手柄，停止进给，使内孔车刀刀尖脱离孔壁，快速退出车刀。

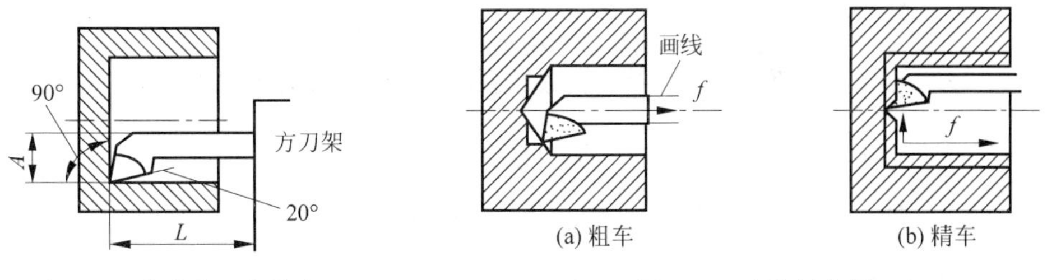

图 3-26 盲孔车刀的装夹

图 3-27 盲孔的车削

⑥ 精车盲孔。先进行试车削，测量孔径，确定尺寸正确后，自动进给精车盲孔。床鞍刻度值离孔深 2～3mm 时，改用手动进给，刀尖刚接触孔底时，用小滑板手动进给，当背吃刀量等于精车孔深余量时，用中滑板进刀车平盲孔底面，如图 3-27(b)所示。

2. 铰刀

铰刀的用途就是铰孔。铰孔是用铰刀对未淬硬孔进行精加工的一种方法。铰刀是一种尺寸精确的多刃刀具。铰孔加工精度高，尺寸精度可达 IT7～IT9，表面粗糙度 Ra 值可达 0.4μm。铰孔具有效率高、质量好、操作方便等特点，在批量生产中得到广泛运用。

(1) 铰刀的结构

铰刀由工作部分、柄部和颈部组成，如图 3-28 所示，L_1 为工作部分，L_2 为切削部分，L_3 为修光部分，L_4 为柄部。

① 柄部。柄部用来夹持和传递转矩。

② 工作部分。工作部分由引导部分、切削部分、修光部分和倒锥组成。引导部分是铰刀开始进入孔内时的导向部分，其导向角(κ)一般为 45°。

③ 切削部分。切削部分主要担负切削工作。

④ 修光部分。修光部分上有棱边，起定向、碾光孔壁、控制铰刀直径和便于测量等作用。

⑤ 倒锥部分。倒锥部分可减小铰刀与孔壁之间的摩擦，还可防止产生喇叭形孔和孔径扩大。

铰刀的前角一般为 0°，粗铰钢料时，可取前角 γ_0 为 5°～10°，铰刀后角 α 一般取 6°～8°，主偏角 κ_r 一般取 3°～1.5°。

(2) 铰刀的类型

① 按用途分类。铰刀按用途分为手用铰刀和机用铰刀，如图 3-28 所示。

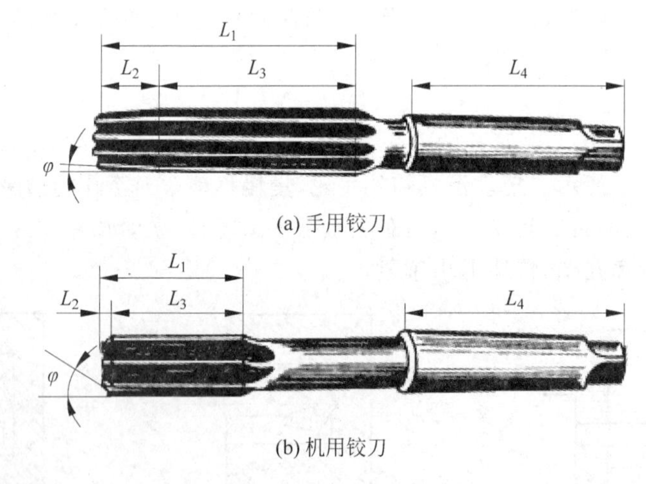

(a) 手用铰刀

(b) 机用铰刀

图 3-28 铰刀的结构

机用铰刀的柄有直柄和锥柄两种。铰孔时由车床尾座定向，因此机用铰刀工作部分较短，主偏角较大，标准机用铰刀的主偏角 $\kappa_r=15°$。手用铰刀的柄部做成方楔形，以便套入铰杠铰销工件。手用铰刀工作部分较长，主偏角小，κ_r 一般取 4°～40°。

② 按切削部分材料分类。铰刀按切削部分材料分为高速钢铰刀和硬质合金铰刀。

(3) 铰刀的装夹

车床上铰刀的装夹与钻孔时装夹麻花钻一样，但要注意同轴度的调整，即装夹后，铰刀应与被加工孔的中心线重合，其误差值不应大于0.02mm。有时车床受本身条件限制，其同轴度要求很难达到，为了保证其同轴度，常采用浮动套筒装夹，如图3-29所示。

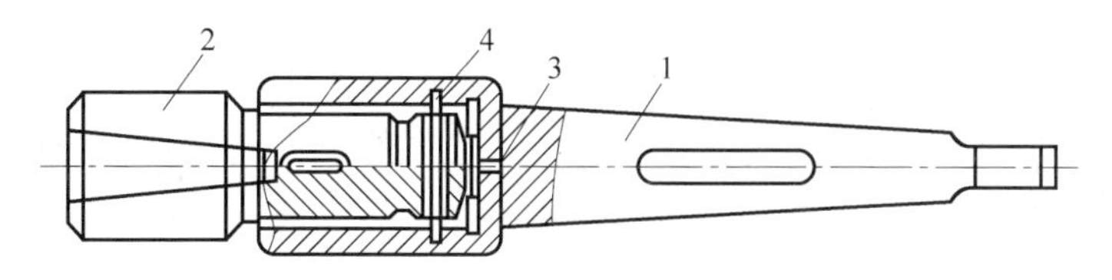

图3-29 铰刀的浮动套筒

1—锥柄；2—锥套；3—挡钉；4—销钉

(4) 铰刀及切削液的选择

铰刀的直径应符合被加工孔径尺寸的要求，铰刀的精度等级要和铰孔的精度相符，铰刀的上偏差是被加工孔公差的2/3，下偏差是被加工孔公差的1/3。

铰孔时，切削液的选择见表3-7。

表3-7 铰孔时切削液的选择

加工材料	切削液的种类
钢件或韧性材料	机油、乳化液
铸件或脆性材料	煤油、煤油与矿物油的混合油
铜件或铝合金	植物油、专用锭子油(SH/T 0360—1992)、合成锭子油(SH/T 0111—1992)

(5) 铰孔注意事项

① 选用铰刀时，检查刃口是否锋利，柄部是否光滑。只有完好无损的铰刀才能加工出高质量的孔。

② 铰刀的中心线必须与车床的主轴线重合。

③ 根据选定的切削速度和孔径大小调整车床的主轴转速。

④ 安装铰刀时，应注意锥柄和锥套的清洁。

⑤ 铰刀由孔中退出时，车床主轴应仍保持正转不变，切不可反转，以防损坏铰刀口和已加工表面。

⑥ 应先试铰、试测量，以免造成废品。

(6) 铰孔的质量分析

铰孔废品的种类包括孔径扩大、表面粗糙度差两种，产生原因和预防措施见表3-8。

表3-8 铰孔的质量分析

废品种类	产生原因	预防措施
孔径扩大	铰刀直径太大	根据孔径尺寸要求，研磨铰刀
	铰刀刃口径向摇摆过大	重新修磨铰刀刃口
	尾座偏移，铰刀与孔中心部重合	校正尾座，采用浮动套筒
	切削温度太高，产生积屑瘤并使铰刀温度升高	降低切削速度，加注充分的切削液
	余量太大	留适当的铰孔余量

续表

废品种类	产生原因	预防措施
表面粗糙度差	铰刀刃口不锋利、刀刃上有崩口、毛刺	重新刃磨铰刀
	余量过小或过大	留适当的铰孔余量
	切削速度太高,产生积屑瘤	降低切削速度,用油石把积屑瘤磨掉
	切削液选择不当	合理选择切削液

(7) 铰孔的方法

① 找正尾座的中心位置。用试棒和百分表找正尾座的中心位置,保证尾座的中心与主轴中线重合。

② 调整切削用量,选择主轴转速。铰孔时,切削速度越低,表面粗糙度值越小。一般切削速度小于5m/min时,进给量可取大些,可取0.2～1mm/r。铰孔切削用量的选择见表3-9。

③ 准备切削液。

④ 铰孔。

表3-9 铰孔切削用量的选择

参数	范围
主轴转速 n/(r/min)	12～13
进给量 f/(mm/r)	0.2～0.1
背吃刀量 a_p/mm	0.04～0.06

(8) 铰通孔

铰通孔如图3-30所示,其方法如下:

① 移动尾座,当铰刀即将接触孔口时,锁紧尾座。

② 摇动尾座手轮,使铰刀的引导部分轻轻进入孔口深度2mm左右。

③ 开动车床,加足切削液,双手均匀摇动手轮。

④ 铰削结束,铰刀最好从孔的另一端取下,不要从孔中退出。

⑤ 将内孔擦净,检查内孔尺寸。

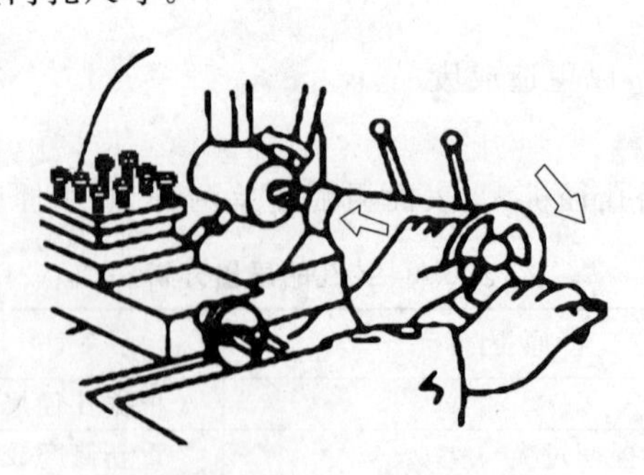

图3-30 铰通孔

(9) 铰不通孔

铰不通孔如图3-31所示,其方法如下:

① 移动尾座，铰刀即将接触孔口时，锁紧尾座。摇动手轮，使铰刀导向刃进入孔口2mm左右。

② 起动车床，充分加注切削液，双手均匀地摇动尾座手轮进行铰孔。当感觉到轴向切削抗力明显增加时，说明铰刀的端部已到孔底，应当立即退出铰刀。

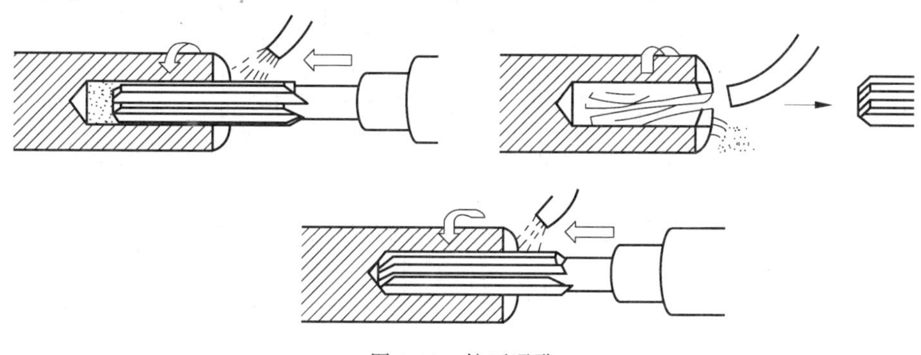

图 3-31　铰不通孔

3. 内沟槽车刀

(1) 内沟槽车刀的结构类型

内沟槽车刀与切断刀的几何形状相似，其几何角度与切断刀基本相同，所不同的是其后角通常都刃磨成双重后角。根据结构，内沟槽车刀可分为整体式和装夹式，如图 3-32 所示。装夹式一般用于所加工工件的孔径较大，一般加工工件孔径较小时用整体式。由于内槽通常与工件孔轴心线垂直，所以要求内槽刀刀体与刀柄的轴线垂直。

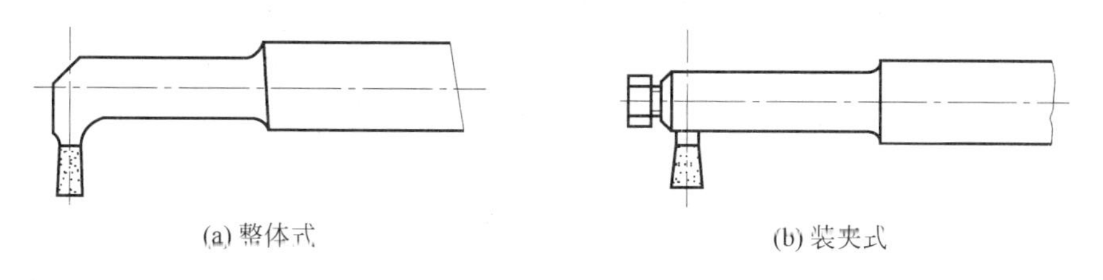

图 3-32　内沟槽车刀

(2) 内沟槽车刀的装夹

装夹内沟槽车刀，应使主切削刃与孔中心等高或略高，两侧副偏角必须对称。

(3) 内沟槽和端面槽的种类

① 退刀槽。车内螺纹、车孔和磨孔时作退刀用，如图 3-33(a)所示。有时为了方便，两端开有退刀槽。

② 密封槽。在T形槽中嵌入油毛毡，防止轴上的润滑剂溢出，如图 3-33(b)所示。

③ 轴向定位槽。在轴承座内孔中的适当位置开槽，放入孔用弹性挡圈，以实现滚动轴承的轴向定位，如图 3-33(c)所示。有些较长的轴套，为了加工方便和定位准确，往往在长孔中间开有较长的内沟槽。

④ 油气通道槽。在各种液压和气压滑阀中，开内沟槽以通油或通气。此类槽的轴向尺寸要求较高，如图 3-33(d)所示。

⑤ 端面直槽。主要用于让位或密封，如图 3-33(e)所示。

⑥ T 形槽。用于可调装置的位置，有一定的受力要求，如机床工作台上所开的槽，如图 3-33(f)所示。

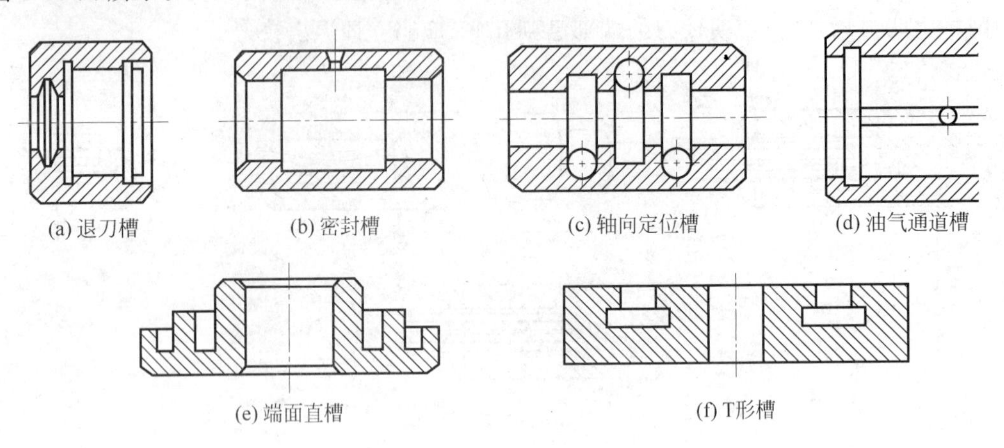

图 3-33 内沟槽和端面槽的种类

(4) 车内沟槽和端面槽的注意事项

① 刀尖应严格对准工件旋转中心，否则底平面无法车平。

② 车刀纵向切削至接近底平面时，应停止机动进给，改用手动进给，以防止撞击底平面。

③ 由于视线受影响，车底平面时，可通过手感和听觉来判断其切削情况。

④ 控制沟槽之间的距离，应选定统一的测量基准。

⑤ 车底槽时，注意与底平面平滑连接。

⑥ 应利用中滑板刻度盘的读数，控制沟槽的深度和退刀的距离

(5) 车内沟槽和端面槽的质量问题

车内沟槽和端面槽产生的问题有沟槽位置不正确、槽宽不正确、槽深太浅等情况，其产生原因及预防措施见表 3-10。

表 3-10 车内沟槽和端面槽产生的问题、原因及预防措施

问题种类	产 生 原 因	预 防 措 施
沟槽位置不正确	车刀定位尺寸计算错误	仔细计算，不要忘记加上刀头宽度
	床鞍、小滑板刻度看错	注意小滑板刻度盘圈数
槽宽不正确	刀头宽度不准确	刃磨车刀时仔细测量
	车宽槽时，借刀尺寸不正确	仔细计算借刀尺寸
槽深太浅	刀杆刚度低，产生让刀	增加刀杆刚度，及时清理槽底余量
	当孔有余量时，没考虑进去	把余量考虑进去

(6) 控制槽宽和槽深的方法

① 确定起始位置，摇动床鞍和中滑板，使内沟槽车刀的主切削刃轻轻地与孔壁接触，将中滑板刻度调至零位。

② 确定车内沟槽的终止位置，根据内沟槽深度可计算出中滑板刻度的进给格数，并在终止刻度指示位置上用记号笔做出标记或记下刻度值。

③ 确定车内沟槽的退刀位置，使内沟槽车刀主切削刃离开孔壁 0.2～0.3mm，并在中滑板刻度盘上做出退刀位置。

④ 控制内沟槽的轴向位置尺寸，移动床鞍和中滑板，使内沟槽车刀副切削刃与工件端面轻轻地接触，如图 3-34 所示。此时将床鞍刻度调至零位。若内沟槽靠近孔口，需要小滑板刻度控制内沟槽轴向位置时，就应将小滑板刻度调到零位，作为车内沟槽纵向的起始位置。接着向后移动中滑板，待内沟槽车刀主切削刃退到不碰孔壁时，再移动床鞍，以便让车槽刀进入孔内。进入深度为内沟槽的轴向位置尺寸 L 加上内沟槽车刀主切削刃的宽度。

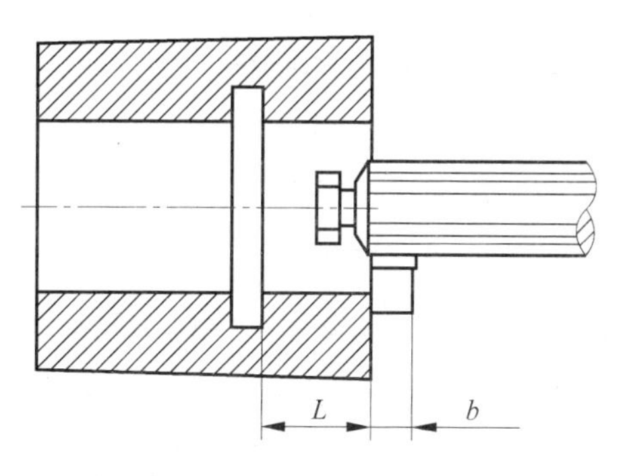

图 3-34 内沟槽轴向定位尺寸计算

（7）车内沟槽的方法

① 宽度较小和精度要求不高的内沟槽，可用主切削刃宽度等于槽宽的内沟槽车刀，如图 3-35(a)所示。

② 宽度较大和精度要求较高的内沟槽，可采用直进法分几次车出。粗车时，槽壁和槽底应留有精车余量，然后根据槽宽、槽深进行精车，如图 3-35(b)所示。

③ 宽度很大、深度较浅的内沟槽，可用车孔刀先粗车出凹槽，再用内沟槽车刀车沟槽两端垂直面，如图 3-35(c)所示。

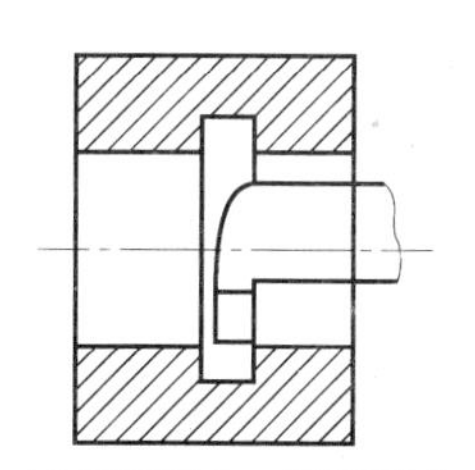
(a) 宽度较小、精度不高

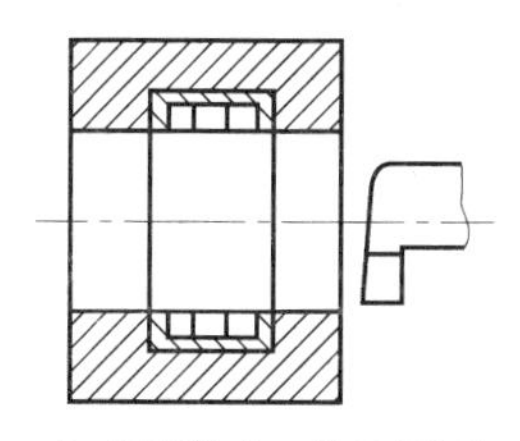
(b) 宽度较大、精度较高

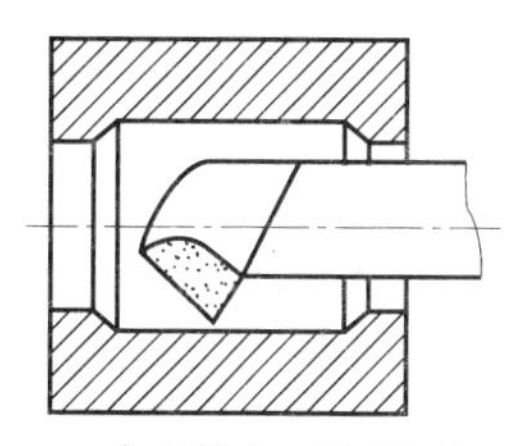
(c) 宽度很大、深度较浅

图 3-35 车内沟槽的方法

【教】——轴承套的车削过程

一、任务分析

根据轴承套图 3-1 所示。

1. 确定工件毛坯

本次加工的轴承套材料为 ZQSn6-6-3，两处外圆直径相差不大，毛坯选用 ϕ55mm×60mm 的棒料。

2. 确定定位基准

外圆对内孔轴线的径向圆跳动误差为 0.01mm，用软爪无法保证。另外，还有ϕ52mm

右端面对内孔轴线垂直度误差为 0.03mm。因此，精车外圆以及车 ϕ52mm 右端面时，应以内孔为定位基准套在小锥度心轴上，用双顶尖安装才能保证这两项位置精度。

3. 确定精车之前内容

内沟槽应在 ϕ32H7 孔精加工之前完成，外沟槽应在 ϕ44js6 外圆柱面精车之前完成，都是为了保证这些精加工表面的精度。

4. 确定工艺流程卡

配料→按工艺草图工件粗车至设计尺寸→逐个钻孔 ϕ30.5mm→车削 ϕ52mm 左端面、保总长→车内孔 ϕ32mm→车内沟槽至设计尺寸→铰孔 ϕ32H7→车 ϕ44js6 外圆→车 ϕ52mm 外圆后端面→车槽 2×0.5mm→检验入库。

5. 确定刀具

90°硬质合金右偏刀粗精各 1 把、45°硬质合金车刀 1 把、高速钢切槽刀 1 把、ϕ32H7 铰刀 1 把、内沟槽车刀 1 把、硬质合金内孔车刀粗精各 1 把、ϕ30.5mm 钻头 1 把。

二、加工工艺流程

1. 检查

(1) 检查毛坯的材料、直径和长度是否符合要求。

(2) 检查车床的各个手柄是否复位。

(3) 开启电源开关。

(4) 夹毛坯外圆。

(5) 安装车刀。

2. 粗车

按照工艺草图(见图 3-36)，粗车至设计尺寸(外圆均留 1mm 精车余量)，4 件一起加工，尺寸均相同。

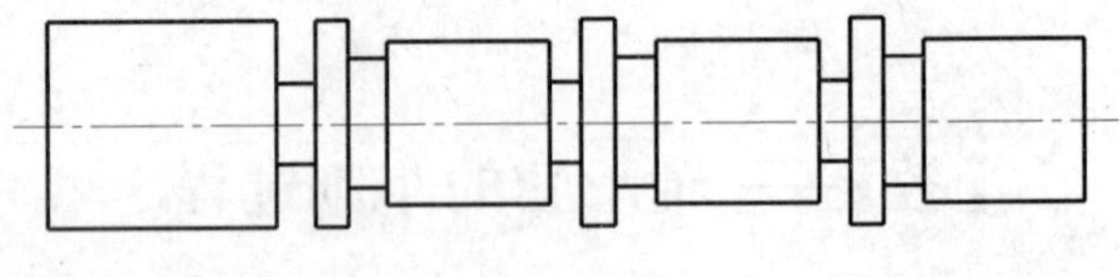

图 3-36 轴承套工艺草图

3. 钻孔、车单件

逐个用软爪夹住 ϕ43mm 外圆，钻孔 ϕ30.5mm，车成单件。

4. 单件加工内部尺寸

用软爪夹 ϕ35mm 外圆，找正夹紧。

(1) 车 ϕ43mm 左端面，保证总长 51mm，表面粗糙度 Ra 值为 3.2μm，倒角 $C2$。

(2) 车内孔 ϕ32mm 至铰孔尺寸。

(3) 车内沟槽至设计尺寸。

(4) 内孔前后两端倒角。

(5) 铰孔至 $\phi 32H7$。

5. 单件加工外部尺寸

工件套在心轴上，装夹在两顶尖之间。

(1) 车外圆至 $\phi 44js6$，表面粗糙度 Ra 值为 1.6μm。

(2) 车 $\phi 52$mm 右端面，保证厚度 6mm，表面粗糙度 Ra 值为 1.6μm。

(3) 车槽 2×0.5mm。

(5) 倒角，停车。

6. 工件检验

7. 上油、入库

【做】——进行轴承套的车削

按照表 3-11 的相关要求进行零件的加工。

表 3-11 轴承套零件车削过程记录卡

<table>
<tr><td colspan="2">一、车削过程
轴承套的车削过程________。
(1) 多件粗车　　(2) 工件检测　　(3) 心轴定位车削
(4) 配料　　(5) 软爪定位车削　　(6) 单件钻孔</td></tr>
<tr><td>二、所需设备、工具和卡具</td><td>三、车削步骤</td></tr>
<tr><td colspan="2">四、注意事项
1. 当孔要钻穿时，应减小进给量，防止麻花钻折断。
2. 安装铰刀时，应注意锥柄和锥套的清洁。
3. 车内孔时，防止车刀与孔壁碰撞。
4. 车内沟槽时视线受限，可以通过听觉来判断其切削情况。</td></tr>
<tr><td colspan="2">五、车削过程分析</td></tr>
<tr><td>出现的问题：</td><td>原因与解决方案：</td></tr>
</table>

【评】——轴承套车削方案评价

根据表 3-11 所记录的内容，对轴承套车削过程进行评价。轴承套车削过程评价表见表 3-12。

表 3-12 轴承套车削过程评价表

<table>
<tr><th rowspan="2">项目</th><th rowspan="2" colspan="2">内 容</th><th rowspan="2">分值</th><th colspan="3">评价方式</th><th rowspan="2">备 注</th></tr>
<tr><th>自评</th><th>互评</th><th>师评</th></tr>
<tr><td rowspan="14">车削方法</td><td rowspan="2">外圆</td><td>ϕ52mm</td><td>5</td><td></td><td></td><td></td><td rowspan="14">严格按照车床的操作规程完成所有内容的车削</td></tr>
<tr><td>ϕ44js6</td><td>5</td><td></td><td></td><td></td></tr>
<tr><td rowspan="2">内孔</td><td>ϕ32H7</td><td>5</td><td></td><td></td><td></td></tr>
<tr><td>ϕ34mm</td><td>5</td><td></td><td></td><td></td></tr>
<tr><td rowspan="2">槽</td><td>15mm×1mm</td><td>8</td><td></td><td></td><td></td></tr>
<tr><td>2mm×0.5mm</td><td>4</td><td></td><td></td><td></td></tr>
<tr><td rowspan="4">长度</td><td>18mm</td><td>2</td><td></td><td></td><td></td></tr>
<tr><td>18mm</td><td>2</td><td></td><td></td><td></td></tr>
<tr><td>6mm</td><td>2</td><td></td><td></td><td></td></tr>
<tr><td>51mm</td><td>2</td><td></td><td></td><td></td></tr>
<tr><td>倒角</td><td>4×$C2$</td><td>4</td><td></td><td></td><td></td></tr>
<tr><td rowspan="2">形位公差</td><td>圆跳动 0.01mm</td><td>8</td><td></td><td></td><td></td></tr>
<tr><td>垂直度 0.03mm</td><td>8</td><td></td><td></td><td></td></tr>
<tr><td rowspan="2">车削步骤</td><td colspan="2">刀具选择是否正确</td><td>10</td><td></td><td></td><td></td><td rowspan="2">是否按要求进行规范操作</td></tr>
<tr><td colspan="2">车削过程是否正确</td><td>10</td><td></td><td></td><td></td></tr>
<tr><td rowspan="3">职业素养</td><td colspan="2">卡具维护和保养</td><td>5</td><td></td><td></td><td></td><td rowspan="3">按照 7S 管理要求规范现场</td></tr>
<tr><td colspan="2">工具定置管理</td><td>5</td><td></td><td></td><td></td></tr>
<tr><td colspan="2">安全文明操作</td><td>10</td><td></td><td></td><td></td></tr>
<tr><td colspan="3">合 计</td><td>100</td><td></td><td></td><td></td><td></td></tr>
<tr><td>综合评价</td><td colspan="7"></td></tr>
</table>

【练】——综合训练

一、填空题

1. 车内孔常出现的质量问题包括尺寸超差、________、________表面粗糙度达不到要求等情况。

2. 铰孔废品的种类包括________、________两种。

3. 车内沟槽和端面槽产生的问题有________、________、________等情况。

二、判断题

1. 精车内孔时，应保持刀刃锋利，否则易产生扎刀。 ( )

2. 铰刀由孔中退出时，车床主轴应仍保持正转不变，切不可反转，以防损坏铰刀口和已加工表面。 ( )

3. 铰刀的中心线必须与车床的主轴线重合。 ( )

4. 车内沟槽时，利用中滑板刻度盘，控制沟槽的深度和退刀的距离。 ( )

5. 车内沟槽时，车刀纵向切削至接近底平面时，应停止机动进给，改用手动进给，以防止撞击底平面。（　　）

6. 起钻时，进给量要小，待钻头进入工件后，才可正常钻削。（　　）

7. 钻较深的孔时，应经常退出麻花钻，清除切屑。（　　）

三、选择题

1. 钻孔的尺寸精度可达（　　），表面粗糙度 Ra 值可达 12.5～25μm。

A. IT11～IT12　　B. IT7～IT8　　C. IT9～IT10　　D. IT12～IT13

2. 车孔精度一般为（　　），表面粗糙度 Ra 值可达 1.6～3.2μm。

A. IT11～IT12　　B. IT7～IT8　　C. IT9～IT10　　D. IT12～IT13

四、简答题

（1）车套类零件时，产生废品有哪些原因及预防措施？

（2）轴承套加工中如何保证外圆对内孔轴线的径向圆跳动？

任务4　轴承套的检测与质量分析

学习目标

（1）认识套类零件的检测方法。

（2）掌握轴承套的检测方法及注意事项。

任务描述

对轴承套零件进行质量检测分析，零件图样如图 3-1 所示。

【学】——套类零件的检测方法

一、检测套类零件常用量具

1. 游标卡尺

用游标卡尺可以测量孔的内径及深度，其测量方法如图 3-37 所示。

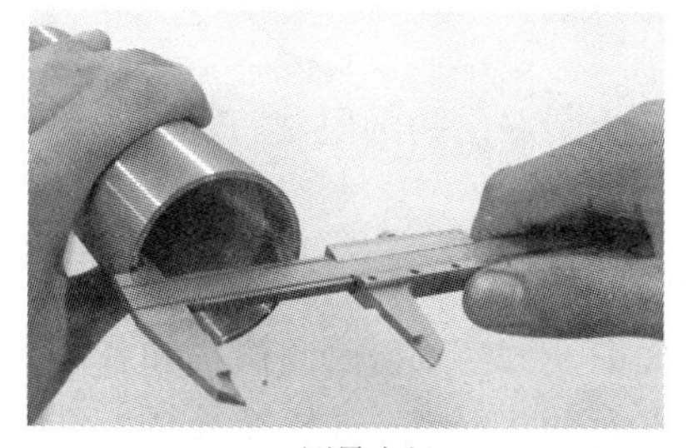

(a) 测量内径

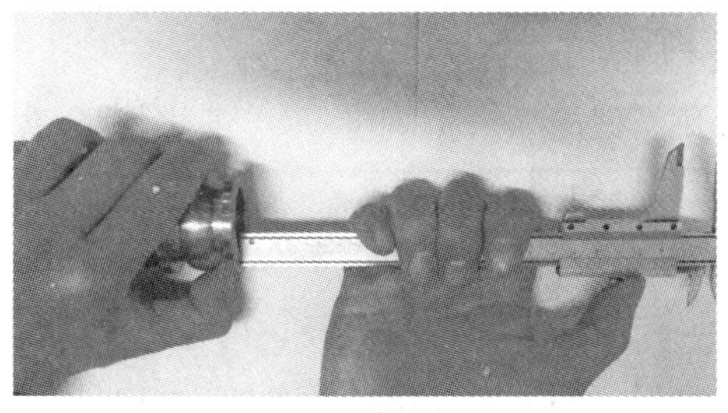

(b) 测量孔深

图 3-37　用游标卡尺测量孔的内径和深度

2. 内测千分尺

当孔的直径小于 25mm 时，可用内测千分尺测量孔的直径，如图 3-38 所示。

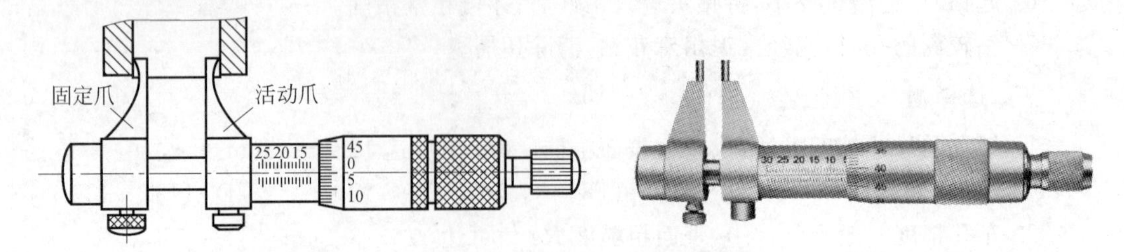

图 3-38 用内测千分尺测量孔径

3. 内径百分表

用内径百分表测量内孔时，应根据零件内孔直径，用外径千分尺将内径百分表对零后进行测量，如图 3-39 所示。取测得的最小值为孔的实际尺寸。

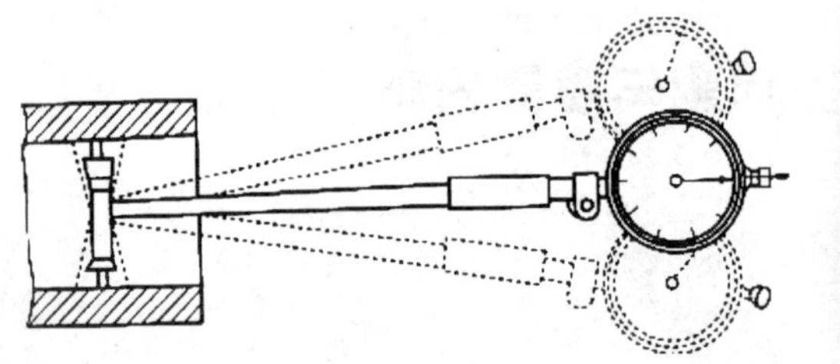

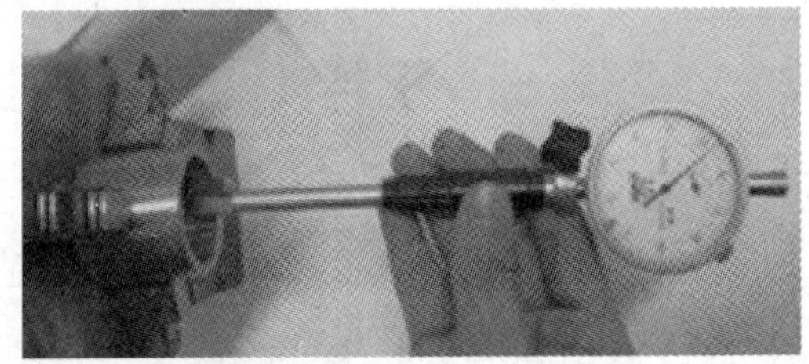

图 3-39 用内径百分表测量孔径

4. 塞规

塞规由通端、止端和柄部组成，如图 3-40 所示。测量时，当通端可塞进孔内而止端进不去时，孔径为合格。

图 3-40 塞规

5. 内卡钳

内孔工件的粗加工阶段，尺寸要求不高，以及因为某些结构的限制，只能使用钢直尺、内卡钳测量，如图 3-41 所示。

6. 内径千分尺

用内径千分尺可测量孔径。内径千分尺外形如图 3-42 所示，由测微头和各种尺寸的接长杆组成。其测量范围为 50～150mm，其分度值为 0.01mm。每根接长杆上都注有公称尺寸和编号，可按需要选用。

内径千分尺的读数方法和外径千分尺相同，但由于内径千分尺无测力装置，因此测量

图 3-41　用内卡钳测量孔径

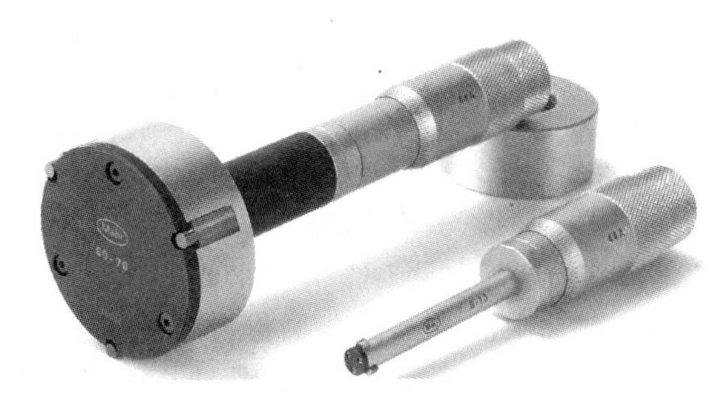

图 3-42　内径千分尺

误差较大，一般只在特殊场合使用。

二、检测套类零件形状位置精度的常用方法

1. 形状误差的检测

在车床上加工套类零件时，需要检测的形状精度一般包括圆度和圆柱度。

(1) 圆度检测的方法

圆度误差可用内径百分表或内径千分表测量。测量前应先用环规或外径千分尺将内径百分表调到零位，将测量头放入孔内，在各个方向上测量，在测量截面内取最大值与最小值之差的一半即为单个截面上的圆度误差。按上述方法测量若干个截面，取其中最大的误差作为该圆柱孔的圆度误差。

(2) 圆柱度检测的方法

圆柱度误差可用内径百分表在孔的全长上前、中、后各测量几个截面，比较各个截面测量出的最大值与最小值，然后取其最大值与最小值误差的一半即为孔全长的圆柱度误差。

2. 位置误差的检测

在车床上加工套类零件时，需要检测的位置精度一般包括径向圆跳动、端面圆跳动、端面对轴线的垂直度及同轴度等。

(1) 径向圆跳动的检测方法

一般的套筒类工件用内孔作为检测基准，把零件套在精度很高的心轴上，再将心轴安装在两顶尖之间，用百分表检测工件外圆圆柱面，如图 3-43 所示。

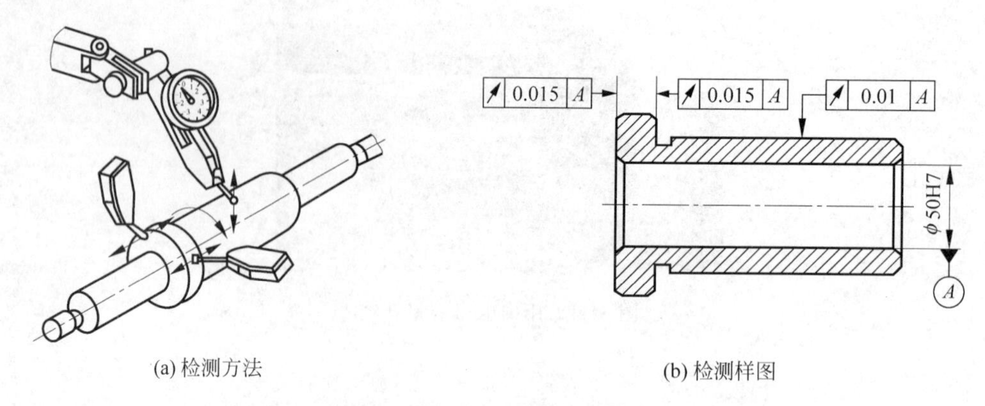

(a) 检测方法　　(b) 检测样图

图 3-43　径向及端面圆跳动检测

在工件上转一周后百分表所得的最大读数差即为该测量面上径向圆跳动误差，取各截面上测量跳动量中的最大值，即为该工件的径向圆跳动误差。

对于外形简单而内部形状复杂的套类工件，不便装在心轴上测量径向圆跳动量，可以把工件放在V形架上并进行轴向限位，工件以外圆作为测量基准，如图3-44所示。测量时，用杠杆百分表的测头与工件的内孔表面接触。工件转一周，百分表最大读数差就是工件的径向圆跳动误差。

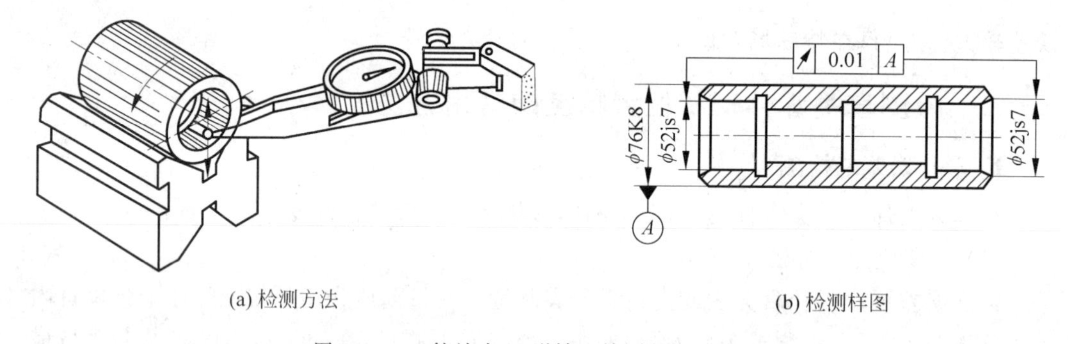

(a) 检测方法　　(b) 检测样图

图 3-44　工件放在V形铁上检测径向圆跳动

(2) 端面圆跳动的检测方法

套类工件端面圆跳动的测量方法如图3-45所示，将杠杆百分表的测量头靠在所需测量的端面上，工件转一周，百分表的最大读数即为该直径测量面上的端面圆跳动。按上述方法在若干个直径处进行测量，其跳动量最大值为该工件的端面圆跳动误差。

(3) 端面对轴线垂直度的检测方法

端面圆跳动是当零件绕基准轴线无轴向移动回转时，所要求的端面上任一测量直径轴向跳动，垂直度是整个端面的垂直误差。

如图3-46(a)所示的工件，由于工件的端面是一个平面，其端面圆跳动量为Δ，垂直度也为Δ，两者相等。如端面不是一个平面，而是凹面，如图3-46(b)所示，虽然其端面圆跳动量为零，但垂直度误差为ΔL。

端面圆跳动与端面对轴线的垂直度是两个不同的概念，不能简单地用端面圆跳动来评定端面对轴线的垂直度。

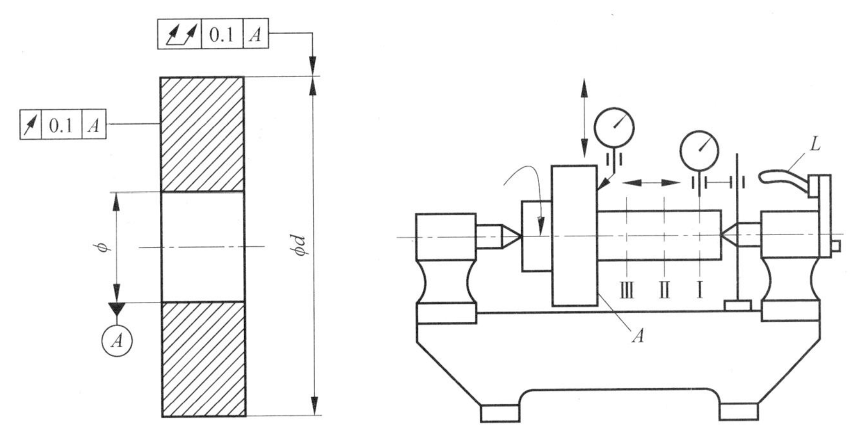

图 3-45 工件端面圆跳动检测

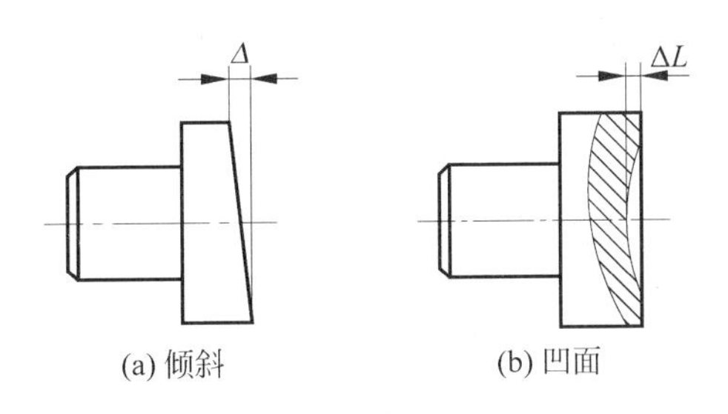

图 3-46 端面圆跳动与垂直度的区别

因此,测量端面垂直度时,首先要测量端面圆跳动是否合格,如合格,再测量端面对轴线的垂直度。对于精度要求较低的工件,可用刀口直尺或游标卡尺尺身侧面透光检查端面对轴线的垂直度。

对精度要求较高工件来说,当端面圆跳动合格后,再把工件安装在V形铁的小锥度心轴上,并一同放在精度很高的平板上,测量时将杠杆百分表的测量头从端面的最内一点沿径向向外拉出,百分表指示的读数差就是端面对内孔轴线的垂直度误差。

三、内沟槽的检测方法

1. 内沟槽的轴向尺寸检测

内沟槽的轴向尺寸可用钩形游标深度卡尺测量,如图 3-47(a)所示。

2. 内沟槽深度的检测

内沟槽深度的测量一般用弹簧内卡钳测量,如图 3-47(b)所示。测量时,先将弹簧内卡钳收缩,放入内沟槽,然后调整卡钳螺母,使卡脚与槽底径表面接触。测出内沟槽直径,然后将内卡钳收缩取出,恢复到原来尺寸,再用游标卡尺或外径千分尺测出内卡钳的张开尺寸。当内沟槽直径较大时,可用弯脚游标卡尺测量,如图 3-47(c)所示。

3. 内沟槽的宽度检测

内沟槽的宽度可用样板或游标卡尺(当孔径较大时)测量,如图 3-47(d)所示。

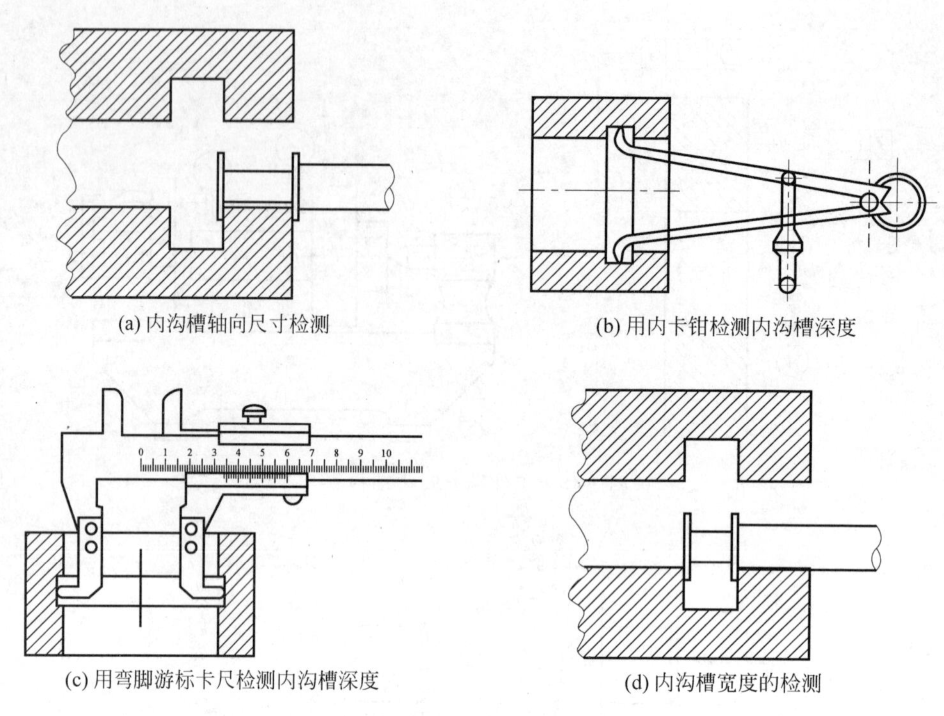

(a) 内沟槽轴向尺寸检测　(b) 用内卡钳检测内沟槽深度

(c) 用弯脚游标卡尺检测内沟槽深度　(d) 内沟槽宽度的检测

图 3-47　内沟槽检测

四、套类零件的质量分析

车套类工件时,可能产生废品的原因及预防措施见表 3-13。

表 3-13　车套类零件产生废品的原因及预防措施

种　类	产 生 原 因	预 防 措 施
孔的尺寸大	车孔时没有仔细测量	仔细测量和进行试切削
	铰孔时主轴转速太高,切削液浇注不充分	降低转速,浇注充分的切削液
	铰孔时,铰刀尺寸大于要求,尾座偏移	检查铰刀尺寸,校正尾座轴线
孔的圆柱度超差	车孔时,刀杆刚性不足造成让刀,使孔外大里小	增加刀杆刚性,保证车刀锋利
	车孔时,主轴轴线与导轨水平面不平行	调整主轴轴线与导轨的平行度
	铰孔时,孔口扩大,主要原因是尾座偏移	校正尾座,采用浮动套筒
孔的表面粗糙度值大	车孔时,内孔车刀磨损,刀柄产生振动	修磨内孔车刀,增加刀柄刚性
	铰孔时,铰刀磨损或切削刃上有崩刃、毛刺	修磨铰刀,刃磨后保管好
	切削速度选择不当,产生积屑瘤	铰孔时,采用 5m/min 以下速度
同轴度、垂直度超差	用一次安装时,工件移动或机床精度不高	夹持牢固,减小切削用量,调整设备精度
	用软爪装夹时,软爪没车合适	软爪在同一机床上车出,直径与工件相同
	用心轴装夹时,中心孔碰伤或心轴精度较差	保护好心轴,碰毛可研磨中心孔

【教】——轴承套的检测过程

一、基本原理

1. 检测方法

根据轴承套图 3-1 所示，对每一项尺寸进行三次检测，然后求取平均值，将最终检测结果填入表 3-14 中。

2. 量具选择

0～150mm 游标卡尺、25～50mm 千分尺、杠杆百分表、内径百分表、弹簧内卡钳、钩形游标深度卡尺、槽宽样板。

二、检测流程

量取尺寸→记录数值→求平均值→结果填表。

表 3-14 轴承套检测结果

尺寸代号	实际检测值			平均值	是否合格
	1	2	3		
ϕ52mm					
ϕ44js6					
ϕ32H7					
ϕ34mm					
15mm×1mm					
2mm×0.5mm					
2mm×18mm					
6mm					
51mm					
C2(4 处)					
圆跳动 0.01mm					
垂直度 0.03mm					
不合格的原因及解决措施					

【做】——进行轴承套的检测

按照表 3-15 的相关要求进行零件的检测。

表 3-15 轴承套零件检测过程记录卡

一、车削过程

1. 轴承套的检测过程________________。

(1) 求平均值　(2) 记录数值　(3) 量取尺寸　(4) 结果填表

2. 套类零件的检测量具有________、________、________、________、________等几种。(内卡钳、千分尺、内径百分表、游标卡尺、内径千分尺、内测千分尺)

二、所需设备、工具和卡具	三、检测步骤

四、注意事项

1. 不能在游标卡尺尺身处做记号或打钢印。
2. 使用内径千分尺时,要慢慢地转动微分筒,不要握住微分筒摇。
3. 使用内径百分表测量工件时,不能使触头突然放在工件的表面上。
4. 不允许测量运动的工件。

五、检测过程分析

出现的问题:	原因与解决方案:

【评】——轴承套检测方案评价

根据表 3-15 中所记录的内容,对轴承套检测过程进行评价。轴承套检测过程评价表见表 3-16。

表 3-16 轴承套检测过程评价表

项目	内容		分值	评价方式			备注
				自评	互评	师评	
检测方法	外圆尺寸	ϕ52mm	5				严格按照所需量具的操作规程完成轴承套的检测任务
		ϕ44js6	5				
	内孔尺寸	ϕ32H7	5				
		ϕ34mm	5				
	槽宽	15mm×1mm	5				
		2mm×0.5mm	5				
	长度尺寸	2mm×18mm	8				
		6mm	3				
		51mm	3				
	倒角	4×C2	2				
	形位公差	圆跳动 0.01mm	7				
		垂直度 0.03mm	7				

续表

项目	内容	分值	评价方式			备注
			自评	互评	师评	
检测步骤	量具选择是否正确	10				是否按要求进行规范操作
	检测过程是否正确	10				
职业素养	量具维护和保养	5				按照7S管理要求规范现场
	工具定置管理	5				
	安全文明操作	10				
合计		100				
综合评价						

【练】——综合训练

一、填空题

1. 塞规由________、________和________组成，测量时，当通端可塞进孔内，而止端进不去时，孔径为合格。

2. 内径千分尺由________和________组成，其测量范围为50～1500mm，其分度值为0.01mm。

3. 在车床上加工套类零件时，需要检测的形状精度误差一般包括________和圆柱度。

二、判断题

1. 游标卡尺可以测量孔的内径及深度。 （ ）
2. 当孔的直径小于25mm时，可用内径千分尺测量孔的直径。 （ ）
3. 内卡钳主要用于内孔工件的粗加工阶段、尺寸要求不高的场合。 （ ）
4. 内径百分表具有结构简单、制造维修方便、检测范围大等特点。 （ ）
5. 使用内径千分尺，当接近被测尺寸时，不要拧微分筒，应当拧棘轮。 （ ）
6. 除内径千分尺外，每根接长杆上都注有公称尺寸和编号，可按需要选用。 （ ）

三、选择题

1. 在车床上加工套类零件时，需要检测的位置精度一般包括（ ）及同轴度等。

   A. 径向圆跳动　　B. 端面圆跳动

   C. 端面对轴线的垂直度　　D. 以上都可以

2. 车削内孔时孔径尺寸过大的原因有（ ）。

A. 车孔时，刀杆刚性不足造成让刀使孔外大里小

B. 车孔时，主轴轴线与导轨水平面不平行内卡钳

C. 铰孔时，孔口扩大，主要原因尾座偏移钢直尺

D. 以上都是

四、简答题

1. 检测套类零件的常用量具有哪些？
2. 简述内孔形状位置精度的测量方法。
3. 简述内沟槽的测量。

项目4

车削圆锥面

教学目标

（1）能了解圆锥的作用、分类及特点。

（2）能掌握车削圆锥的方法。

（3）能掌握圆锥的检测与质量分析。

典型任务

对某企业圆锥轴进行车削加工，零件图样如图 4-1 所示。

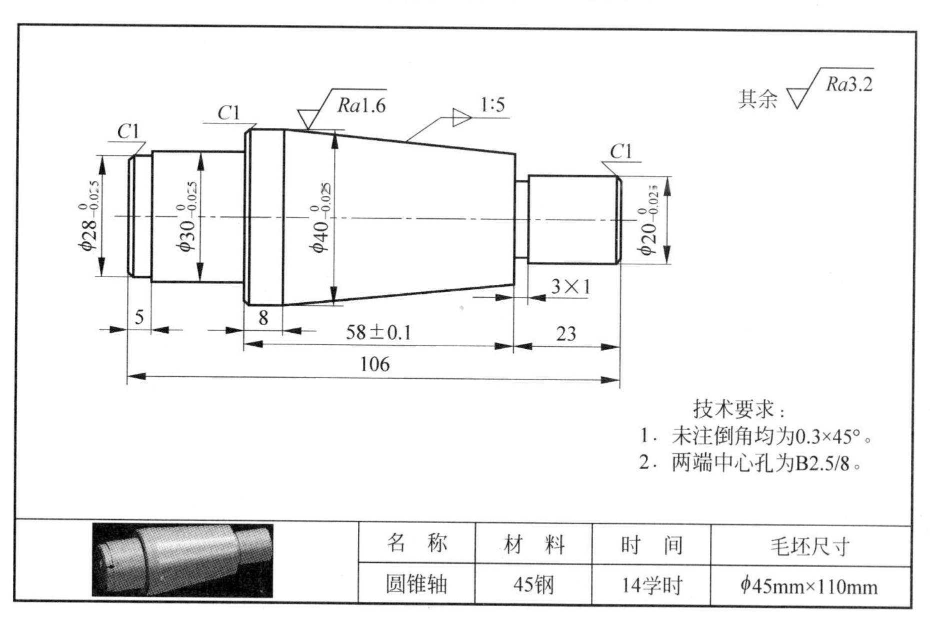

名　称	材　料	时　间	毛坯尺寸
圆锥轴	45钢	14学时	φ45mm×110mm

图 4-1　圆锥轴

任务1　圆锥零件简介

(1) 认识圆锥类零件。

(2) 掌握圆锥的应用、分类、特点及相关参数计算。

一、圆锥零件

在机床与工具中，圆锥类轴的配合应用很广泛，如图4-2所示钻夹头锥柄连接杆以及圆锥销轴。

在机械行业中，圆锥配合是机械设备常用的典型结构，其特点如下。

1. 可自动定心

圆锥配合可自动定心，对中性良好，装拆简便，配合的间隙量或过盈量可以自由调整，能利用自锁性来传递扭矩，密封性良好等。但是，圆锥配合在结构上比较复杂，其加工和检测较困难。

2. 可传递较大转矩

当圆锥角较小时，可以传递很大的转矩。

3. 可无间隙配合

同轴度较高，能做到无间隙配合。

(a) 钻夹头锥柄连接杆

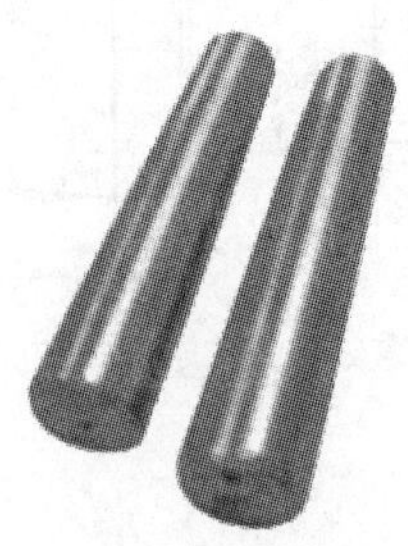

(b) 圆锥销轴

图4-2　圆锥零件

二、圆锥的分类

为了制造和使用方便，降低生产成本，机床、工具和刀具上的圆锥多已标准化，即圆锥的基本参数都符合标准的规定。使用时只要基本参数相同，即能互换。标准工具圆锥已在国际上通用,只要符合标准的圆锥都具有互换性。

我国于2001年颁布了圆锥方面的标准:GB/T 157—2001《圆锥的锥度与锥角系列》、GB/T 11334—2005《圆锥公差》和GB/T 12360—2005《圆锥配合》等。

锥度与锥角的标准化,对保证圆锥配合的互换性具有重要的意义。

常用标准工具圆锥有莫氏圆锥和米制圆锥两种。

1. 莫氏圆锥

莫氏圆锥(Morse)是机械制造业中应用最为广泛的一种,如车床上的主轴锥孔、顶尖锥柄、麻花钻锥柄和铰刀锥柄等都是莫氏圆锥。莫氏圆锥有0~6号7种,其中最小的是0号(Morse No. 0),最大的是6号(Morse No. 6)。莫氏圆锥的型号不同,其线性尺寸和圆锥半角均不相同。

2. 米制圆锥

米制圆锥有7种,即4号、6号、80号、100号、120号、160号和200号。它们的号码是指最大圆锥直径,而锥度固定不变,即$C=1:20$。例如,100号米制圆锥的最大圆锥直径$D=100$m,锥度$C=1:20$。米制圆锥的优点是锥度不变,记忆方便。

三、圆锥的定义及相关术语

1. 定义

(1) 圆锥表面

一个等腰三角形围绕着其对称线(轴线)旋转所形成的表面称为圆锥表面,由锥顶、圆锥面和底面组成,如图4-3所示。

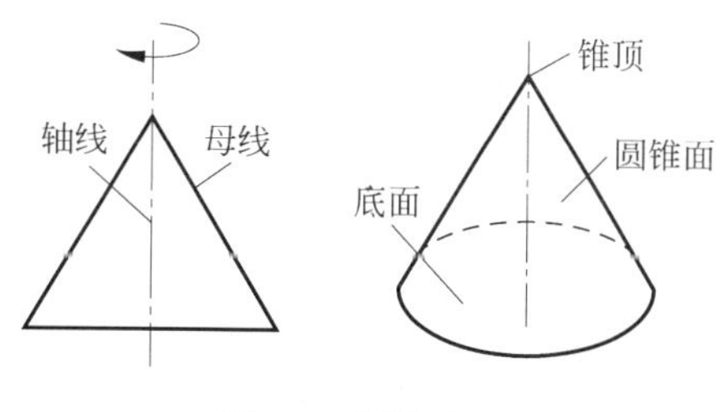

图4-3　圆锥表面

(2) 圆锥

由圆锥表面与一定尺寸所限定的几何体,称为圆锥。圆锥又可分为外圆锥和内圆锥两种。

2. 相关术语

圆锥各部分尺寸如图4-4所示。

(1) 圆锥角α

在通过圆锥轴线的截面内,两条素线间的夹角。

(2) 圆锥直径

圆锥在垂直于其轴线的截面上的直径。常用的圆锥直径有以下两种。

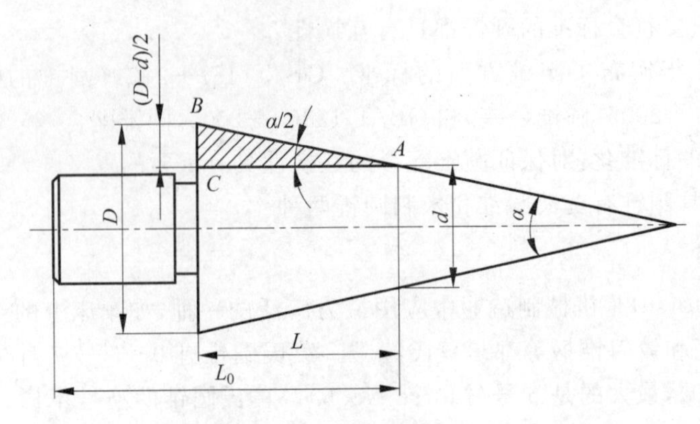

图 4-4　圆锥的各部分尺寸

① 大端直径 D　内、外圆锥的最大直径分别用 D_i、D_e 表示。

② 小端直径 d　内、外圆锥的最小直径分别用 d_i、d_e 表示。

(3) 圆锥长度 L

最大圆锥直径与最小圆锥直径之间的轴向距离。

(4) 锥度 C

最大圆锥直径与最小圆锥直径之差对圆锥长度之比：

$$C=(D-d)/L$$

锥度 C 与圆锥角 α 的关系为

$$C=2\tan(\alpha/2)=\frac{1}{\frac{1}{2}\cot(\alpha/2)}$$

锥度一般用比例或分式表示，例如，$C=1:20$ 或 1/20 来表示。

(5) 圆锥半角 $\alpha/2$

车削时经常用到圆锥角的一半，也就是圆锥母线和轴线之间的夹角。

(6) 斜度 $C/2$

最大圆锥直径与最小圆锥半角直径之差对圆锥长度之比的一半。

四、圆锥各部分尺寸计算

圆锥具有 4 个基本参数，即 $\alpha/2$ (C)、D、d、L，只要知道其中任意 3 个参数，其余 1 个未知参数即能求出。

1. 圆锥半角 $\alpha/2$ 与其他 3 个参数的关系

在图样上一般都标明 D、d、L，但是在车圆锥时，往往需要转动小滑板的角度，所以必须算出圆锥半角 $\alpha/2$，圆锥半角可按公式计算。

例如，在图 4-4 中，

$$\tan(\alpha/2)=BC/AC$$
$$BC=(D-d)/2$$
$$AC=L$$

$$\tan(\alpha/2) = (D-d)/(2L)$$

其他 3 个参数与圆锥半角 $\alpha/2$ 的关系：

$$D = d + 2L\tan(\alpha/2)$$
$$d = D - 2L\tan(\alpha/2)$$
$$L = (D-d)/[2\tan(\alpha/2)]$$

例 4-1 有一外圆锥，已知 $D=26\text{mm}$，$d=24\text{mm}$，$L=30\text{mm}$，求圆锥半角 $\alpha/2$。

解：根据公式

$$\tan(\alpha/2) = (D-d)/(2L) = (26-24)/(2\times 30) \approx 0.033\ 33$$

查三角函数表得 $\alpha/2=1°54'$。

应用上面公式计算出 $\alpha/2$，须查出三角函数表得出角度，比较麻烦，因此，如果 $\alpha/2$ 较小，在 1°～3°，可用乘以一个常数的近似方法来计算，即

$$\alpha/2 = 常数 \times (D-d)/L$$

圆锥半角 $\alpha/2$ 常数见表 4-1。

表 4-1 圆锥半角 $\alpha/2$ 常数

C	常　数	备　　注
0.10～0.20	28.6°	本表适合 $\alpha/2$ 在 8°～13°，6°以下常数值为 28.7°
0.20～0.29	28.5°	
0.29～0.36	28.4°	
0.36～0.40	28.3°	
0.40～0.45	28.2°	

2. 锥度 C 与其他 3 个量的关系

根据公式 $C=(D-d)/L$，D、d、L 与 C 的关系为

$$D = d + CL \quad d = D - CL \quad L = (D-d)/C$$

圆锥半角 $\alpha/2$ 与锥度 C 的关系为

$$\tan(\alpha/2) = C/2$$
$$C = 2\tan(\alpha/2)$$

例 4-2 磨床主轴锥度如图 4-5 所示，已知 $C=1:5$，$D=45\text{mm}$，$L=50\text{mm}$，求小端直径和圆锥半角 $\alpha/2$。

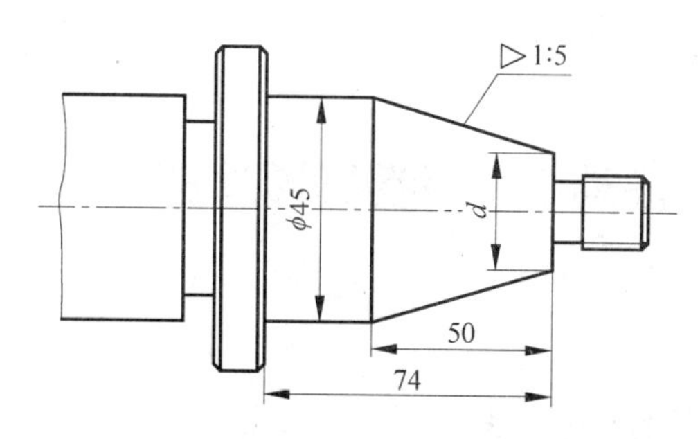

图 4-5 标准锥度工件

解：根据公式

$$d = D - CL = (45 - 50/5)\text{mm} = 35\text{mm}$$

根据公式　$\tan(\alpha/2)=C/2=(1/5)/2=0.1$

$\alpha/2=5°42'38''$

综合训练

一、填空题

1. 常用标准工具圆锥有________和________两种。

2. 莫氏圆锥有 0～6 号 7 种型号，其中最小的是________，最大的是________。莫氏圆锥的号码不同，其线性尺寸和圆锥半角均不相同。

3. 米制圆锥有 7 种，即 4 号、6 号、80 号、100 号、120 号、160 号和 200 号。它们的号码是指________，而锥度固定不变，即 $C=$________。

4. 圆锥又可分为________和________两种。

二、判断题

1. 车床主轴锥孔与前顶尖锥柄的配合以及车床尾座锥孔与麻花钻锥柄的配合都属于圆锥配合。（　　）

2. 锥度与锥角的标准化，对保证圆锥配合的互换性具有重要的意义。（　　）

三、选择题

1. 圆锥半角 $\alpha/2$ 与 D、d、L 的关系正确的是（　　）。

A. $\tan(\alpha/2)=d/L$　　B. $L=(D-d)/2$

C. $\tan(\alpha/2)=L$　　D. $\tan(\alpha/2)=(D-d)/(2L)$

2. 锥度 C 与 D、d、L 的关系正确的是（　　）。

A. $D=d+CL$　　B. $d=D-CL$

C. $L=(D-d)/C$　　D. $C=2\tan(\alpha/2)$

四、简答题

1. 简述圆锥面配合的特点。

2. 简述圆锥各部分的名称及表示。

五、计算题

有一个外圆锥，已知圆锥半角 $\alpha/2=7°7'30''$，$D=56\text{mm}$，$L=44\text{mm}$，求小端直径 d。

任务 2　圆锥类零件的车削

学习目标

（1）认识圆锥类零件的车削方法。

（2）掌握圆锥轴的车削方法及注意事项。

对某企业圆锥轴零件进行车削加工，零件图样如图 4-1 所示。

【学】——圆锥类零件的车削方法

由于圆锥的素线与轴线相交成圆锥半角 $\alpha/2$，因此车削圆锥时，车刀必须沿着与圆锥轴线相交成圆锥半角 $\alpha/2$ 的素线方向运动，才能车削出正确的圆锥。

常用车削锥面的方法有宽刃刀法、靠模法、尾座偏移法等几种，这里介绍宽刃刀法、转动小滑板法、尾座偏移法、靠模法。

一、宽刃刀法

车削较短的圆锥时，可以用宽刃刀直接车出，如图 4-6 所示。其工作原理实质上是成形法，所以要求切削刃必须平直，切削刃与主轴轴线的夹角应等于工件圆锥半角 $\alpha/2$。同时，要求车床有较好的刚性，否则易引起振动，从而破坏零件表面的粗糙度。

当工件的圆锥斜面长度大于切削刃的长度时，可以用多次接刀方法加工，但接刀处必须平整。

二、转动小滑板法

转动小滑板法，就是将小滑板沿顺时针或逆时针方向，按工件的圆锥半角 $\alpha/2$ 转动一个角度，使车刀的运动轨迹与所需要加工的圆锥在水平轴平面内的素线平行，双手配合，均匀不间断地转动小滑板手柄，如图 4-7 所示。

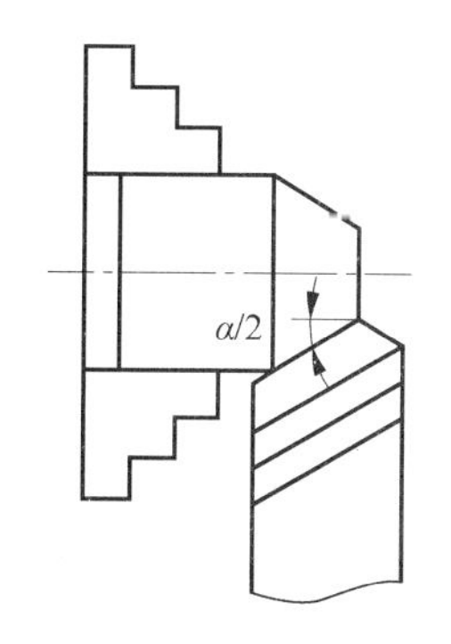

图 4-6　宽刃刀法车削圆锥

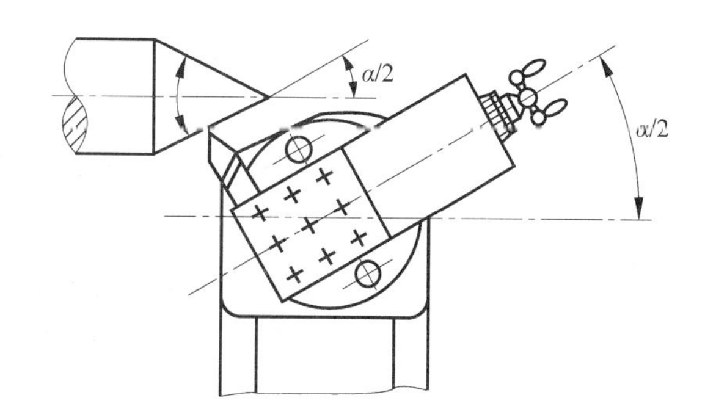

图 4-7　转动小滑板法车削圆锥

1. 转动小滑板法车外圆锥面的特点

(1) 能车削圆锥角较大的圆锥面。

(2) 能车削整圆锥表面和圆锥孔，应用范围广，且操作简单。

(3) 在同一工件上车削不同锥角的圆锥面时，调整角度方便。

(4) 只能手动进给，劳动强度大，工件表面粗糙度较难控制，只适用于单件、小批量生产。

(5) 受小滑板行程的限制，只能加工较短素线的圆锥面。

2. 小滑板转动角度的确定

如图 4-8 所示，根据被加工工件的已知条件，小滑板的转动角度可由下面公式计算求得。

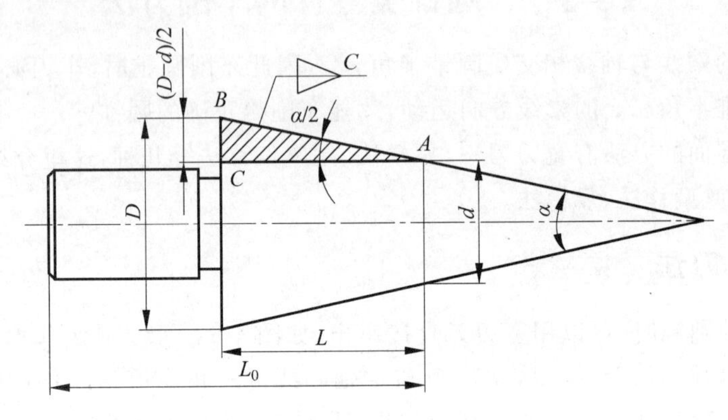

图 4-8 圆锥的计算

$$\tan(\alpha/2)=\frac{C}{2}=\frac{D-d}{2L}$$

式中：$\alpha/2$——圆锥半角；

C——锥度；

D——圆锥大端直径，mm；

d——圆锥小端直径，mm；

L——圆锥大端直径与小端直径的轴向距离，mm。

当 $\alpha/2<6°$ 时，可用下列近似公式计算：

$$\alpha/2\approx 28.7°\times(D-d)/L\approx 28.7°\times C$$

车削常用标准锥度(一般用途和特殊用途)的圆锥时，具体方法见表 4-2，小滑板转动的角度见表 4-3 和表 4-4。

表 4-2 小滑板实际转动角度的操作示意图

图 示	角度值	车削示意图
60°	逆时针转动 30°	60° 30° 30°

续表

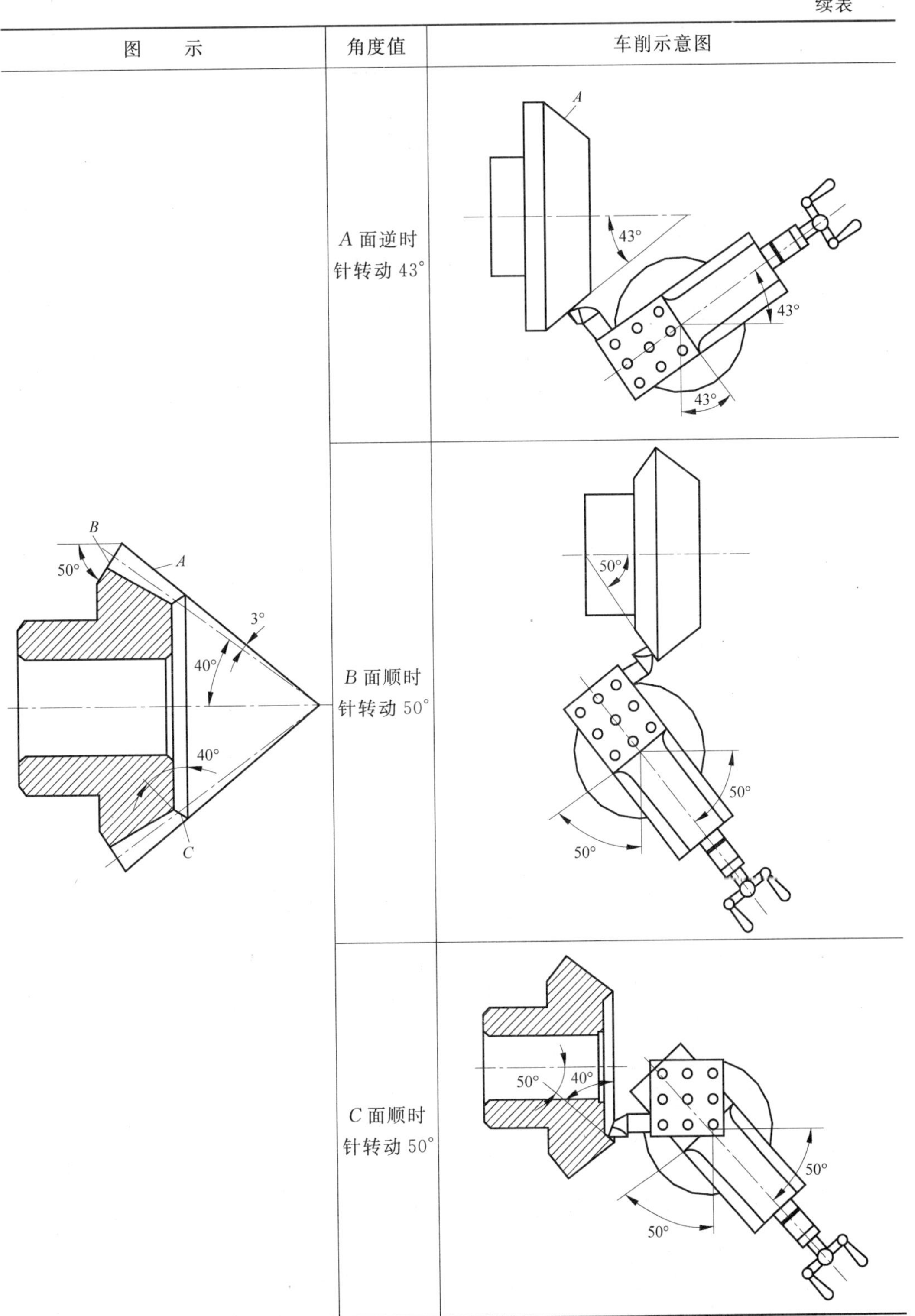

图　　示	角度值	车削示意图
	A 面逆时针转动 43°	
	B 面顺时针转动 50°	
	C 面顺时针转动 50°	

表 4-3 车削一般圆锥时，小滑板的转动角度

基本值	锥度 C	小滑板转动角度	基本值	锥度 C	小滑板转动角度
120°	1∶0.258	60°	1∶8	—	3°34′35″
90°	1∶0.500	45°	1∶10	—	2°51′45″
75°	1∶0.625	37°30′	1∶12	—	2°23′9″
60°	1∶0.866	30°	1∶15	—	1°54′33″
45°	1∶1.207	22°30′	1∶20	—	1°25′56″
30°	1∶1.866	15°	1∶30	—	57′17″
1∶3	—	9°27′44″	1∶50	—	34′23″
1∶5	—	5°42′38″	1∶100	—	17′11″
1∶7	—	4°5′8″	1∶200	—	8′36″

表 4-4 车削特殊用途圆锥时，小滑板的转动角度

基　本　值	锥度 C	小滑板转动角度	备　　注
7∶24	1∶3.429	8°17′50″	机床主轴、工具配合
1∶19.002	—	1°30′26″	莫氏锥度 No.5
1∶19.180	—	1°29′36″	莫氏锥度 No.6
1∶19.212	—	1°29′27″	莫氏锥度 No.0
1∶19.254	—	1°26′15″	莫氏锥度 No.4
1∶19.922	—	1°25′16″	莫氏锥度 No.3
1∶20.020	—	1°25′50″	莫氏锥度 No.2
1∶20.047	—	1°25′43″	莫氏锥度 No.1

3. 外圆锥面的车削方法

（1）车刀的安装

车刀的刀尖必须严格对准工件的回转中心，否则车出的圆锥素线是双曲线。

（2）调整 $\alpha/2$ 的方法

① 用扳手将小滑板下面转盘上的两个螺母松开。

② 确定转动角度（$\alpha/2$）。

③ 根据确定的转动角度（$\alpha/2$）和工件上外圆锥面的倒、顺方向，确定小滑板的转动方向。

④ 当车削正外圆锥面（又称顺锥面）时，即圆锥大端靠近主轴、小端靠近尾座方向，小滑板应按逆时针方向转动，如图 4-9 所示。

⑤ 当车削反外圆锥面（又称倒锥面），小滑板则应按顺时针方向转动。

转动小滑板时，可以使小滑板的转角大于圆锥半角 $\alpha/2$，但不能小于 $\alpha/2$。转角偏小，否则会车长圆锥素线而难以修正圆锥长度尺寸，如图 4-10 所示。

（3）车削圆锥面方法

① 按圆锥大端直径（增加 1mm 余量）和圆锥长度，将圆锥部分先车成圆柱。

② 移动中、小滑板，使车刀刀尖与轴端的外圆面轻轻接触，如图 4-11 所示。然后将小滑板向后退出，中滑板刻度调至零位，作为粗车外圆锥面的起始位置。

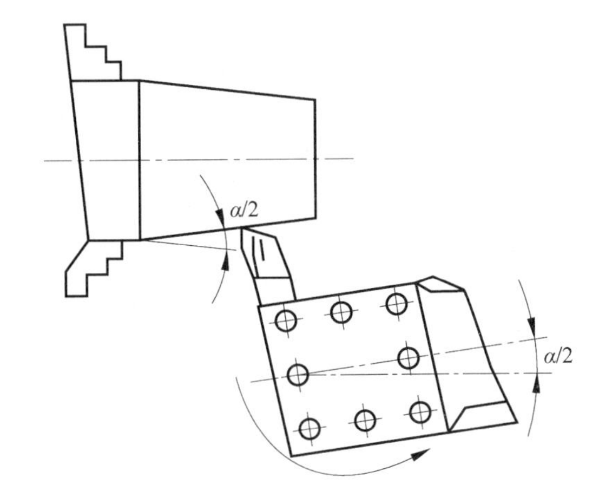

图 4-9　车削正外圆锥

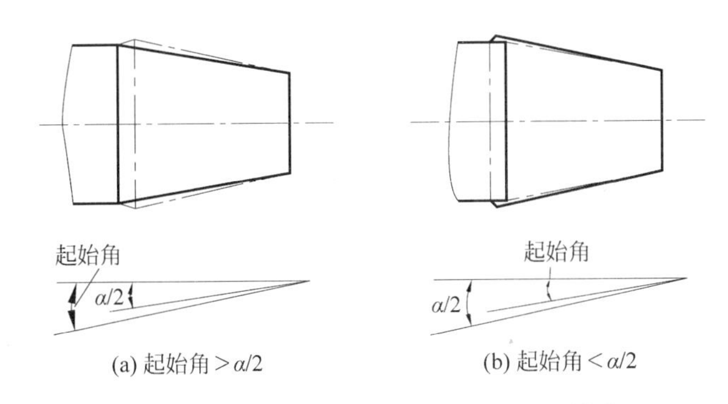

图 4-10　小滑板转动角度对实际加工的影响

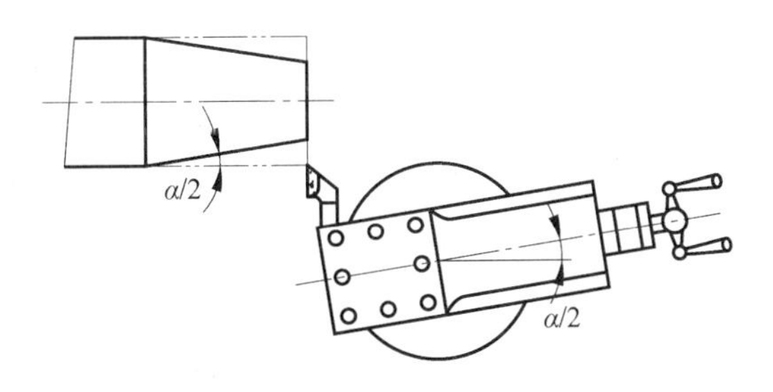

图 4-11　确定起刀位置

③ 按刻度移动中滑板向前进给，并调整吃刀量。

④ 开动车床，双手交替转动小滑板手柄，手动进给速度保持均匀一致和不间断，如图 4-12 所示。当车至终端时，将中滑板退出，小滑板快速后退复位。

⑤ 反复步骤④，调整吃刀量、手动进给车削外圆锥面，直至工件能达到要求为止。

三、尾座偏移法

尾座偏移法车削外圆锥面，就是将尾座上层滑板横向偏移一个距离 s，使尾座偏移后，前、后两顶尖连线与车床主轴轴线相交，形成一个等于圆锥半角 $\alpha/2$ 的角度，当车刀沿

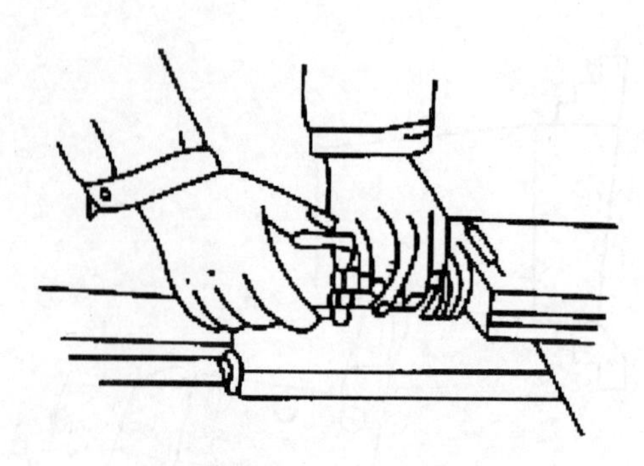

图 4-12 手动进给车削圆锥的方法

着主轴轴线方向移动切削时，工件就车成一个圆锥体，如图 4-13 所示。

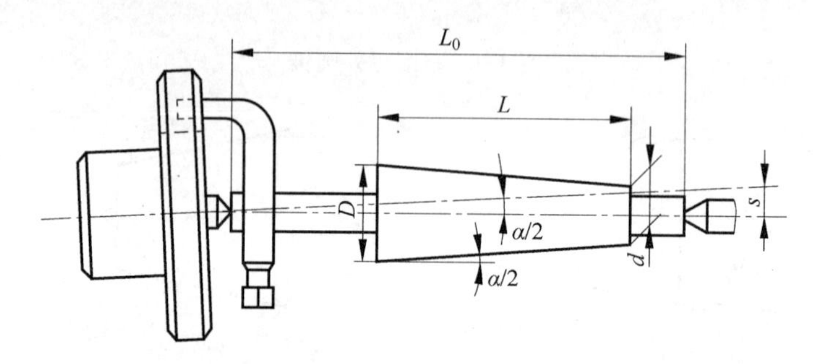

图 4-13 尾座偏移法车削圆锥

1. 尾座偏移法的特点

(1) 适宜于加工锥度小、精度不高、锥体较长的工件。受尾座偏移量的限制，不能加工锥度大的工件。

(2) 可以用纵向机动进给车削，使加工表面刀纹均匀，表面粗糙度值小，表面质量较好。

(3) 由于工件需用两顶尖装夹，因此不能车削整锥体，也不能车削圆锥孔。

(4) 因顶尖在中心孔中是歪斜的，接触不良，所以顶尖和中心孔磨损不均匀。

2. 尾座偏移量的计算

用尾座偏移法车削圆锥时，尾座的偏移量不仅与圆锥长度有关，而且与两顶尖之间的距离有关，这段距离一般可近似地看作工作的全长 L_0。尾座偏移量可根据下列公式计算求得：

$$s = L_0 \sin(\alpha/2) = (D-d) \times L_0/(2L)$$

或

$$s = C \times L_0/2$$

式中：s——尾座偏移量，mm；

D——圆锥大端直径，mm；

d——圆锥小端直径，mm；

L——圆锥大端直径与小端直径的轴向距离，mm；

L_0——工件全长，mm；

C——锥度。

先将前、后两顶尖对齐（尾座上层、下层零线对齐），然后根据计算所得偏移量 s，采用下面介绍的方法偏移尾座上层。

3. 尾座偏移的方法

（1）利用尾座刻度偏移

① 松开尾座紧固螺母，然后用六角扳手转动尾座上层两侧的螺钉进行调整。

② 车削正锥时，使尾座上层根据刻度值向里（向操作者）移动距离 s，如图 4-14 所示。

③ 车削倒锥时，则相反。

④ 拧紧尾座，紧固螺母。这种方法简单方便，一般尾座上有刻度的车床都可以采用。

（2）利用中滑板刻度偏移

① 在刀架上夹持一根端面为平面的铜棒。

② 摇动中滑板手柄，使铜棒端面与尾座套筒接触，记录中滑板刻度值。

③ 计算所得偏移量 s。

④ 根据 s 算出中滑板刻度应转过的格数，移动中滑板，如图 4-15 所示。注意消除中滑板丝杠的间隙影响。

⑤ 移动尾座上层，使尾座套筒与铜棒端面接触为止。

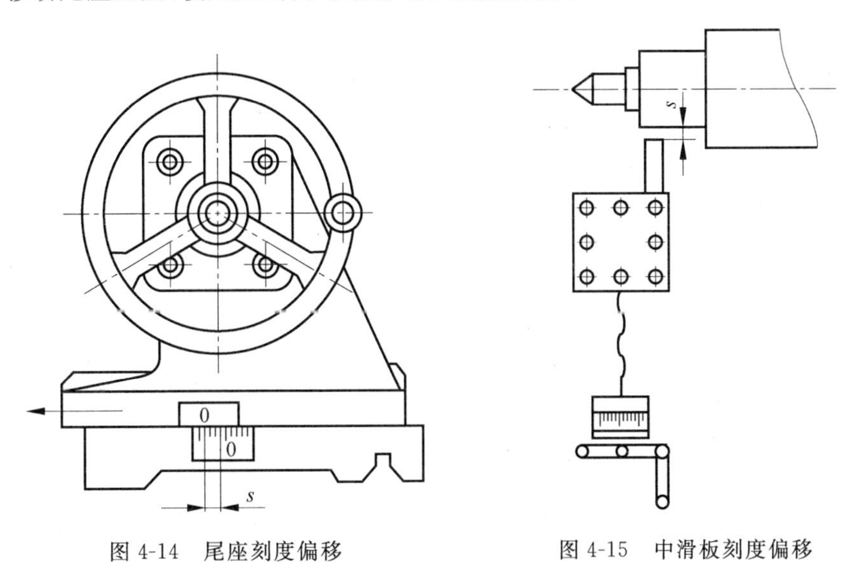

图 4-14 尾座刻度偏移　　图 4-15 中滑板刻度偏移

（3）利用百分表偏移

① 将百分表固定在刀架上，使百分表的测量头与尾座套筒接触（百分表的测量杆轴线应在尾座套筒的水平轴平面内，并垂直于尾座套筒轴线）。

② 调整百分表使指针，处于“0”位。

③ 然后按偏移量调整尾座，当百分表指针转动至 s 值时，把尾座固定，如图 4-16 所示。利用百分表能准确调整尾座偏移量。

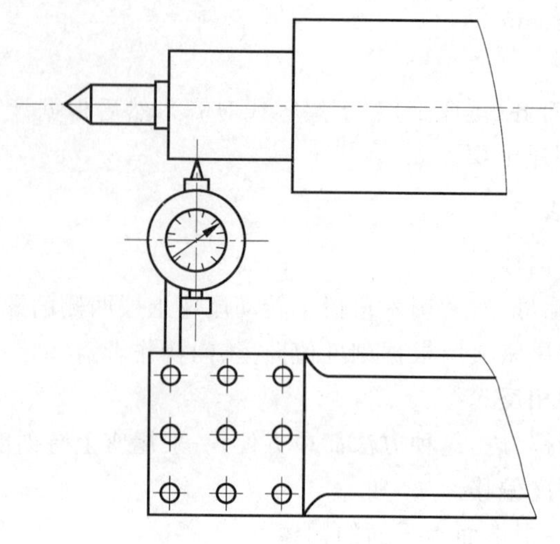

图 4-16　百分表偏移

四、靠模法

靠模法车削圆锥是刀具按照仿行装置(靠模板)进给对工件进行加工的方法,适用于车削长度较长、精度要求较高的圆锥,如图 4-17 所示。

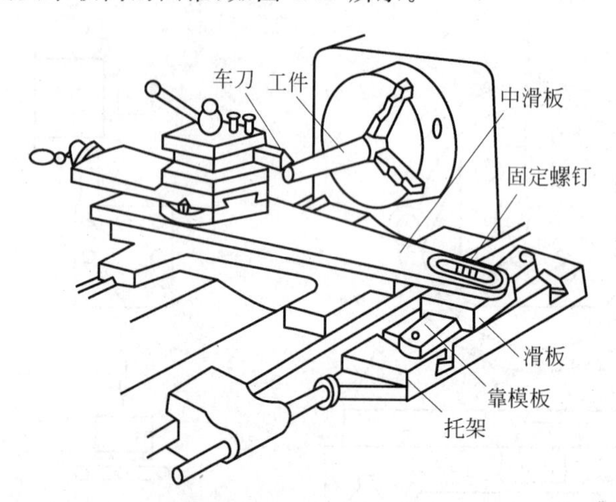

图 4-17　靠模法车削圆锥

1. 靠模法车削圆锥的特点

(1) 调整锥度既方便又准确。

(2) 中心孔接触良好,锥面质量高。

(3) 可机动进给车削外圆锥和内圆锥。

(4) 靠模装置的角度调节范围较小,一般在 12°以下。

2. 靠模法车削圆锥的过程

(1) 采用卡盘、顶尖安装工件。

(2) 根据切削材料性质选择车刀材料和车刀角度,然后松开小刀架将车刀安装于刀架上,调整车刀与主轴中心线平行。

(3) 选择切削速度、进给速度。

(4) 安装靠模装置,并调整靠模板转动角度。

(5) 利用中滑板横向自动进给,车削出所需要的圆锥体或圆锥孔零件。

【教】——圆锥轴的车削过程

一、任务分析

根据圆锥轴图 4-1 所示。

1. 确定工件毛坯

由于圆锥轴各台阶之间直径相差较小,毛坯可采用棒料,这样毛坯切除的余量较少,下料后便可加工,因此工件毛坯选择 ϕ45mm×110mm 的 45 钢。

2. 确定定位基准

车削过程中,为了确定各部分的尺寸,选择中间的 ϕ35mm 外圆作为定位基准。

3. 确定工艺流程卡

配料→车削左端面和钻中心孔→粗车 ϕ30mm、ϕ28mm 和 ϕ40mm 外圆→精车 ϕ30mm 和 ϕ28mm 外圆→调头→车削右端面、保证总长和钻中心孔→粗车 ϕ20mm 外圆→切槽→粗、精车 ϕ40mm、ϕ20mm 外圆→粗、精车圆锥面→检验入库。

4. 确定车刀

90°硬质合金右偏刀粗精各 1 把、45°硬质合金车刀 1 把、高速钢切槽刀 1 把。

二、加工工艺流程

1. 配料

(1) 检查坯料材料、直径和长度是否符合配料要求。

(2) 检查车床的每个手柄是否复位。

(3) 开启电源开关。

(4) 装夹毛坯。

(5) 安装 90°硬质合金右偏刀、45°硬质合金车刀、高速钢切槽刀。

2. 车削左端面和钻中心孔

(1) 起动车床,转速调到 800r/min,自动走刀量为 0.15mm/r。

(2) 用 45°车刀车端面,采用手动进给。

(3) 停车。

(4) 把 ϕ2.5mm 的 A 型中心钻装入尾座。

(5) 移动尾座,使中心钻距零件约 10mm,锁紧尾座。

(6) 起动车床。

(7) 钻中心孔,深度为5mm。

(8) 把尾座移回车床尾部,停车。

3. 粗车、精车 ϕ28mm、ϕ30mm 和 ϕ40mm 外圆

(1) 起动车床。

(2) 使用90°右偏刀粗车。摇动大滑板使90°右偏刀到零件的端面处。摇动中滑板使90°右偏刀刚好车削到零件表面,大滑板、中滑板的刻度拨到"0"位,再摇动大滑板退回车刀,不能移动中溜板。

(3) 摇动中滑板的手柄使背吃刀量为1mm,然后起动自动纵向走刀,车削的长度约为35mm,横向退出车刀,再纵向退回车刀与零件端面齐平,第一次粗车完毕,开始第二次粗车。

(4) 摇动中滑板,使90°右偏刀粗车 ϕ30mm 零件表面,调整刻度为"0"位,再摇动大溜板,车削的长度约为25mm,退回车刀,再转动中滑板,调整到吃刀量,再次进行粗加工。这样分多次车削到精车余量尺寸。

(5) 摇动中滑板,使90°右偏刀粗车 ϕ30mm 零件表面,调整刻度为零,再摇动大滑板,车削的长度约为18mm,退回车刀,再转动中滑板,调整到吃刀量,再次进行粗加工。这样分多次车削到精加工余量尺寸。

(6) 停车。

(7) 测量刚车的外圆外径,这个外径数值减去28mm后除以2所得的数值就是背吃刀量,摇动中滑板的手柄进给中滑板确定背吃刀量。

(8) 起动车床,起动自动纵向走刀,车削的长度为8mm,横向退出车刀,退出量为(30－28)/2mm,再纵向进刀,车削长度为17mm,再横向退刀,退刀量为(40－30)/2mm,纵向车削,长度约为10mm,横向退刀离开零件。这样就精车出了 ϕ28mm、ϕ30mm 和 ϕ40mm 外圆。

(9) 45°外圆车刀,转动大滑板和中滑板,车刀接触工件端面时,只转动大滑板,车削出2×45°的倒角,再转动大滑板,离开工件。

4. 车削右端面、保证总长和钻中心孔

(1) 零件调头,夹持 ϕ30mm 外圆,用 ϕ40mm 外圆端面定位。

(2) 起动车床,用45°车刀车削端面,采用手动进给。

(3) 移动大滑板使车刀与零件端面齐平,把大滑板、中滑板上的刻度调到"0"位。

(4) 进给中滑板,把端面车平后移动中滑板退出车刀,不能移动大滑板。

(5) 停车,测量零件的长度,这一数值减去89mm,就是进给大滑板的进给量。

(6) 起动车床,车削端面,保证轴总长达图样要求的尺寸。

(7) 停车。

(8) 移动尾座,使中心钻距零件约为10mm,锁紧尾座。

(9) 起动车床。

(10) 钻中心孔,深度为5mm,把尾座移回车床尾部,停车。

5. 粗车 ϕ20mm 外圆和圆锥面

（1）把顶尖装入尾座的套筒，移动尾座使顶尖顶在零件的中心孔里，注意松紧适当，然后锁紧尾座（采用一夹一顶装夹）。

（2）使用 90°外圆粗车偏刀。

（3）与前面粗车 ϕ30mm 外圆的方法类似，粗车 ϕ20mm 外圆，留 0.5mm 精车余量。

6. 精车 ϕ20mm 外圆

（1）调节主轴转速和纵向走刀量，换精车车刀。

（2）精车 ϕ20mm 外圆至要求尺寸，从端面到圆锥面处的长度为 23mm。车削方法与粗车类似。

7. 切槽和倒角

（1）调节主轴转速，换用高速钢切槽刀，采用手动进给。

（2）移动大滑板 ϕ20mm 外圆处，保证 23mm 尺寸，摇动中滑板使车刀刚好在外圆面时，调节中滑板和大滑板的刻度盘使读数都为“0”位，摇动中滑板退出车刀。

（3）开启车床，切槽，使槽宽为 3mm，槽深为 1mm，停车，退回车刀到开始切槽的位置。

（4）测量槽的尺寸，车至图样要求的尺寸。

（5）调节主轴转速，换用 45°车刀，开启车床。

（6）手动倒角 $3\times C1$ 并去毛刺，停车。

8. 车削圆锥

（1）粗车外圆锥面

① 按圆锥大端直径（增加 1mm 余量）和圆锥长度，将圆锥部分先车成圆柱体。

② 根据公式 $\alpha/2\approx28.7°\times C=28.7\times(1/5)=5.74°$，小拖板应逆时针方向转动 5.74°将小滑板固定。

③ 移动中滑板、小拖板，使车刀刀尖与轴端的外圆面轻轻接触，然后将小滑板向后退出，中滑板刻度调至“0”位，作为粗车外圆锥面的起始位置。

④ 按刻度移动中滑板向前进给，并调整吃刀量。

⑤ 开动车床，双手交替转动小滑板手柄，手动进给速度保持均匀一致和不间断。当车至终端时，将中滑板退出，小滑板快速后退复位。

⑥ 反复步骤④，调整吃刀量，手动进给车削外圆锥面。

⑦ 用万能角度尺检测圆锥锥角，找正小滑板转角。

⑧ 找正小滑板转角后，粗车圆锥面，留精车余量 0.5～1mm。

（2）精车外圆锥面

小拖板转角调整准确后，精车外圆锥面，主要是提高工件的表面质量和控制外圆锥面的尺寸精度。具体操作如下：

使车刀刀尖轻轻接触工件圆锥小端外圆锥面，向后退出小滑板，使车刀沿轴向离开工件端面一个距离 a，调整前，应先消除小滑板丝杠间隙，如图 4-18 所示。然后移动床鞍，使车刀与工件端面接触。此时虽然没有移动中滑板，但车刀已经切入了一个所需的背吃刀量 a_p。

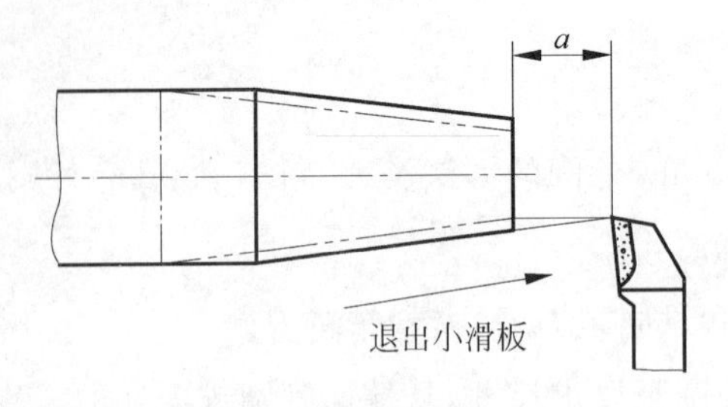

图 4-18 精车圆锥面

9. 工件检验

10. 上油、入库

【做】——进行圆锥轴的车削

按照表 4-5 的相关要求进行零件的加工。

表 4-5 圆锥轴零件车削过程记录卡

<table>
<tr><td colspan="2">一、车削过程
1. 圆锥轴的车削过程________________。
(1) 车削圆锥面　(2) 车削左半部分　(3) 切槽　(4) 车削右半部分
(5) 配料　(6) 工件检测
2. 车削圆锥的方法有(　　)。
A. 宽刃刀法　B. 转动小滑板法　C. 尾座偏移法　D. 靠模法</td></tr>
<tr><td>二、所需设备、工具和卡具</td><td>三、车削步骤</td></tr>
<tr><td colspan="2">四、注意事项
1. 在加工圆锥面时刀具的副偏角要足够大，否则会产生干涉。
2. 精车外圆锥面时，车刀必须锋利、耐磨，进给必须均匀、连续。</td></tr>
<tr><td colspan="2">五、车削过程分析</td></tr>
<tr><td>出现的问题：</td><td>原因与解决方案：</td></tr>
</table>

【评】——圆锥轴车削方案评价

根据表 4-5 中所记录的内容，对圆锥轴车削过程进行评价。圆锥轴车削过程评价表见表 4-6。

表 4-6　圆锥轴车削过程评价表

项目	内　　容		分值	评价方式			备　注
				自评	互评	师评	
车削方法	外圆	$\phi28_{-0.025}^{0}$ mm	5				严格按照车床的操作规程完成所有内容的车削
		$\phi30_{-0.025}^{0}$ mm	5				
		$\phi40_{-0.025}^{0}$ mm	5				
		$\phi20_{-0.025}^{0}$ mm	5				
	槽	3mm×1mm	5				
	长度	8mm	3				
		8mm	3				
		(58±0.1)mm	4				
		23mm	3				
		106mm	4				
	倒角	3×$C1$	3				
	圆锥	锥度 1∶5	15				
车削步骤	刀具选择是否正确		10				是否按要求进行规范操作
	车削过程是否正确		10				
职业素养	卡具维护和保养		5				按照 7S 管理要求规范现场
	工具定置管理		5				
	安全文明操作		10				
合　计			100				
综合评价							

【练】——综合训练

一、填空题

1. 车削圆锥时，车刀必须沿着与圆锥轴线相交成圆锥半角________的素线方向运动，才能车削出正确的圆锥。

2. 车削较短的圆锥时，可以用________直接车出，其工作原理实质上是成形法。

二、判断题

1. 转动小滑板法车削圆锥，只能手动进给，劳动强度大，工件表面粗糙度较难控制，只适用于单件、小批量生产。　（　　）

2. 车削圆锥时，车刀的刀尖必须严格对准工件的回转中心，否则车出的圆锥素线是双曲线。　（　　）

3. 当车削正外圆锥面时，即圆锥大端靠近主轴、小端靠近尾座方向，小滑板按应逆时针方向转动。　（　　）

4. 尾座偏移法车削圆锥，由于工件需用两顶尖装夹，因此不能车削整锥体，也不能车削圆锥孔。　（　　）

三、选择题

1. 属于尾座偏移的方法的是(　　)。

   A. 利用尾座刻度偏移

   B. 利用中滑板刻度偏移

   C. 利用百分表偏移

2. 属于靠模法车削圆锥的特点是(　　)。

   A. 调整锥度既方便又准确

   B. 中心孔接触良好,锥面质量高

   C. 可机动进给车削外圆锥和内圆锥

   D. 靠模装置的角度调节范围较小,一般在12°以下

四、简答题

1. 简述转动小滑板的方法和步骤。

2. 简述尾座偏移法车削锥面中偏移量的计算。

任务3　圆锥轴的检测与质量分析

(1) 认识圆锥类零件的检测方法。

(2) 掌握圆锥轴的检测方法及注意事项。

对圆锥轴零件进行质量检测分析,零件图样如图4-1所示。

【学】——圆锥类零件的检测方法

一、检测圆锥类零件常用的量具

外圆锥的检测项目主要指圆锥角度和尺寸精度的检测。常用万能角度尺、角度样板检测圆锥角度,采用正弦规或涂色法来评定圆锥尺寸精度。

1. 万能角度尺

(1) 结构特点

万能角度尺是一种结构简单的通用量具,可用来测量工件及样板的内、外角度,其结构如图4-19所示。

(2) 分度原理

万能角度尺的测量精度有5′和2′两种。下面以2′精度为例介绍万能角度尺的分度原理。

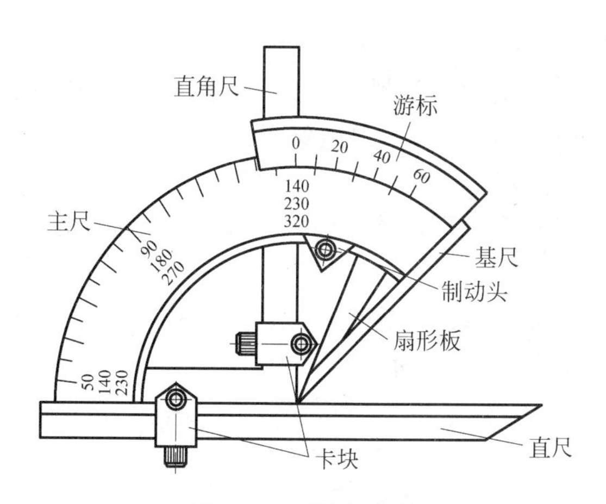

图 4-19 万能角度尺

万能角度尺尺身刻线每格 1°，游标刻线是将尺身上 29°所占弧长等分为 30 格，因此，游标 1 格与尺身 1 格相差 2′，即万能角度尺的测量精度为 2′，如图 4-20 所示。

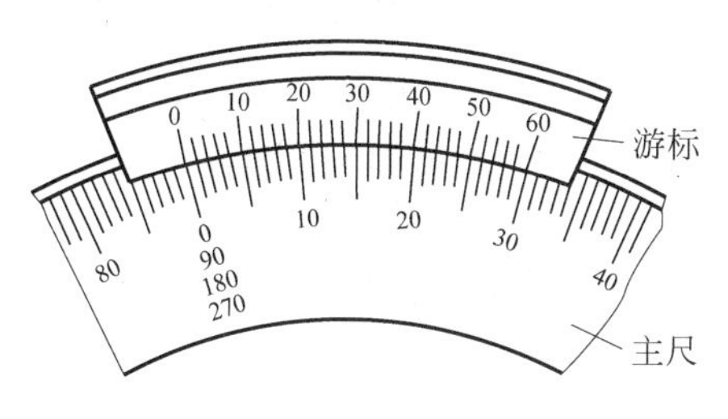

图 4-20 刻线原理

(3) 读数方法

万能角度尺的读数方法和游标卡尺相似，即先从尺身上读出游标零线指示的整度，再看游标上的第几条刻线与主尺刻线对齐，从而确定"分"的数值，然后两者相加，就是被测角度的数值。

例如，识读如图 4-21(a)所示数值。

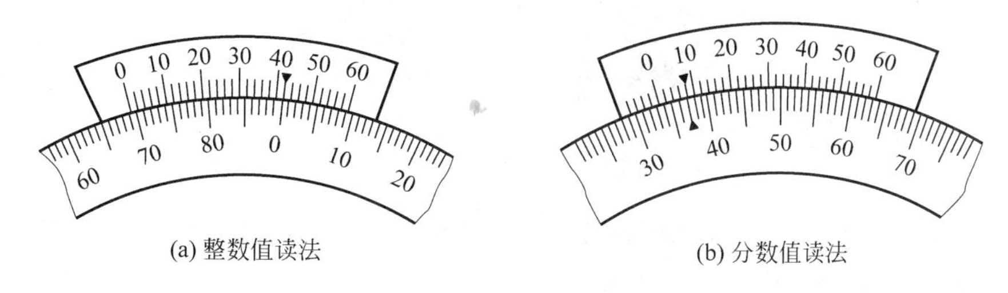

图 4-21 万能角度尺读数方法

第一步，游标零线在 69°后面，角度的整数为 69°。

第二步，游标刻线上 40 后面第一条刻线与主尺刻线对齐，即小数为 42′。

第三步，求和，69°+42′=69°42′，即为测量结果。

例如，识读如图 4-21(b)所示数值。

第一步，游标零线在34°后面，即角度的整数为34°。

第二步，游标刻线上10前面一条刻线与主尺刻线对齐，即角度小数为8′。

第三步，求和，34°+8′=34°8′，即为测量结果。

(4) 使用方法

由于万能角度的角尺和直尺可以移动和拆换，因此，万能角度尺可以测量0°～320°的任何角度。

将万能角度尺调整到要测量的角度，基尺通过工件中心靠在端面上，刀口尺靠在圆锥面素线上，用透光法检测，如图4-22所示。

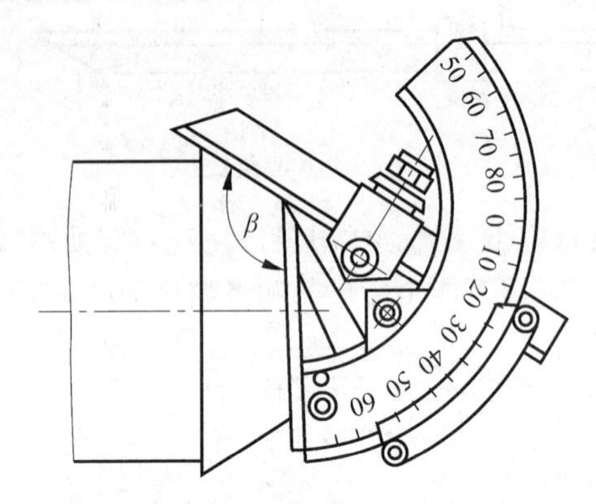

图4-22　万能角度尺检测锥角

2. 角度样板

角度样板如图4-23所示。角度样板属于专用量具，用于成批和大量生产的圆锥类零件的检测。

图4-23　角度样板

用角度样板检测，快捷方便，但精度较低，且不能测得具体的角度值。如图4-24所示，用角度样板检测锥齿轮毛坯角度的情况。

3. 正弦规

(1) 结构特点

正弦规是用于准确检验零件及量规角度和锥度的量具。正弦规是利用三角函数的正弦关系来度量的，故称正弦规或正弦尺、正弦台。

正弦规由制造精度很高的主体和两个圆柱体组成，四周可以装有挡板(使用时只装互

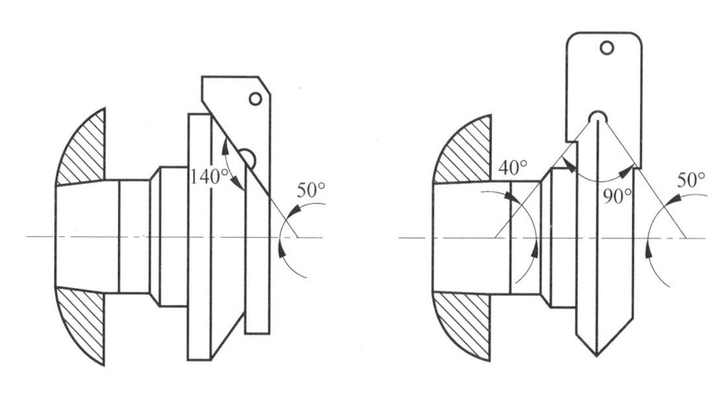

图 4-24　用角度样板检测锥齿轮毛坯的角度

相垂直的两块)，测量时作为放置零件的定位板，如图 4-25 所示，基本尺寸见表 4-7。

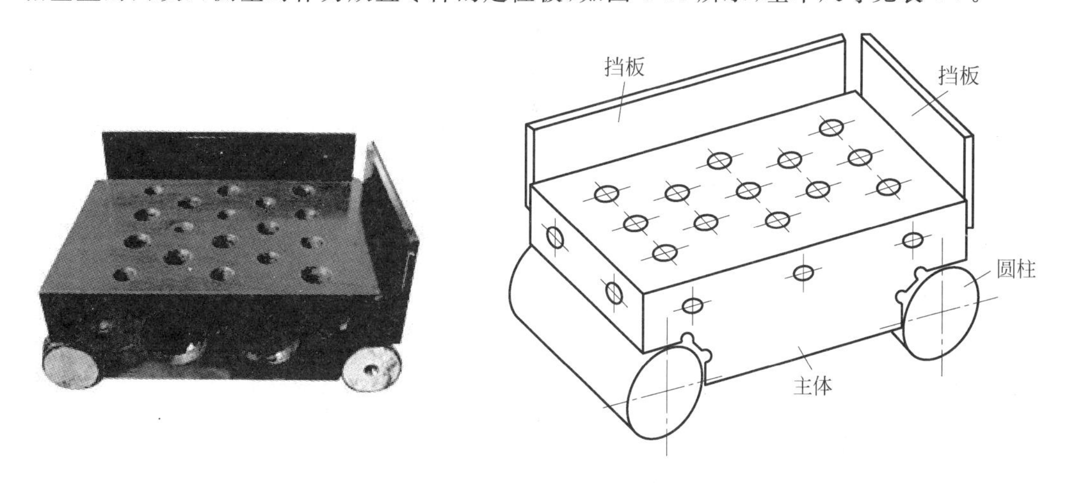

图 4-25　正弦规的结构

表 4-7　正弦规的基本尺寸

形　式	精度等级	主要尺寸/mm			
		L	B	d	H
窄型	0 级	100	25	20	30
	1 级	200	40	30	55
宽型	0 级	100	80	20	40
	1 级	200	80	30	55

(2) 使用方法

用正弦规测量圆锥量规锥角的示意图如图 4-26 所示。用正弦规测量零件的角度时，先把正弦规放在精密平台上，被测零件(如圆锥塞规)放在正弦规的工作平面上，被测零件的定位面平靠在正弦规的挡板上(例如，将圆锥塞规的前端面靠在正弦规的前挡板上)。在正弦规的一个圆柱下面垫入量块，用百分表检查零件全长的高度，调整量块尺寸，使百分表在零件全长上的读数相同。此时，就可应用直角三角形的正弦公式，算出零件的角度。

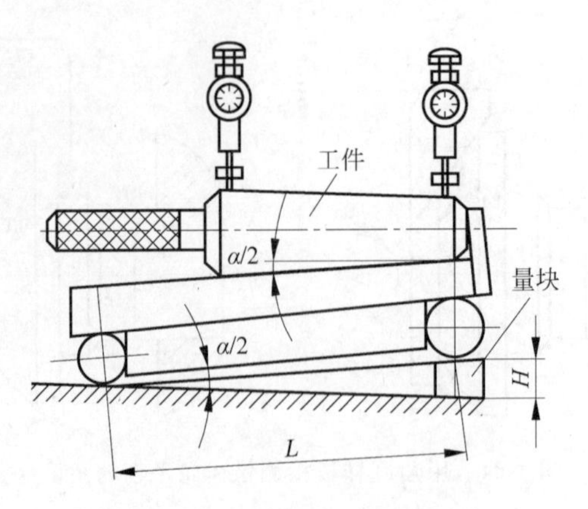

图 4-26 正弦规的使用方法

使用正弦规测量时，圆锥半角 $\alpha/2$ 与量块组高度 H 的关系为

$$H = L\sin(\alpha/2) \quad 或 \quad \sin(\alpha/2) = H/L$$

式中：L——正弦规中心距，mm。

正弦规的中心距 L 为标准值，有 100mm、200mm 两种。

用正弦规测量小锥度（$\alpha/2<3°$）的外圆锥，可以达到很高的测量精度。

4. 圆锥套规

标准圆锥或配合精度要求较高的外圆锥工件，可使用圆锥套规检测。

圆锥套规是一种常用的检测工具，如图 4-27 所示。套规与锥体结合时，一般对锥度的要求比较高。

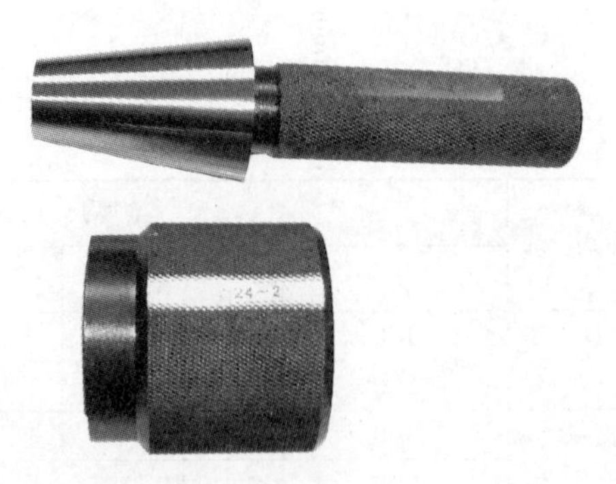

图 4-27 圆锥套规

(1) 圆锥套规的分类

莫氏锥度量规包括莫氏圆锥塞规和莫氏圆锥套规。普通精度莫氏圆锥量规，适用于检查工具圆锥孔及圆锥柄的正确性。高精度莫氏圆锥量规适用于机床和精密仪器等的主轴与孔的锥度检查。莫氏圆锥量规一般选用合金钢，工作面均经过精研。塞规表面粗糙度 Ra 值为 0.2μm，套规表面粗糙度 Ra 值为 0.4μm。

莫氏圆锥量规均经冷处理，稳定性好，并能满足机床制造业中莫氏圆锥互换的要求。莫氏圆锥量规分为 0、1、2、3、4、5、6 共 7 种规格。形式分为带扁尾和无扁尾两种。

（2）圆锥套规的使用

标准圆锥或配合精度要求较高的外圆锥工件，可使用圆锥套规检测。被检测工件的外圆锥表面粗糙度 Ra 值应小于 3.2μm，且无毛刺。检测时要求工件与套规表面清洁，具体方法如下：

① 在工件表面，顺着圆锥素线薄而均匀地涂上周向均匀分布的三条显示剂，如图 4-28 所示。

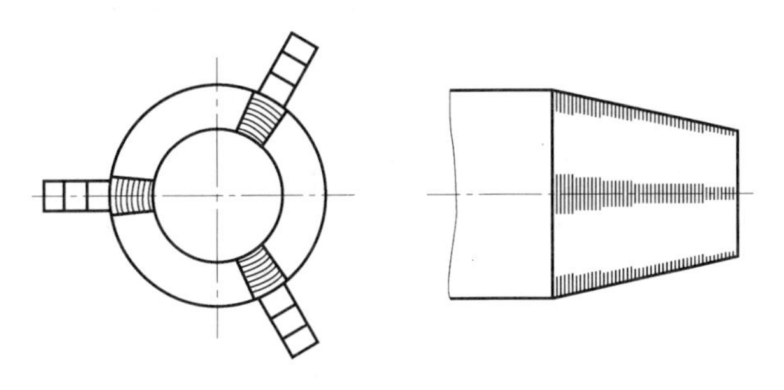

图 4-28　涂色法

② 将圆锥套规轻轻套在工件上，稍微施加轴向推力，并将套规转动 1/3 圈，如图 4-29 所示。

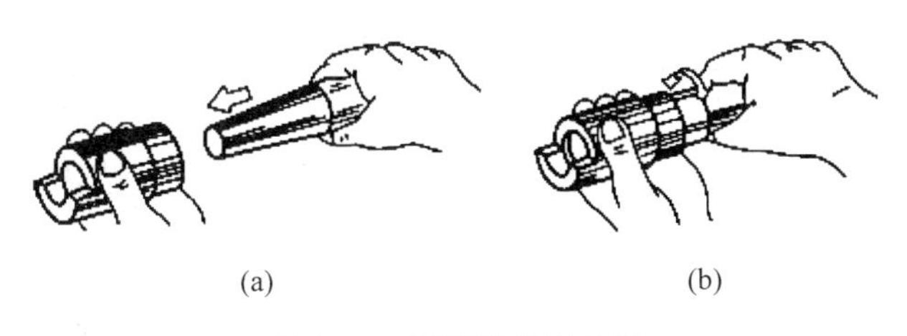

图 4-29　用套规检测圆锥

③ 取下套规，观察工件表面显示剂被擦去的情况。若三条显示剂全场擦痕均匀，表明圆锥接触良好，锥度正确，如图 4-30 所示。

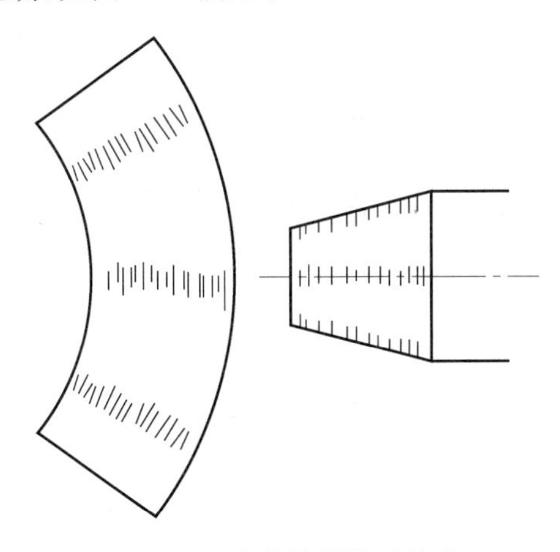

图 4-30　合格的圆锥面展示

如圆锥大端显示剂被擦去，小端未被擦去，说明圆锥角大了。反之，若小端被擦去，大端未被擦去，则说明圆锥角小了。

二、圆锥类零件的质量分析

车削圆锥类零件时，可能会产生废品，不同车削方法所产生废品的原因及预防措施见表 4-8 和表 4-9。

表 4-8 圆锥类零件不同车削方法所产生废品的原因及预防措施

<table>
<tr><th>种类</th><th>车削方法</th><th>产生原因</th><th>预防措施</th></tr>
<tr><td rowspan="10">锥度不正确</td><td rowspan="3">转动小滑</td><td>小滑板调整角度不当</td><td>仔细计算小滑板转动角度、方向，反复试车校正</td></tr>
<tr><td>车刀没有固定</td><td>紧固车刀</td></tr>
<tr><td>小滑板移动时不均匀</td><td>调整镶条间隙，使小滑板移动均匀</td></tr>
<tr><td rowspan="2">尾座偏移</td><td>尾座移动位置不正确</td><td>重新计算和调整尾座偏移量</td></tr>
<tr><td>工件长度不一致</td><td>调整使各工件两端中心孔间距离一致</td></tr>
<tr><td rowspan="3">宽刃刀法</td><td>装刀不正确</td><td>调整切削刃的角度和对准中心</td></tr>
<tr><td>切削刃不直</td><td>修磨切削刃的直线度</td></tr>
<tr><td>刃倾角不合适</td><td>重磨刃倾角</td></tr>
<tr><td rowspan="2">铰内圆锥</td><td>铰刀的锥度不正确</td><td>修磨铰刀</td></tr>
<tr><td>铰刀轴线与主轴轴线不重合</td><td>用百分表和试棒调整尾座套筒的轴线</td></tr>
</table>

表 4-9 车削圆锥类零件产生废品的原因及预防措施

<table>
<tr><th>种 类</th><th>产 生 原 因</th><th>预 防 措 施</th></tr>
<tr><td rowspan="2">大小端尺寸不正确</td><td>未经常测量大小端直径</td><td>经常测量大小端直径</td></tr>
<tr><td>控制刀具进给错误</td><td>及时测量，用计算法控制背吃刀量</td></tr>
<tr><td rowspan="2">双曲线误差</td><td>车刀刀尖未对准工件轴线</td><td>车刀刀尖必须严格对准工件轴线</td></tr>
<tr><td>圆锥套规检测时，外圆锥中间未接触，内圆锥两端未接触</td><td>车刀中途刃磨后再装刀，必须调整垫片厚度，重新对中心</td></tr>
<tr><td rowspan="5">表面粗糙度达不到要求</td><td>切削用量选择不当</td><td>正确选择切削用量</td></tr>
<tr><td>手动进给忽快忽慢</td><td>手动进给要均匀，快慢一致</td></tr>
<tr><td>车刀角度不正确，刀尖不锋利</td><td>刃磨车刀，角度要正确，刀尖要锋利</td></tr>
<tr><td>小滑板镶条间隙不当</td><td>调整下滑板镶条间隙</td></tr>
<tr><td>精车或铰削余量不足</td><td>要留有适当的精车或铰削余量</td></tr>
</table>

【教】——圆锥轴的检测过程

一、基本原理

1. 检测方法

根据圆锥轴图 4-1 所示，对每一项尺寸进行三次测量，然后求取平均值，将最终检测结果记入表 4-10。

2. 量具选择

0～150mm 游标卡尺、0～25mm 千分尺、25～50mm 千分尺、杠杆百分表及表座、万能角度尺。

二、检测流程

量取尺寸→记录数值→求平均值→结果填表。

表 4-10 圆锥轴检测结果

尺寸代号	实际检测值			平均值	是否合格
	1	2	3		
$\phi 28_{-0.025}^{\ 0}$ mm					
$\phi 30_{-0.025}^{\ 0}$ mm					
$\phi 40_{-0.025}^{\ 0}$ mm					
$\phi 20_{-0.025}^{\ 0}$ mm					
3mm×1mm					
8mm					
8mm					
(58±0.1)mm					
23mm					
106mm					
锥度 1∶5					
不合格的原因及解决措施					

【做】——进行圆锥轴的检测

按照表 4-11 的相关要求进行零件的检测。

表 4-11 圆锥轴零件检测过程记录卡

一、车削过程 1. 圆锥轴的检测过程________。 (1) 记录数值 (2) 量取尺寸 (3) 求平均值 (4) 结果填表 2. 外圆锥的检测量具有________、________、________、________。(万能角度尺、角度样板、正弦规、圆锥套规、圆锥塞规)	
二、所需设备、工具和卡具	三、检测步骤

续表

四、注意事项

1. 粗测圆锥尺寸时，一般使用千分尺测量。测量时，千分尺的测微螺杆应与工件轴线垂直，测量位置必须在圆锥体的最大端处或最小端处。

2. 用圆锥套规检测，在圆锥套规上，根据工件的直径尺寸和公差，在小端处开一个轴向距离的缺口，表示通端与止端。检测时，锥体的小端平面在缺口之间，说明小端直径尺寸合格；若锥体未能进入缺口，说明小端直径大了；若锥体小端平面超过了止端，说明其小端直径小了。

五、检测过程分析

出现的问题：	原因与解决方案：

【评】——圆锥轴检测方案评价

根据表 4-11 中记录的内容，对圆锥轴检测过程进行评价。圆锥轴检测过程评价表见表 4-12。

表 4-12　圆锥轴检测过程评价表

项目	内　　容		分值	评价方式			备　　注
				自评	互评	师评	
检测方法	外圆尺寸	$\phi 28_{-0.025}^{\ 0}$ mm	5				严格按照所需量具的操作规程完成圆锥轴的检测任务
		$\phi 30_{-0.025}^{\ 0}$ mm	5				
		$\phi 40_{-0.025}^{\ 0}$ mm	5				
		$\phi 20_{-0.025}^{\ 0}$ mm	5				
	槽宽	3mm×1mm	5				
	长度尺寸	8mm	2				
		8mm	3				
		(58±0.1)mm	8				
		23mm	3				
		106mm	6				
	倒角	3×$C1$	3				
	锥度	1∶5	10				
检测步骤	量具选择是否正确		10				是否按要求进行规范操作
	检测过程是否正确		10				
职业素养	量具维护和保养		5				按照 7S 管理要求规范现场
	工具定置管理		5				
	安全文明操作		10				
合　计			100				
综合评价							

【练】——综合训练

一、填空题

1. 外圆锥的检测项目主要指________和________的检测。常用万能角度尺、角度样板检测________，采用正弦规或涂色法来评定圆锥________精度。

2. 万能角度尺可以测量________的任何角度。

3. ________是利用三角函数的正弦关系来度量的，也称为正弦尺或正弦台。

二、判断题

1. 万能角度尺的测量精度有5′和2′两种。 ( )

2. 万能角度尺的读数方法和游标卡尺相似。 ( )

3. 角度样板属于专用量具，用于成批和大量生产的圆锥类零件的检测。 ( )

4. 正弦规是用于准确检验零件及量规角度和锥度的量具。 ( )

5. 使用内径千分尺，当接近被测尺寸时，不要拧微分筒，应当拧棘轮。 ( )

6. 内径千分尺外，每根接长杆上都注有公称尺寸和编号，可按需要选用。 ( )

三、选择题

1. 角度样板的特点是( )。

A. 快捷方便　　B. 精度较低

C. 不能测得具体的角度值　　D. 以上都是

2. 莫氏圆锥量规分为( )种规格。

A. 6　　B. 7　　C. 5　　D. 4

3. ( )是表面粗糙度达不到要求的原因。

A. 切削用量选择不当

B. 手动进给忽快忽慢

C. 精车或铰削余量不足

D. 小滑板镶条间隙不当

E. 车刀角度不正确，刀尖不锋利

四、简答题

1. 怎样使用万能角度尺？

2. 车削圆锥轴类零件时，大小端尺寸不正确的原因是什么？如何预防？

3. 车削圆锥轴类零件时，锥度不正确的原因是什么？如何预防？

项目5

车削成形面和表面修饰

教学目标

(1) 能了解成形面和滚花类零件的作用、分类及特点。

(2) 能掌握车削成形面和滚花的方法。

(3) 能掌握成形面和滚花的检测与质量分析。

典型任务

对某企业单球滚花手柄进行加工，零件图样如图 5-1 所示。

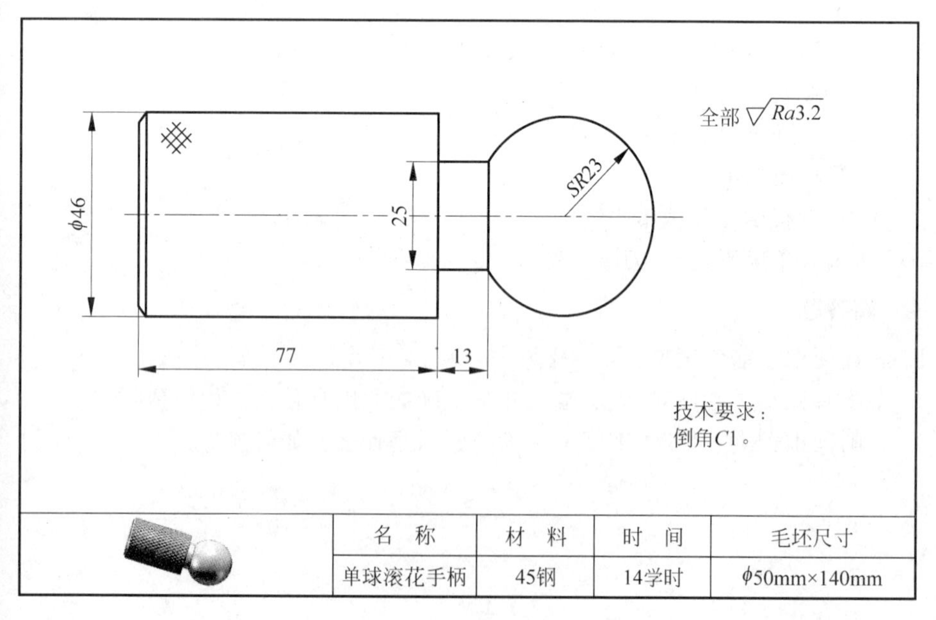

图 5-1　单球滚花手柄

任务1 成形类和滚花类零件简介

学习目标

（1）认识成形类和滚花类零件。

（2）掌握成形类和滚花类零件的应用、分类、特点。

相关知识

一、成形面与滚花类零件

1. 定义

（1）成形面

在机床和工具中，有些零件表面的轴向剖面成曲线形，如手柄、圆球等，具有这些特征的表面称为成形面。

（2）滚花

为增加摩擦力并使零件美观，用特定的成形刀具在零件表面挤压出各种不同的花纹，称为滚花。

2. 作用

成形面与滚花类零件的主要作用是设计和使用方面的需要，增加零件表面的摩擦力并使零件美观。

二、成形面与滚花类零件的类型

1. 成形面的类型

根据成形面的设计使用与结构的不同，成形面有圆球和椭圆两种。

（1）圆球类

圆球类成形面是其表面素线为圆球形，如图 5-2 所示。

(a) 圆球套手柄

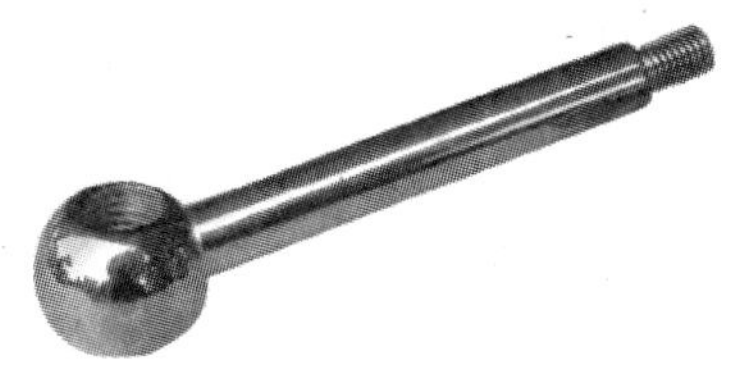
(b) 单球手柄

(c) 三球手柄

图 5-2 圆球类成形面

(2) 椭圆类

椭圆类成形面是其表面素线为椭圆形,如图 5-3 所示。

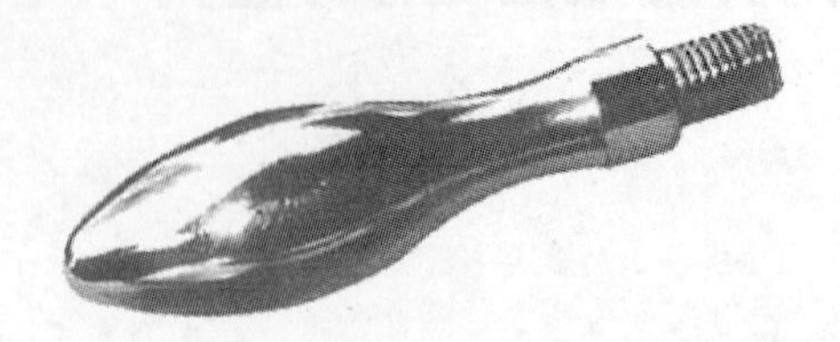

(a) 椭圆手柄

(b) 椭圆套手柄

图 5-3　椭圆类成形面

2. 滚花类零件的类型

根据滚花花纹的不同,滚花类零件分为直纹和网纹两类。

(1) 直纹

工件表面所挤压的花纹呈直线分布,如图 5-4(a)所示。

(2) 网纹

工件表面所挤压的花纹以网格分布,如图 5-4(b)所示。

(a) 直纹滚花

(b) 网纹滚花

图 5-4　滚花类零件的类型

三、成形面与滚花类零件的组成与作用

成形面与滚花类零件一般由滚花外圆、沟槽、成形面组成,如图 5-5 所示的单球手柄。

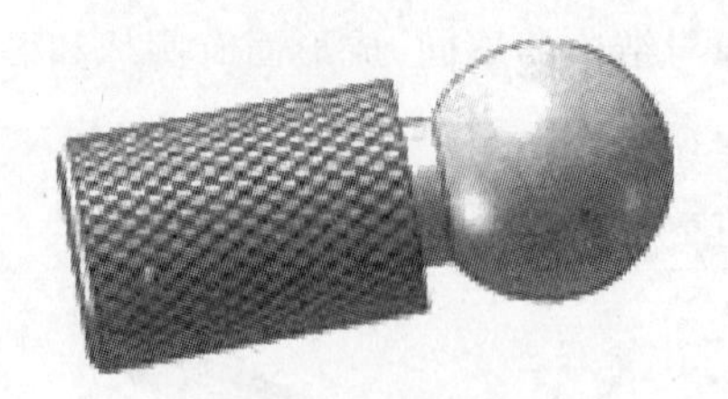

图 5-5　单球手柄

1. 滚花外圆

滚花外圆起到美观、修饰和增加表面摩擦力的作用。

2. 沟槽

沟槽保证定位或使车削圆球时方便,并可使工件在装配时有一个正确的位置。

3. 圆球

圆球主要满足设计与制造的需要,如车床中滑板手柄、照明灯转向底座。

4. 倒角

倒角的作用一方面是防止工件锋利的边缘划伤工人,另一方面是使工件便于安装。

一、填空题

1. 为增加摩擦力并使零件美观,用特定的成形刀具在零件表面挤压出各种不同的花纹,称为________。

2. 在机床和工具中,有些零件表面的轴向剖面成曲线形,如手柄、圆球等,具有这些特征的表面称为______________。

二、判断题

1. 成形面与滚花类零件的主要作用是设计和使用方面的需要,增加零件表面的摩擦力并使零件美观。 ( )

2. 圆球类成形面是其表面素线为圆球形。 ( )

三、选择题

1. 根据成形面的设计使用与结构的不同,成形面有( )种。

A. 2 B. 3 C. 4 D. 6

2. 根据滚花花纹的不同,滚花类零件分为( )和( )两类。

A. 网纹 B. 直纹 C. 圆球 D. 椭圆

四、简答题

(1) 成形面有哪些类型?

(2) 组成成形面与滚花类零件各部分的作用是什么?

任务2 成形面与滚花类零件的车削

(1) 认识成形面与滚花类零件的车削方法。

(2) 掌握单球滚花手柄的车削方法及注意事项。

对某企业单球滚花手柄进行车削加工,零件图样如图5-1所示。

【学】——成形面与滚花类零件的车削方法

一、加工成形面常用刀具

1. 圆头车刀

在双手控制法车削成形面时，为了使每次接刀过渡圆滑，应采用主切削刃为圆头的车刀，如图 5-6 所示。

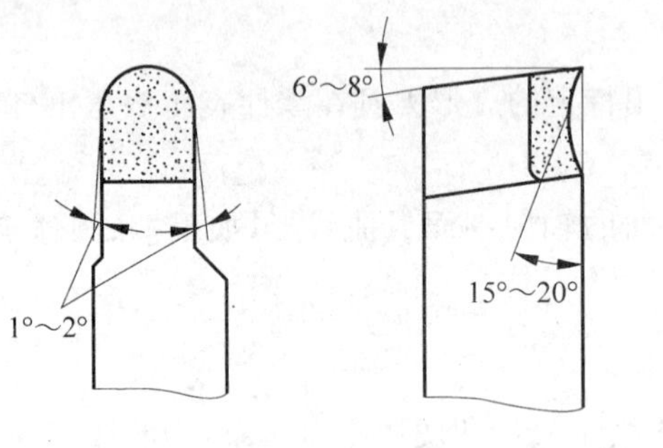

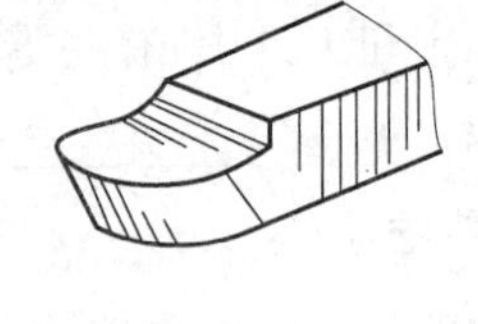

图 5-6 圆头车刀

2. 成形车刀

(1) 径向成形车刀

径向成形车刀按刀体形状和结构不同，分为 3 种。

① 平体成形车刀。平体成形车刀如图 5-7(a)所示，除切削刃有一定的形状要求外，其结构和普通车刀相同。平体成形车刀只用来加工外成形表面，且重磨次数不多。

② 棱体成形车刀。棱体成形车刀如图 5-7(b)所示，呈棱柱体，只能用来加工外成形表面，比平体成形车刀的可重磨次数多，且刀具刚度较大。

③ 圆体成形车刀。圆体成形车刀如图 5-7(c)所示，呈回转体，重磨前刀面，重磨次数多，且可被用来加工内、外成形表面。它制造方便，因此在生产中的应用较多。

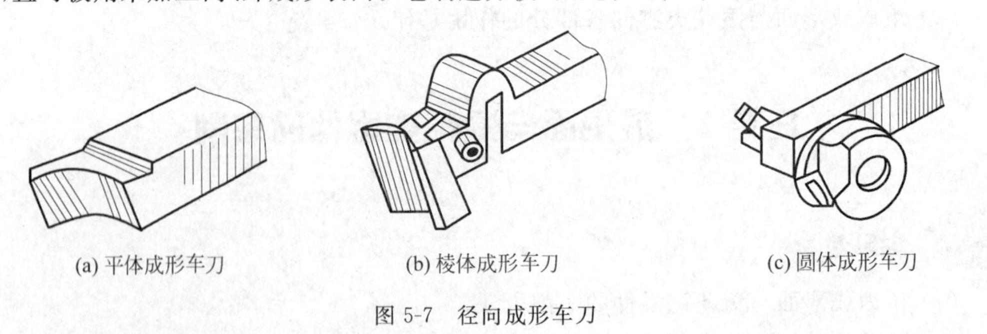

(a) 平体成形车刀　(b) 棱体成形车刀　(c) 圆体成形车刀

图 5-7 径向成形车刀

(2) 切向成形车刀

切向成形车刀如图 5-8 所示。工作时，切削刃沿工件已加工表面的切线方向切入。由于切削刃具有偏角，因此刀刃逐渐切入和切出，始终只有一部分切削刃在工作，切削力较小，且因切削刃行程长，而导致生产效率低。切向成形车刀主要用于轮廓深度不大、细长和刚度小的工件。

(3) 轴向成形车刀

轴向成形车刀如图 5-9 所示，用以加工端面成形表面，工件回转，成形车刀做轴向进给运动。

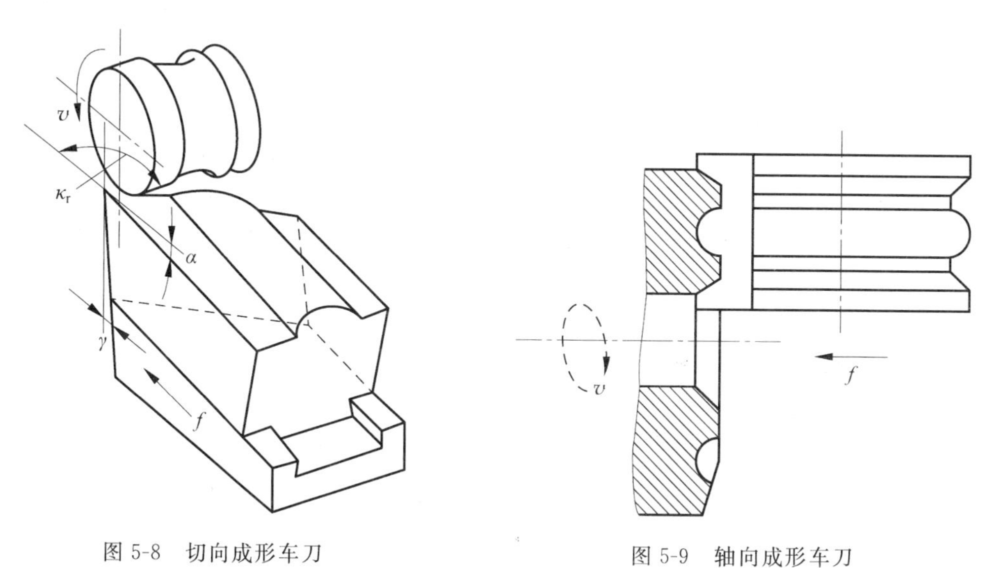

图 5-8　切向成形车刀　　图 5-9　轴向成形车刀

二、滚花常用刀具

1. 滚花刀分类

滚花时所用刀具为滚花刀。滚花刀一般有单轮、双轮和六轮 3 种。

(1) 单轮滚花刀

单轮滚花刀如图 5-10(a)所示，由直纹滚轮和刀柄组成，用来滚直纹。

(2) 双轮滚花刀

双轮滚花刀如图 5-10(b)所示，由两只旋向不同的滚轮、浮动连接头及刀柄组成，用来滚网纹。

(3) 六轮滚花刀

六轮滚花刀如图 5-10(c)所示，由 4 对不同模数的滚轮，通过浮动连接头与刀柄组成一体，可以根据设计需要滚出 3 种不同模数的网纹。

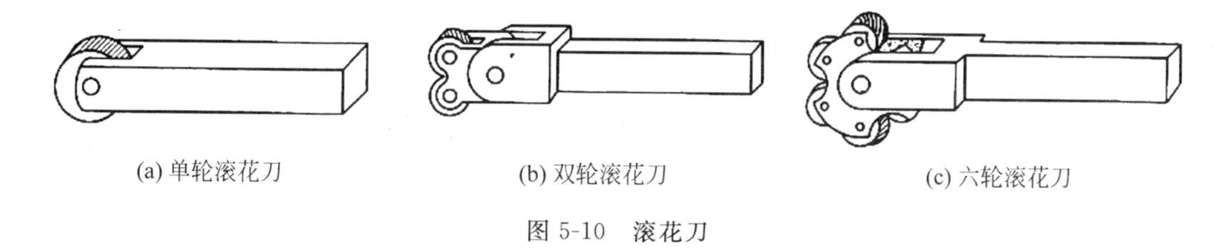

(a) 单轮滚花刀　(b) 双轮滚花刀　(c) 六轮滚花刀

图 5-10　滚花刀

2. 滚花刀的规格

滚花刀的规格见表 5-1。

表 5-1 滚花刀的规格 mm

模数	h	r	节距 $p=\pi m$
0.2	0.132	0.06	0.628
0.3	0.198	0.09	0.942
0.4	0.264	0.12	1.256
0.5	0.326	0.16	1.571

注：表中 $p=\pi m\approx 3.14m$，$h=0.785m-0.414r$，滚花后工件的直径大于滚花前直径，其值 $\Delta=(0.8\sim1.6)m$。

三、成形面的车削方法

1. 双手控制法

双手控制法就是用左手控制中滑板手柄，右手控制小滑板手柄，使车刀运动为纵、横进给的合成运动，使车刀的进给轨迹与成形面相似，从而车出成形面，如图 5-11 所示。

用双手控制法车削成形面，难度较大，生产效率低，表面质量差，精度低，所以只适用于精度要求不高、数量较少或单件产品的生产。

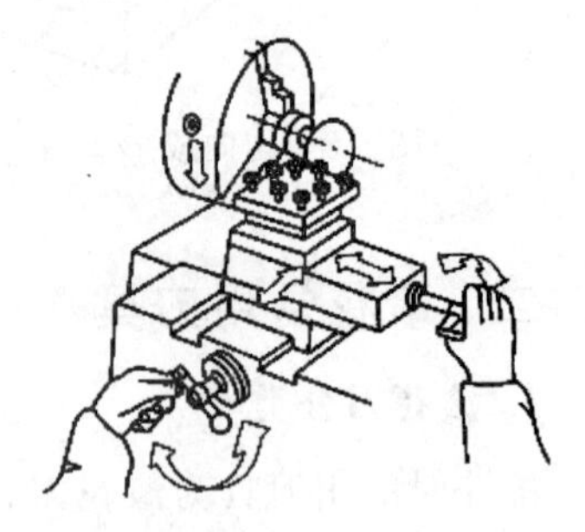

图 5-11 双手控制法车削成形面

2. 成形法

成形法是用成形车刀对工件进行加工的方法。切削刃的形状与工件成形表面轮廓的形状相同的车刀称为成形刀，又称为样板刀。数量较多、轴向尺寸较小的成形面可用成形法车削。具体要求如下：

(1) 车床要有足够的刚度，车床各部分的间隙要调整得较小。

(2) 成形车刀的角度要选择恰当。成形车刀的后角一般选得较小（$\alpha_0=2°\sim5°$）刃倾角宜取 $\lambda_s=0°$。

(3) 成形车刀的刃口要对准工件的轴线，装高容易扎刀，装低会引起振动。必要时，可以将成形车刀反装，采用反切法进行车削。

(4) 为降低成形车刀切削刃的磨损，减小切削力，最好先用双手控制法把成形面粗车成形，然后用成形车刀进行精车。

(5) 应采用较小的切削速度和进给量，合理选用切削液。

3. 仿形法

按照刀具仿形装置进给对工件进行加工的方法称为仿形法。仿形法车成形面是一种加工质量好、生产率高的先进车削方法，特别适合质量要求较高、批量较大的生产。

(1) 尾座靠模仿形法

把一个标准样件装在尾座套筒内，在刀架上装上一把长刀夹，长刀夹上装有圆头车刀和靠模杆。车削时,用双手操纵中滑板、小滑板,使靠模杆始终贴在标准样件上,并沿着标准样件的表面移动,圆头车刀就在工件上车出与标准样件相同的成形面,如图 5-12 所示。这种方法在一般车床上都能使用,但操作不太方便。

(2) 靠模板仿形法

在车床上用靠模板仿形法车削成形面,实际上与车削圆锥用的仿形法基本相同。只需把锥度靠模板换上一个带有曲线槽的靠模板,并将滑块改为滚柱即可,其加工原理如图 5-13 所示,在床身的后面装上支架和靠模板,滚柱通过拉杆与中滑板连接。当床鞍做纵向运动时,滚柱在靠模板的曲线槽中移动,使车刀刀尖作相应的曲线运动,这样也可车削出成形面工件。与仿形法车削圆锥类似,中滑板的丝杠应抽出,并将小滑板转 90°以代替中滑板进给。这种方法操作方便,生产率高,成形面形状准确,质量稳定,但只能加工成形面形状变化不大的工件。

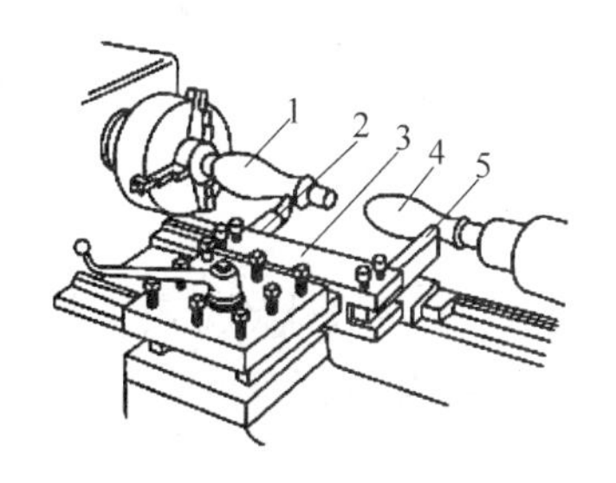

图 5-12 尾座靠模仿形法

1—工件;2—圆头车刀;3—长刀架;4—标准样件;5—靠模杆

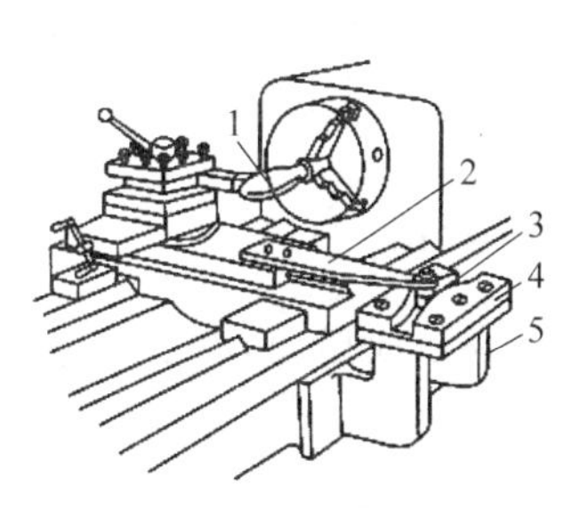

图 5-13 靠模板仿形法

1—工件;2—拉杆;3—滚柱;4—靠模板;5—支架

四、滚花的方法

滚花是用滚花刀来挤压工件,使其表面产生塑性变形而形成花纹,所以滚花时产生的径向压力很大。因此装夹工件时,在不影响滚花加工的情况下,工件伸出长度应尽可能短一些,并要求装夹牢固。具体要求如下:

(1) 由于滚花时工件表面产生塑性变形,所以在车削滚花外圆时,应根据工件材料的性质和滚花节距,将滚花部分的外圆车小 0.2~0.5mm。

(2) 薄壁套类零件外表面要滚花时,应先滚花后钻孔和车内孔。

(3) 安装滚花刀时,滚花刀的装刀中心应与工件轴线等高。滚轮外圆与工件外圆平行,或顺时针旋转与工件外圆相交成一个 3°~5°的夹角,如图 5-14 所示,这样滚花刀就容易切入工件表面。

(4) 为了减小开始时的径向压力,可用滚花刀宽度的 1/2 或 1/3 进行挤压,以较大的的力使轮齿切入工件,然后挂上自动进给切削。

(5) 滚花时,应选择较低的切削速度,一般为 5~15m/min。纵向进给量可选择大些,一般为 0.3~0.6mm/r。

(6) 滚花时,应充分浇注切削液以润滑滚轮和防止滚轮发热损坏,并经常清除滚压产

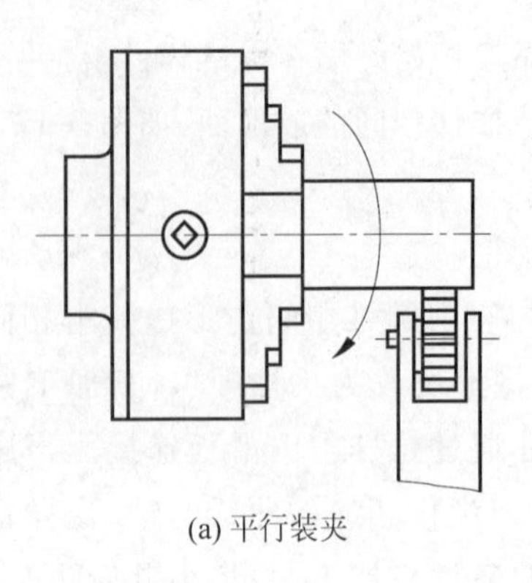

(a) 平行装夹

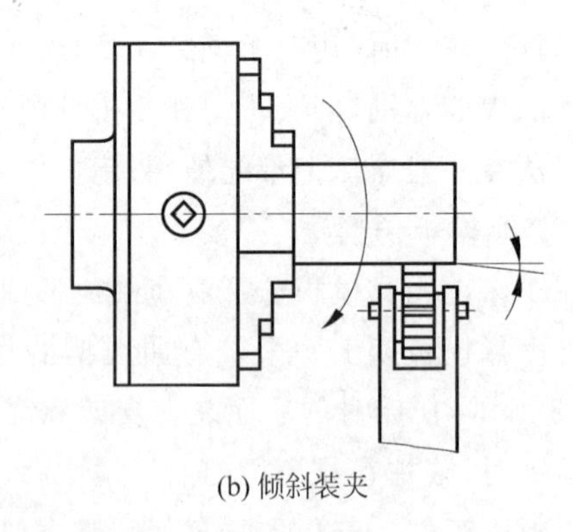

(b) 倾斜装夹

图 5-14 滚花刀的安装

生的切屑。

(7) 滚花时出现工件移位现象难以完全避免，所以车削带有滚花表面的工件时，滚花应安排在粗车后、精车前进行。

五、表面抛光

双手控制法车削成形面，由于采用手动进给，成形面往往不够均匀，使工件表面留下高低不平的车削痕迹，必须采用表面抛光的方法来达到所要求的表面粗糙度。

1. 用锉刀修整形面

一般选用平锉和半圆锉，沿着圆弧面锉削。在车床上锉削应采用左手握锉刀柄，右手扶住锉刀的前端进行锉削，如图 5-15 所示。

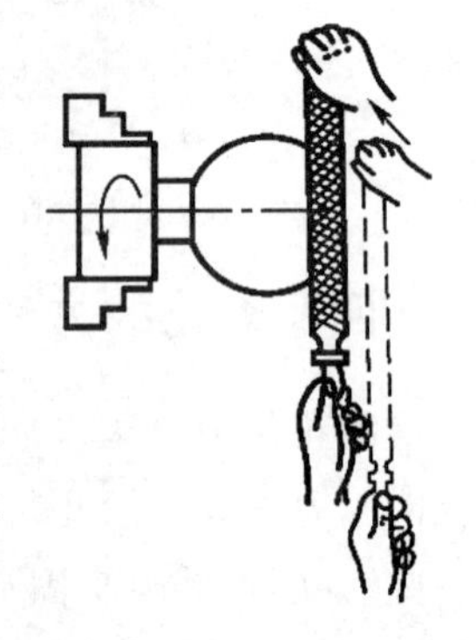

图 5-15 握锉刀的方法

锉刀向前推出时加压力，压力要均匀一致，并适当做纵向移动，避免把工件锉扁或呈节状。返回时不加压力，锉刀的工作长度要长一些，推锉时速度稍慢，一般控制在30 次/min 左右。具体要求如下：

(1) 锉削时主轴转速不宜太高，防止转速过高而加速锉刀磨钝，缩短锉刀使用寿命。一般切削速度取 15～20m/min。

(2) 锉削余量不宜过多，一般为 0.1～0.2m/min。

(3) 为防止锉屑嵌入锉齿而拉毛工件表面。锉削前应在锉刀上涂粉笔，锉削一段时间后，用钢丝刷子顺着锉刀齿纹将锉屑刷去。

(4) 为防止锉屑嵌入机床导轨，锉削前应在导轨上垫木板或硬纸。

2. 用砂布抛光成形面

用锉刀修整后的表面往往留有锉削痕迹，须用砂布抛光的方法去除，用砂布抛光有两种操作方法。一种是将砂布垫在锉刀下面，用类似锉削的方法进行抛光，如图 5-16(a)所示。另一种是用双手捏住砂布的两端，在成形面上抛光，如图 5-16(b)所示。

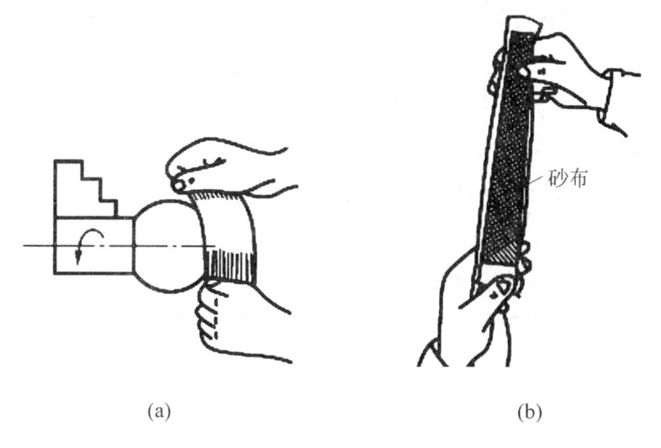

图 5-16 表面抛光的方法

【教】——单球滚花手柄的车削过程

一、任务分析

车削单球滚花手柄，如图 5-1 所示。

1. 确定工件毛坯

工件毛坯为 45 钢，规格为 ϕ50mm×140mm。

2. 确定工艺流程卡

配料→车削端面→粗车、精车 ϕ46mm 外圆→滚花→调头→切槽→车圆球→检验入库。

3. 确定车刀

90°硬质合金右偏刀 1 把、45°硬质合金车刀 1 把、高速钢切槽刀 1 把、滚花刀 1 把、圆头车刀 1 把。

二、加工工艺流程

1. 配料

(1) 检查坯料材料、直径和长度是否符合各料要求。

(2) 检查车床的各个手柄是否复位。

(3) 开启电源开关。

(4) 装夹毛坯。

(5) 安装 90°硬质合金右偏刀、45°硬质合金车刀、滚花刀、切槽刀。

2. 车端面

(1) 转速调到 800r/min 左右，自动走刀量为 0.15mm/r，起动车床。

(2) 用 45°车刀车端面，采用手动进给，直到端面车平为止。

(3) 停车。

3. 粗车、精车 ϕ46mm 外圆(滚花外圆)

(1) 起动车床。

(2) 使用 90°右偏刀粗车。

(3) 摇动床鞍使 90°右偏刀到零件的端面处。

(4) 摇动中滑板使 90°右偏刀刚好车削到零件表面,床鞍、中滑板的刻度调置“0”位,再摇动床鞍退回车刀,不能移动中滑板。

(5) 摇动中滑板的手柄使背吃刀量为 1mm,然后起动自动纵向走刀,车削长度约为 80mm,横向退出车刀,再纵向退回车刀与零件端面齐平,第一次粗车完毕。

(6) 摇动中滑板手柄使背吃刀量为 1mm,再摇动床鞍,车削的长度约为 3mm,退回车刀,不移动中滑板。

(7) 停车。

(8) 测量刚车的 3mm 长的外圆外径,数值减去 46mm 后除以 2,所得的数值就是背吃刀量,摇动中滑板的手柄进给中滑板确定背吃刀量。

(9) 起动车床,起动自动纵向走刀,车削长度约为 80mm,横向退出车刀,再纵向退回车刀离开零件。这样就车出 ϕ46mm 外圆。

(10) 换 45°车刀倒角,停车。

4. 滚花

(1) 转速调到 800r/min 左右,自动走刀量为 0.25mm/r,起动车床。

(2) 摇动床鞍和中滑板手柄,使滚花刀接触工件外圆表面。

(3) 摇动中滑板手柄,使滚花刀压入工件。

(4) 停车,观察滚花的情况(根据情况调整压力)。

(5) 起动车床,起动自动纵向走刀,开始滚花。

(6) 浇注切削液润滑滚花刀滚轮,并及时清除滚压产生的切屑。

(7) 退出滚花刀,停车。

5. 车端面、控制总长

(1) 零件调头,夹持 ϕ46mm 外圆,伸出长度为 50mm 左右。

(2) 校正工件,并夹紧。

(3) 转速调到 800r/min 左右,起动车床。

(4) 用 45°车刀车端面,采用手动进给。

(5) 移动床鞍使车刀与零件端面齐平,把床鞍、中滑板上的刻度调到“0”位。

(6) 进给中滑板,把端面车平后移动中滑板退出车刀,不能移动床鞍。

(7) 停车,量出零件的长度,保证总长。

(8) 起动车床,手动或自动进给中滑板车削端面,保证轴总长达到设计要求。

(9) 停车。

6. 切槽

(1) 转动刀架,换切槽刀。

(2) 利用游标卡尺在工件上做槽宽记号。

(3) 移动床鞍、中滑板，使切槽刀左侧刀尖与记号对齐，并将床鞍、中滑板的刻度调到“0”位。

(4) 摇动中滑板手柄，退出切槽刀，床鞍不动。

(5) 转速调到 400r/min 左右，起动车床。

(6) 手动进给切槽 ϕ25mm，退出中滑板，停车，不移动床鞍。

(7) 用游标卡尺检测 ϕ25mm。

(8) 根据情况调整小滑板刻度。

(9) 切槽至图样要求。

7. 车削圆球

(1) 找出圆球中心，并做记号。

(2) 转速调到 500r/min 左右，起动车床。

(3) 换下滚花刀，装上圆头刀。

(4) 采用双手控制法用圆头刀车车出圆球。

8. 工件检测

9. 上油、入库

【做】——进行单球滚花手柄的车削

按照表 5-2 的相关要求进行零件的加工。

表 5-2 单球滚花手柄零件车削过程记录卡

<table>
<tr><td colspan="2">一、车削过程
1. 单球滚花手柄的车削过程为＿＿＿＿＿＿＿＿＿＿＿＿＿＿＿＿。
(1) 车圆球 (2) 配料 (3) 滚花 (4) 切槽
2. 车成形面的方法有(　　)。
A. 双手控制法 B. 成形法 C. 尾座靠模法 D. 靠模板法</td></tr>
<tr><td>二、所需设备、工具和卡具</td><td>三、车削步骤</td></tr>
<tr><td colspan="2">四、注意事项
1. 滚花时，转速不易过高，压力不能太大，进给不能太慢。
2. 圆球表面痕迹较深，可先用锉刀粗锉，然后精锉，最后用砂布抛光。</td></tr>
<tr><td colspan="2">五、车削过程分析</td></tr>
<tr><td>出现的问题：</td><td>原因与解决方案：</td></tr>
</table>

【评】——单球滚花手柄车削方案评价

根据表5-2中所记录的内容，对单球滚花手柄车削过程进行评价。单球滚花手柄车削过程评价表见表5-3。

表5-3 单球滚花手柄车削过程评价表

<table>
<tr><th rowspan="2">项目</th><th rowspan="2" colspan="2">内 容</th><th rowspan="2">分值</th><th colspan="3">评价方式</th><th rowspan="2">备 注</th></tr>
<tr><th>自评</th><th>互评</th><th>师评</th></tr>
<tr><td rowspan="8">车削方法</td><td rowspan="2">外圆</td><td>φ46mm</td><td>5</td><td></td><td></td><td></td><td rowspan="8">严格按照车床的操作规程完成所有内容的车削</td></tr>
<tr><td>φ25mm</td><td>5</td><td></td><td></td><td></td></tr>
<tr><td>槽</td><td>13mm</td><td>5</td><td></td><td></td><td></td></tr>
<tr><td rowspan="2">长度</td><td>77mm</td><td>4</td><td></td><td></td><td></td></tr>
<tr><td>总长 132.5mm</td><td>5</td><td></td><td></td><td></td></tr>
<tr><td>倒角</td><td>$C1$</td><td>1</td><td></td><td></td><td></td></tr>
<tr><td>滚花</td><td></td><td>15</td><td></td><td></td><td></td></tr>
<tr><td>圆球</td><td>$SR23$mm</td><td>20</td><td></td><td></td><td></td></tr>
<tr><td rowspan="2">车削步骤</td><td colspan="2">刀具选择是否正确</td><td>10</td><td></td><td></td><td></td><td rowspan="2">是否按要求进行规范操作</td></tr>
<tr><td colspan="2">车削过程是否正确</td><td>10</td><td></td><td></td><td></td></tr>
<tr><td rowspan="3">职业素养</td><td colspan="2">卡具维护和保养</td><td>5</td><td></td><td></td><td></td><td rowspan="3">按照7S管理要求规范现场</td></tr>
<tr><td colspan="2">工具定置管理</td><td>5</td><td></td><td></td><td></td></tr>
<tr><td colspan="2">安全文明操作</td><td>10</td><td></td><td></td><td></td></tr>
<tr><td colspan="3">合 计</td><td>100</td><td></td><td></td><td></td><td></td></tr>
<tr><td>综合评价</td><td colspan="7"></td></tr>
</table>

【练】——综合训练

一、填空题

1. 径向成形刀按刀体形状和结构不同，分为________、________、________。

2. 采用手动进给，成形面往往不够均匀，使工件表面留下高低不平的车削痕迹，必须采用____________方法来达到所要求的表面粗糙度。

二、判断题

1. 成形车刀的刃口要对准工件的轴线，装高容易扎刀，装低会引起振动。必要时，可以将成形车刀反装，采用反切法进行车削。 ( )

2. 应采用较小的切削速度和进给量，合理选用切削液。 ( )

3. 薄壁套类零件外表面要滚花时，应先滚花后钻孔和车内孔。 ( )

4. 为了减少开始时的径向压力，可用滚花刀宽度的1/2或1/3进行挤压，以较大的

力使轮齿切入工件，然后挂上自动进给切削。（ ）

三、选择题

1. 加工成形面常用刀具有（ ）。

A. 圆头车刀　　B. 成形车刀

C. 切向成形车刀　　D. 轴向成形车刀

2. 滚花时所用的刀具有（ ）。

A. 单轮滚花车刀　　B. 双轮滚花车刀

C. 四轮滚花车刀　　D. 六轮滚花车刀

四、简答题

1. 什么叫成形法？使用成形法车削零件的过程中有什么具体要求？

2. 什么叫滚花？滚花时有什么具体要求？

任务3　单球滚花手柄的检测与质量分析

学习目标

（1）认识成形面与滚花类零件的检测方法。

（2）掌握单球滚花手柄的检测方法及注意事项。

任务描述

对单球滚花手柄零件进行质量检测分析，零件图样如图5-1所示。

【学】——成形面与滚花类零件的检测方法

一、检测成形面零件常用的量具

为保证成形面的外形正确，通常采用样板、套规、外径千分尺等进行检测。

1. 样板

用样板检测成形面如图5-17所示。检测时对准工件中心，并观察样板与工件之间的间隙。

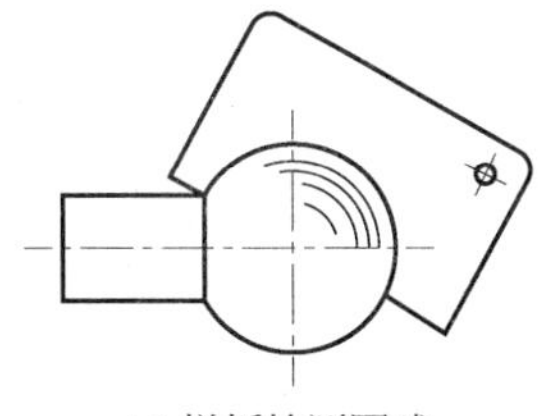

(a) 样板检测圆球

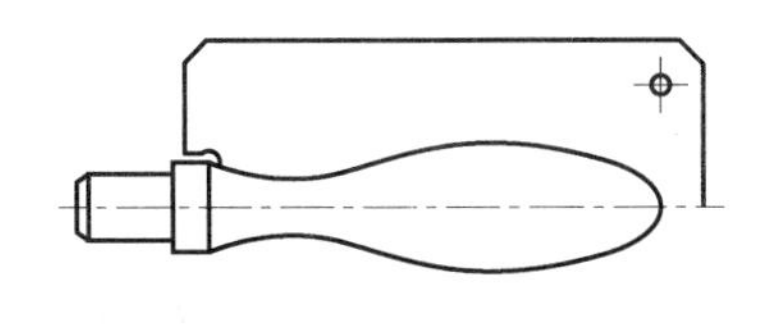

(b) 样板检测手柄

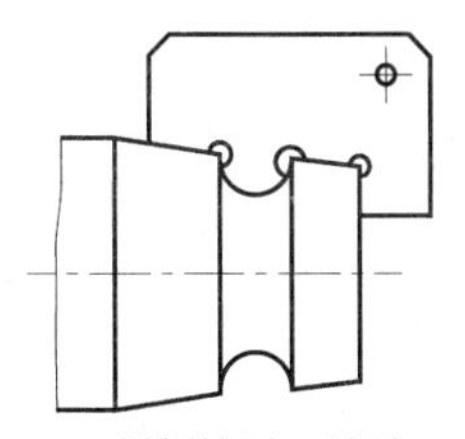

(c) 样板检测凹弧面

图5-17　用样板检测成形面

2. 套规

套规检测是利用观察其间隙的透光情况来检测球面的，如图 5-18 所示为检测圆球面的套规。

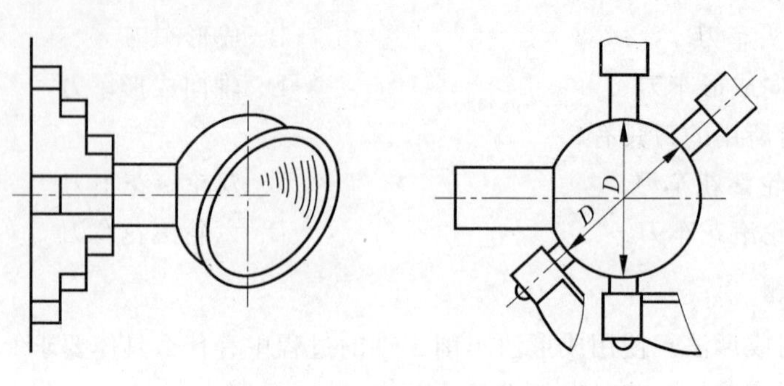

图 5-18 检测圆球面的套规

3. 外径千分尺

用外径千分尺检测圆球面如图 5-19 所示。检测球面时应通过工件中心，并多次变换测量方向，使其测量精度在图样要求的范围内。

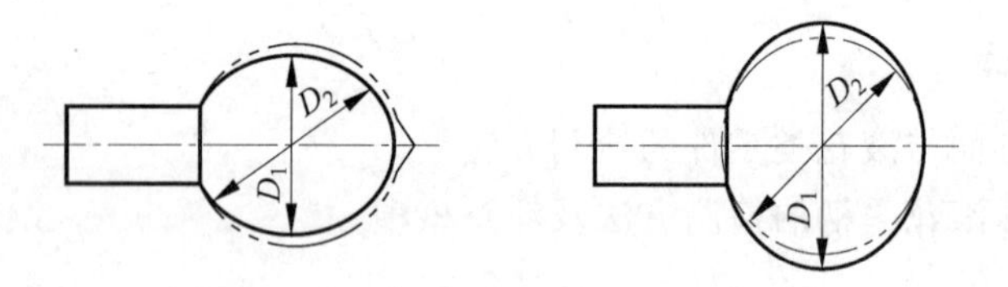

图 5-19 用外径千分尺检测圆球面

二、成形面与滚花类零件的质量分析

1. 车削成形面可能产生废品的原因与预防措施

车削成形面可能产生废品的原因与预防措施见表 5-4。

2. 滚花产生乱纹时的原因与预防措施

滚花产生乱纹的原因与预防措施见表 5-5。

表 5-4 车削成形面可能产生废品的原因与预防措施

废品种类	产生原因	预防措施
轮廓形状不正确	用双手控制法，纵横向进给不协调	加强车削练习
	用成形法车削时，车刀的形状正确	应仔细刃磨成形车刀
	车刀没有对准车床主轴轴线	车刀高度装夹准确
	用仿形法车削时，靠模形状不准确，仿形传动机构中存在间隙	应使靠模形状准确，安装正确，调整仿形传动机构中的间隙

续表

废品种类	产生原因	预防措施
表面粗糙度达不到要求	车刀中途逐渐磨损	选择合适的刀具材料
	车床的刚性不足，如滑板塞铁太松，传动零件不平衡或主轴太松	消除由于车床的刚性不足而引起的振动
	车刀的刚性不足或伸出太长	增加车刀刚性和正确装夹车刀
	工件刚性不足引起振动	增加工件的装夹刚性
	车刀的几何参数不合理	合理选择车刀的角度
	切削用量选用不当	进给量不宜太大，精车余量和切削速度应选择恰当
	工件的切削性能差，未经预备热处理，车削困难	对工件进行预备热处理，改善工件的切削性能
	车削痕迹较深，抛光未达到要求	先用锉刀粗锉削、精锉削，再用砂布抛光

表 5-5 滚花产生乱纹的原因与预防措施

产生原因	预防措施
开始滚花时，滚花刀与工件的接触面积过大	减少滚花时的径向压力，可以使滚表面宽度的1/3～1/2与工件接触
滚花刀转动不灵活	使用前应检查滚花刀转轮转动情况
转速过高，使滚花与工件产生滑动	选择合理的切削用量
压力过大，进给过慢	压力不能太大，进给不能太慢
切屑阻塞	要经常清除滚压产生的切屑

【教】——单球滚花手柄的检测过程

一、基本原理

1. 检测方法

根据单球滚花手柄零件如图5-1所示，对每一项尺寸进行三次测量，然后求取平均值，将最终检测结果填入表5-6中。

2. 量具选择

0～150mm游标卡尺、25～50mm千分尺、样板。

二、检测流程

量取尺寸→记录数值→求平均值→结果填表。

表 5-6 单球滚花手柄检测结果

尺寸代号	实际检测值			平均值	是否合格
	1	2	3		
ϕ46mm					
ϕ25mm					
13mm					
77mm					
总长 132.5mm					
$C1$					
滚花					
圆球 SR23mm					
不合格的原因及预防措施					

【做】——进行单球滚花手柄的检测

按照表 5-7 的相关要求进行零件的检测。

表 5-7 单球滚花手柄检测过程记录卡

一、车削过程 1. 单球滚花手柄的检测过程为________________。 (1) 量取尺寸　(2) 结果填表　(3) 求平均值　(4) 记录数值 2. 球面的检测量具有________、________、________。(样板、套规、外径千分尺、半径规、环规)	
二、所需设备、工具和卡具	三、检测步骤
四、注意事项 1. 样板检测时,对准工件中心,并观察样板与工件之间的间隙。 2. 外径千分尺检测时,应通过工件中心,并多次变换测量方向,使其测量精度在图样要求的范围内。	
五、检测过程分析	
出现的问题:	原因与解决方案:

【评】——单球滚花手柄检测方案评价

根据表 5-7 中记录的内容，对单球滚花手柄检测过程进行评价。单球滚花手柄检测过程评价表见表 5-8。

表 5-8 单球滚花手柄检测过程评价表

项目	内容		分值	评价方式			备注
				自评	互评	师评	
检测方法	外圆尺寸	ϕ46mm	5				严格按照所需量具的操作规程完成圆锥轴的检测任务
		ϕ25mm	5				
	槽宽	13mm	5				
	长度尺寸	77mm	3				
		总长 132.5mm	5				
	倒角	C1	2				
	滚花		10				
	圆球	SR23mm	15				
检测步骤	量具选择是否正确		10				是否按要求进行规范操作
	检测过程是否正确		10				
职业素养	量具维护和保养		10				按照 7S 管理要求规范现场
	工具定置管理		10				
	安全文明操作		10				
合计			100				
综合评价							

【练】——综合训练

一、填空题

1. 为保证成形面的外形正确，通常采用________、________、________等进行检测。

2. 外径千分尺检测球面时应通过工件________，并多次变换测量________，使其测量精度在图样要求的范围内。

二、判断题

1. 滚花时，转速过高，使滚花与工件产生滑动容易产生乱纹现象。 (　　)

2. 开始滚花时，滚花刀与工件的接触面积最好是 1/3～1/2。 (　　)

三、选择题

1. 车削成形面时，轮廓形状不正确的原因有(　　)。

A. 用双手控制法,纵横向进给不协调　　B. 车刀没有对准车床主轴轴线
C. 车刀中途逐渐磨损　　D. 工件刚性不足引起振动

2. 滚花时,产生乱纹的原因有(　　)。
A. 开始滚花时,滚花刀与工件的接触面积过大
B. 滚花刀转动不灵活
C. 转速过高,使滚花与工件产生滑动
D. 压力过大,进给过慢

四、简答题

1. 车削成形面时,表面粗糙度达不到要求的原因有哪些?
2. 简述单球手柄的检测过程。

车削三角螺纹

教学目标

（1）能了解三角螺纹类零件的作用、分类及特点。

（2）能掌握车削三角螺纹类零件的方法。

（3）能掌握三角螺纹类零件的检测与质量分析。

典型任务

对某企业三角螺纹轴进行车削加工，零件图样如图 6-1 所示。

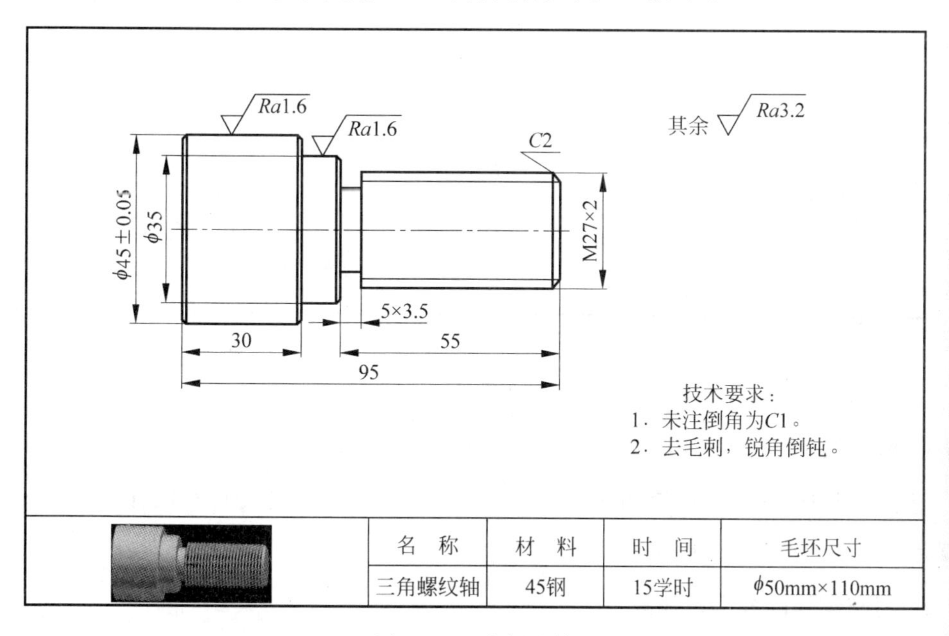

名称	材料	时间	毛坯尺寸
三角螺纹轴	45钢	15学时	φ50mm×110mm

图 6-1　三角螺纹轴

任务 1 三角螺纹类零件简介

学习目标

(1) 认识三角螺纹类零件。

(2) 掌握三角螺纹类零件的应用、分类、特点。

(3) 掌握三角螺纹的专业术语及尺寸计算。

相关知识

一、螺纹的分类

螺纹的种类很多,按用途不同,可分为连接螺纹和传递螺纹。按牙形特点,可分为三角螺纹、矩形螺纹、锯齿形螺纹和梯形螺纹等。按螺旋线方向,可分为右旋螺纹和左旋螺纹。按螺旋线的头数,可分为单线螺纹和多线螺纹。具体分类见表 6-1。

表 6-1 螺纹的分类

<table>
<tr><td rowspan="7">连接螺纹
(三角螺纹)</td><td rowspan="2">普通三角螺纹</td><td>普通粗牙螺纹</td></tr>
<tr><td>普通细牙螺纹</td></tr>
<tr><td colspan="2">英制三角螺纹</td></tr>
<tr><td rowspan="3">管螺纹</td><td>非螺纹密封的管螺纹
(圆柱管螺纹)</td></tr>
<tr><td>55°圆锥管螺纹</td></tr>
<tr><td>60°圆锥管螺纹</td></tr>
<tr><td colspan="2" style="display:none"></td></tr>
<tr><td rowspan="5">传动螺纹</td><td colspan="2">矩形螺纹(方牙螺纹)</td></tr>
<tr><td rowspan="2">梯形螺纹</td><td>米制梯形螺纹</td></tr>
<tr><td>英制梯形螺纹</td></tr>
<tr><td colspan="2">锯齿形螺纹</td></tr>
<tr><td colspan="2">滚珠形螺纹</td></tr>
</table>

二、三角螺纹

1. 螺旋线

用底边等于圆柱周长的直角$\triangle ABC$绕圆柱旋转一周,斜边 AC 在圆柱面上形成的曲线就是螺旋线,如图 6-2 所示。

2. 三角螺纹的分类及用途

在圆柱或圆锥表面上,沿着螺旋线所形成的具有三角形牙形的连续凸起,称为三角螺纹,具体分类如下。

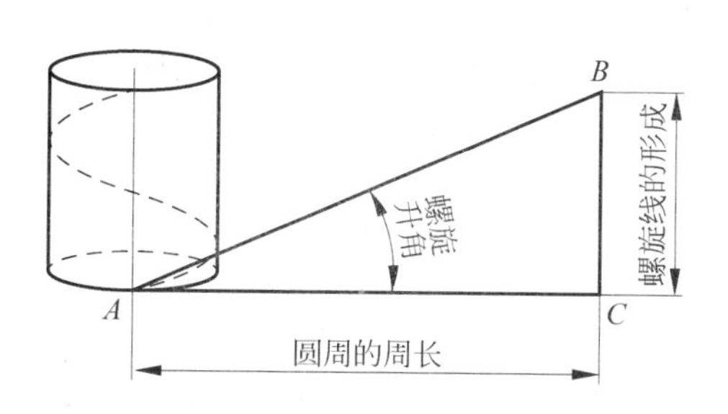

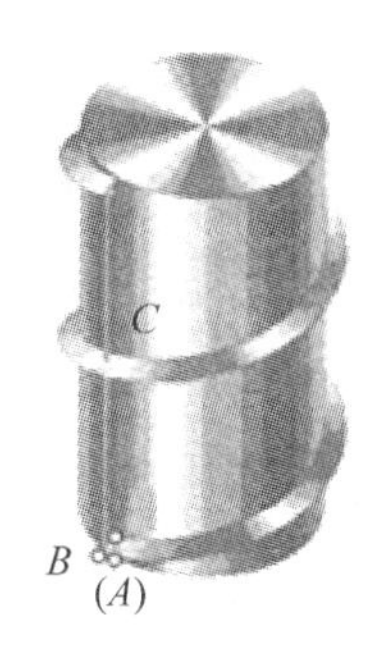

图 6-2　螺旋线的形成

（1）圆柱三角螺纹

在圆柱表面上所形成的三角螺纹，称为圆柱三角螺纹，如图 6-3(a)所示。

（2）圆锥三角螺纹

在圆锥表面上所形成的三角螺纹，称为圆锥三角螺纹，如图 6-3(b)所示。

（3）外螺纹

在圆柱或圆锥外表面形成的螺纹，称为外螺纹，如图 6-3(c)所示。

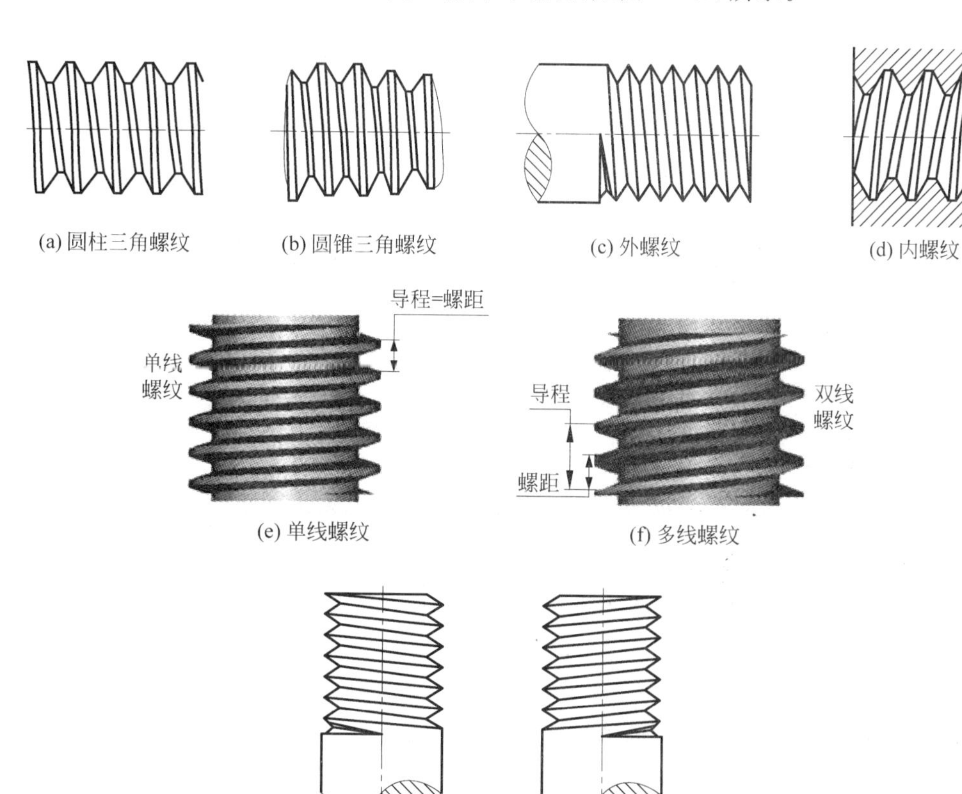

图 6-3　三角螺纹的分类

(4) 内螺纹

在内圆柱或内锥表面上所形成的螺纹，称为内螺纹，如图 6-3(d)所示。

(5) 单线螺纹

沿一条螺旋线所形成的螺纹，称为单线螺纹，如图 6-3(e)所示。

(6) 多线螺纹

沿两条或两条以上的螺旋线所形成的螺纹，该螺旋线在轴向上等距分布，称为多线螺纹，如图 6-3(f)所示。

(7) 左旋螺纹

螺旋线沿左向上升的称为左螺纹，如图 6-3(g)所示。

(8) 右旋螺纹

螺旋线沿右向上升的称为右螺纹，如图 6-3(h)所示。

三角螺纹按其规格及用途不同，可分为普通螺纹、英制螺纹和管螺纹三种。在机器制造业中，三角螺纹的应用很广，常用于连接、紧固，在工具和仪器中还往往用于调节或测量。

3. 三角螺纹的主要参数

三角螺纹的参数包括牙形、公称直径、螺距、导程、线数、旋向和精度等，如图 6-4 所示。螺纹的形成、尺寸和配合性能取决于螺纹参数，只有当内螺纹、外螺纹的各参数相同时，才能相互配合。

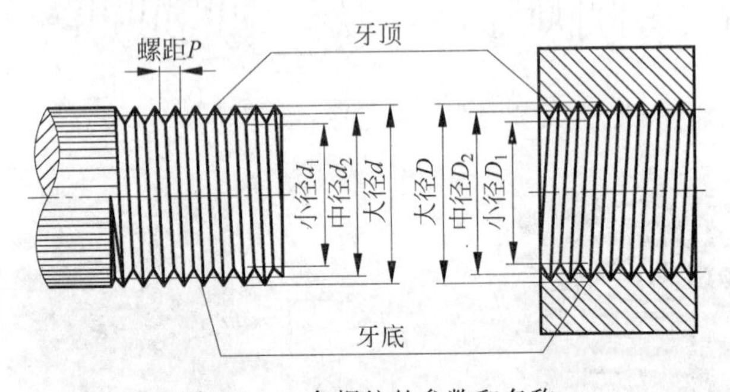

图 6-4 三角螺纹的参数和名称

(1) 牙形角(α)

牙形角是指在螺纹牙形上，两相邻牙侧间的夹角，用 α 表示。

(2) 螺纹大径(d、D)

螺纹大径(又称公称直径)是指与外螺纹牙顶或内螺纹牙底相切的假想圆柱或圆锥的直径。外螺纹的大径用 d 表示，内螺纹的大径用 D 表示。

(3) 螺纹中径(d_2、D_2)

中径是一个假想圆柱或圆锥的直径，该圆柱或圆锥的素线通过牙形上沟槽和凸起宽度相等的假想圆柱或圆锥面的直径。外螺纹中径用 d_2 表示，内螺纹中径用 D_2 表示。外螺纹的中径和内螺纹的中径相等，即 $d_2=D_2$。

(4) 螺纹小径(d_1、D_1)

螺纹小径是与外螺纹牙底或内螺纹牙顶相切的假想圆柱或圆锥的直径。外螺纹的小径用 d_1 表示,内螺纹的小径用 D_1 表示。

(5) 螺距(P)

螺距是指相邻两牙在中径线上对应两点间的轴向距离,用 P 表示。

(6) 导程(L)

导程是指在同一条螺旋线上相邻两牙在中径线上对应两点间的轴向距离,用 L 表示。当螺纹为单线螺纹时,导程与螺距相等,$L=P$。当螺纹为两线或两线以上的多线时,导程等于螺旋线数 n 与螺距 P 的乘积,即 $L=nP$。

(7) 原始三角形高度(H)

原始三角形高度是指由原始三角形顶点沿垂直于螺纹轴线方向到其底边的距离,用 H 表示,如图 6-5 所示,D 为内螺纹大径、d 为外螺纹大径、d_2 为外螺纹中径、D_2 为内螺纹中径、d_1 为外螺纹小径、D_1 为内螺纹小径、P 为螺距、H 为原始三角形高度。

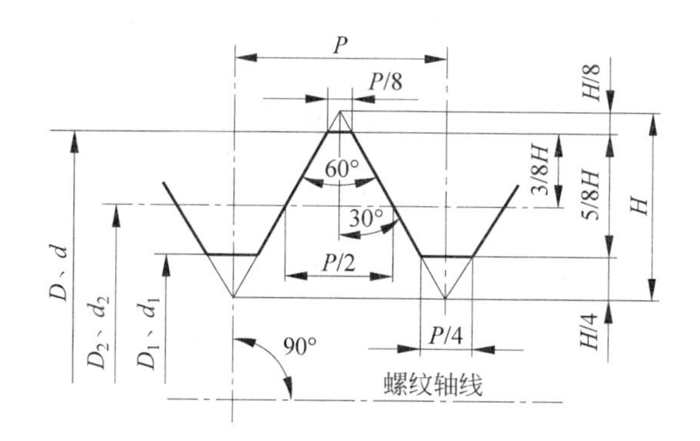

图 6-5 普通三角螺纹牙形

(8) 螺旋升角(φ)

螺旋升角是指在中径圆柱或中径圆锥上螺旋线的切线与垂直于螺纹轴线的平面的夹角,用 φ 表示,如图 6-2 所示。

螺旋升角可按下列公式计算:

$$\tan\varphi=\frac{nP}{\pi d_2}=\frac{L}{\pi d_2}$$

式中:n——螺纹线数;

P——螺距,mm;

d_2——螺纹中径,mm;

L——导程,mm。

4. 普通三角螺纹的代号标注

普通三角螺纹的代号标注见表 6-2。

表 6-2　普通三角螺纹的代号标注

螺纹类别	特征代号	螺纹标注示例	内、外螺纹配合标注示例
粗牙	M	M12LH-7g-L M：粗牙普通螺纹 12：公称直径 LH：左旋 7g：外螺纹中径和顶径公差带代号 L：长旋合长度	M12LH-6H/7g 6H：内螺纹中径和顶径公差带代号 7g：外螺纹中径和顶径公差带代号
细牙	M	M12×1-7H-8H M：细牙普通螺纹 12：公称直径 1：螺距 7H：内螺纹中径公差带代号 8H：内螺纹顶径公差带代号	M12×1LH-6H/7g8g 6H：内螺纹中径和顶径公差带代号 7g：外螺纹中径公差带代号 8g：外螺纹顶径公差带代号

说明：

(1) 普通三角螺纹同一公称直径可以有多种螺距，其中螺距最大的为粗牙螺纹，其余的为细牙螺纹。细牙螺纹的每一个公称直径对应着数个螺距，因此必须标出螺距值，而粗牙普通螺纹不标螺距值。

(2) 右旋螺纹不标注旋向代号，左旋螺纹则用 LH 表示。

(3) 旋合长度有长旋合长度 L、中等旋合长度 N 和短旋合长度 S 三种，中等旋合长度不标注。旋合长度是指两个相互旋合的螺纹沿轴向方向相互结合的长度，所对应的数值可根据公称直径和螺距在有关标准中查到。

(4) 公差带代号中，前者为中径公差带代号，后者为顶径公差带代号，两者一致时，只标注一个公差带代号。内螺纹用大写字母，外螺纹用小写字母。

(5) 内、外螺纹配合的公差带代号中，前者为内螺纹公差带代号，后者为外螺纹公差带代号，中间用“/”分开。

5. 普通三角螺纹的尺寸计算

普通三角螺纹的牙形如图 6-5 所示，各参数尺寸的计算见表 6-3。

表 6-3　普通三角螺纹的尺寸计算

名称		代号	计算公式
外螺纹	牙形角	α	$60°$
	原始三角形高度	H	$H=0.866P$
	牙形高度	h	$h=\frac{5}{8}H=\frac{5}{8}\times 0.866P=0.5413P$
	中径	d_2	$d_2=d-2\times\frac{3}{8}H=d-0.6495P$
	小径	d_1	$d_1=d-2h=d-1.0826P$

续表

名　　称		代号	计算公式
内螺纹	中径	D_2	$D_2=d_2$
	小径	D_1	$D_1=d_1$
	大径	D	$D=d=$公称直径
螺纹升角		φ	$\tan\varphi=\dfrac{nP}{\pi d_2}$

例 6-1　计算图 6-1 所示的三角螺纹轴图样中螺纹 M27×2 的各部分尺寸。

解：已知 $d=27\text{mm}$，$P=2\text{mm}$，依据表 6-2 可计算如下。

$$d_2=D_2=d-0.6495P=27\text{mm}-0.6495\times 2\text{mm}=25.701\text{mm}$$
$$d_1=D_1=d-1.0826P=27\text{mm}-1.0826\times 2\text{mm}=24.835\text{mm}$$
$$H=0.866P=0.866\times 2\text{mm}=1.732\text{mm}$$
$$h=0.5413P=0.5413\times 2\text{mm}=1.083\text{mm}$$
$$H/4=1.732/4\text{mm}=0.433\text{mm}$$
$$H/8=1.732/8\text{mm}=0.217\text{mm}$$

三、螺纹轴类零件的组成

如图 6-1 所示，螺纹轴类零件一般由圆柱表面、台阶、端面、退刀槽、倒角和螺纹等部分组成。

1. 圆柱表面

圆柱表面一般用于支承和定位。

2. 台阶和端面

台阶和端面用来确定安装在轴上的工件的轴向位置。

3. 退刀槽

退刀槽的作用是使车削螺纹时退刀方便，并可使工件在装配时有一个正确的轴向位置。

4. 倒角

倒角的作用保证最边缘的螺纹翻边变形，以保证正确地连接。

综合训练

一、填空题

1. 在圆柱或圆锥表面上，沿着螺旋线所形成的具有三角形牙形的连续凸起，称为________。

2. 三角螺纹按其规格及用途不同，可分为________、________和管螺纹三种。

二、判断题

1. 台阶和端面用来确定安装在轴上的工件的轴向位置。　(　　)

2. 右旋螺纹不标注旋向代号，左旋螺纹则用 LH 表示。（　　）

3. 内、外螺纹配合的公差带代号中，前者为内螺纹公差带代号，后者为外螺纹公差带代号，中间用“/”分开。（　　）

三、选择题

1. 三角螺纹的参数包括（　　）线数、旋向和精度等。

A. 牙形　　B. 螺距　　C. 公称直径　　D. 导程

2. 三角螺纹常用于（　　），在工具和仪器中还往往用于（　　）。

A. 连接　　B. 调节　　C. 测量　　D. 紧固

四、简答题

1. 螺纹有哪些分类？

2. 三角螺纹的基本参数有哪些？

3. 普通三角螺纹代号的表示方法是什么？

任务 2　三角螺纹轴的车削

(1) 认识三角螺纹类零件的车削方法。

(2) 掌握三角螺纹轴的车削方法及注意事项。

任务描述

对三角螺纹轴进行车削加工，零件图样如图 6-1 所示。

【学】——三角螺纹类零件的车削方法

一、加工三角螺纹的常用刀具

1. 三角螺纹车刀的类型

车刀从结构上分，有机夹式和焊接式，如图 6-6 所示。从材料上分，有高速钢螺纹车刀和硬质合金螺纹车刀两种。

高速钢螺纹车刀刃磨方便、切削刃锋利、韧性好，车出螺纹的表面粗糙度值小，但耐磨性差，不宜高速车削，因此，常用来低速车削或作为螺纹精车刀。硬质合金螺纹车刀耐磨性好、耐高温、热稳定性好，但抗冲击能力差，因此，硬质合金螺纹车刀适用于高速切削。

2. 三角螺纹车刀的几何角度

螺纹车刀按加工性质属于成形刀具，其切削部分的形状应当和螺纹牙形的轴向剖面形状相符合，其角度具体要求如下。

(a) 机夹式螺纹车刀

(b) 焊接式螺纹车刀

图 6-6 三角外螺纹车刀

(1) 刀尖角应等于牙形角

车削普通螺纹时刀尖角为60°。

(2) 前角一般为0°～15°

因螺纹车刀的纵向前角对牙形角有很大影响，所以精车或车削精度要求高的螺纹时，径向前角取得小些，前角一般为0°～5°。

(3) 后角一般为5°～10°

因螺纹升角的影响，进刀方向一面的后角应磨得稍大些，但大直径、小螺距的三角螺纹，这种影响可忽略不计。

3. 三角螺纹车刀的刃磨及检查

(1) 刃磨要求

① 根据粗车、精车的要求，刃磨出合理的前角、后角。粗车刀前角大、后角小，精车刀则相反。

② 车刀的左右刀刃必须刃磨平直。

③ 刀头不歪斜，牙形半角相等。

④ 内螺纹车刀刀尖角平分线必须与刀杆垂直。

⑤ 内螺纹车刀后角应适当大些，一般磨有两个后角。

如图6-7所示，为YT15硬质合金高速螺纹车刀的刃磨角度。其径向前角 $\gamma=0°$，后角 α 为4°～8°。在加工大螺距及被加工材料硬度较高时，在车刀的两个主刀刃上磨成有0.2～0.4mm宽、前角为5°的倒棱。因为在高速切削时，牙形角要扩大，所以刀尖角应减少30′。此外，车刀的前面和后面的表面粗糙度 Ra 值为0.4～0.2μm。

(2) 注意事项

① 刃磨时，人的站立姿势要正确。注意，在刃磨整体式内螺纹车刀的内侧时，易将刀尖磨歪斜。

② 磨削时，两手握着车刀与砂轮接触的径向压力不小于一般车刀。

③ 磨外圆螺纹车刀时，刀尖角平分线应平行刀体中线；磨内螺纹车刀时，刀尖角平分线应垂直于刀体的中线。

④ 车削高台阶的螺纹车刀，靠近高台阶一侧的刀刃应短些，否则易擦伤轴肩。

⑤ 粗磨时也要用车刀样板检查。对径向前角，$\gamma>0°$ 的螺纹车刀，粗磨时两刃夹角应略大于牙形角。待磨好前角后，再修磨两刃夹角。

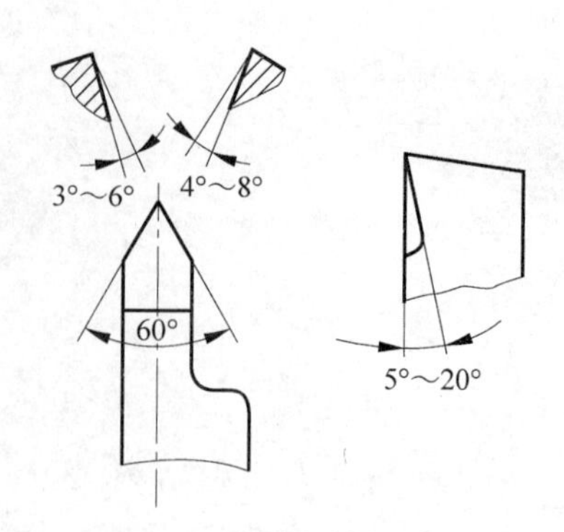

图 6-7　三角螺纹车刀刃磨角度

⑥ 刃磨刀刃时，要捎带做左右、上下的移动，这样容易使刀刃平直。

⑦ 刃磨车刀时，一定要注意安全。

(3) 刀尖角的检查

① 用螺纹角度样板测量。为了保证磨出准确的刀尖角，在刃磨时可用螺纹角度样板测量，如图 6-8 所示。测量时把刀尖角与样板贴合，对准光源，仔细观察两边贴合的间隙，并进行修磨。

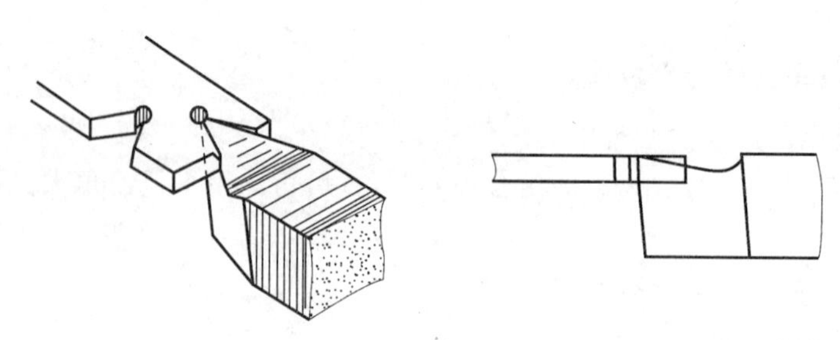

图 6-8　刀尖角的检查

② 用特制的螺纹样板来测量对于具有纵向前角的螺纹车刀可以用一种厚度较厚的特制螺纹样板来测量刀尖角。样板应与车刀底面平行，用透光法检查，这样量出的角度近似等于牙形角。

二、三角螺纹的车削方法

三角螺纹螺距小，长度短，要求螺纹轴向剖面必须正确、两侧表面粗糙度值小；中径尺寸符合精度要求；螺纹与工件轴线保持同轴。

要加工好螺纹，除了正确刃磨车刀、安装车刀、调整车床、选择切削用量、计算基本尺寸外，还要掌握三角螺纹的车削方法。

1. 三角螺纹车刀的装夹

装夹车刀时，刀尖一般应对准工件中心。车刀刀尖角的对称中心线必须与工件轴线垂直，装刀时可用样板来对刀，如图 6-9 所示。如果把车刀装歪，就会产生歪斜牙形，如图 6-9(b)所示。刀头伸出不要过长，一般为 20～25mm(约为刀杆厚度的 1.5 倍)。

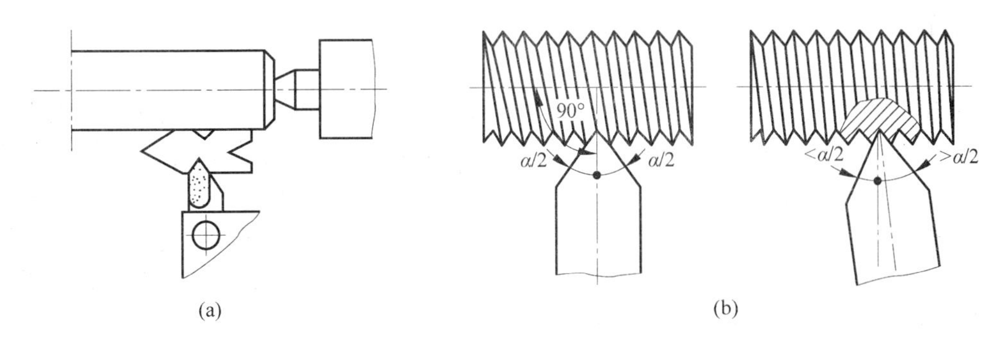

图 6-9 螺纹车刀的安装

2. 车削三角螺纹的方法

车削三角螺纹的方法有低速车削和高速车削两种。

低速车削使用高速钢螺纹车刀，高速车削使用硬质合金螺纹车刀。低速车削精度高，表面粗糙度值小，但效率低。高速车削效率高，能比低速车削提高 15～20 倍，只要措施合理，也可获得较小的表面粗糙度值。因此，高速车削螺纹在生产实践中被广泛采用。

(1) 低速车削三角外螺纹的方法

① 直进法 车削螺纹时，只利用中滑板的横向进刀，如图 6-10(a)所示。直进法车螺纹可以得到比较正确的牙形，但由于是用车刀刀尖全部切削，螺纹不易车光，并且容易产生扎刀现象，因此只适用螺距 $P<1$mm 的三角螺纹粗车、精车。

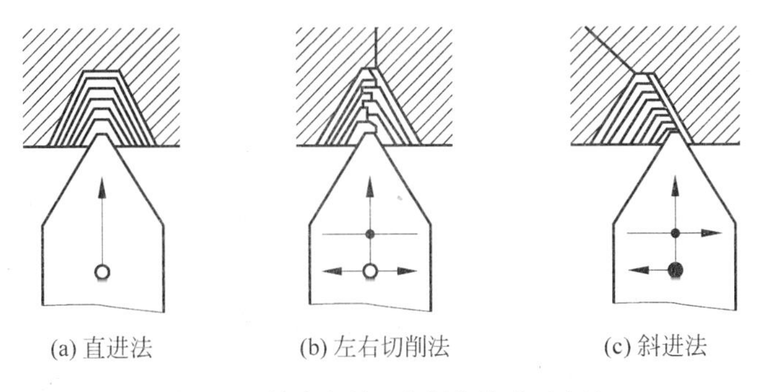

图 6-10 低速车削三角螺纹的进刀方法

② 左右切削法 车削螺纹时，除了用中滑板刻度控制螺纹车刀的横向吃刀外，同时使用小滑板把车刀向右微量进给，这样重复切削几次行程，精车的最后一至二刀应采用直进法微量进给，以保证螺纹的牙形正确，如图 6-10(b)所示。

采用左右切削法车削螺纹时，车刀只有一个侧面进行切削，不仅排屑顺利，而且不易出现"扎刀"现象，但精车时，车刀的左右进给量一定要小，否则易造成牙底过宽或牙底不平。此方法适用于除车削梯形螺纹外的各类螺纹的粗车、精车。

③ 斜进法 粗车时，为了操作方便，除了中滑板进给外，小滑板可先向一个方向进给。精车时用左右切削法，以使螺纹为两侧面都获得较低的表面粗糙度值，如图 6-10(c)所示。用左右切削法和斜进法车削螺纹时，因为车刀是单面切削的，所以不容易产生扎刀现象。精车时选择很低的切削速度($v_c<5$m/min)，再浇注切削液，可以获得很低的表面

粗糙度值。

(2) 高速车削三角外螺纹的方法

高速(v_c= 50～100m/min)切削三角外螺纹时，只能用直进法进刀，使切屑垂直于轴线方向排出或卷成球状。如果用左右进刀法，车刀只有一个刀刃参加切削，高速排出的切屑会把另外一面拉毛而影响螺纹的表面粗糙度值。高速切削螺纹比低速切削螺纹的生产效率可提高10倍以上，但高速切削螺纹的最大困难是退刀要十分迅速，尤其是在车削具有台阶的螺纹时，要求在几十分之一秒内将刀退出工件，操作者工作时很紧张。在车床上安装自动退刀装置即可解决这个问题。

3. 车床的调整

为了在车床上车出合格的螺纹，车削时必须保证工件(主轴)转一转，车刀纵向移动的距离等于一个螺距值。这就是说，车床的主轴和丝杠必须保证一定的转速比。现在普通车床，主轴和丝杠保证的转速比关系在设计进给箱和挂轮架时大都考虑进去了，只要查一下标牌就可以变换出来。

(1) 变换手柄位置

一般按工件螺距，在进给箱铭牌上找到交换齿轮的齿数和手柄位置，并把手柄拨到所需的位置。

(2) 调整滑板间隙

① 调整中滑板、小滑板镶条时，不能太紧，也不能太松。太紧了，摇动滑板费力，操作不灵活；太松了，车螺纹时容易产生“扎刀”现象。

② 顺时针方向旋转小滑板手柄，消除小滑板丝杠与螺母的间隙。

4. 切削用量的选择

螺纹切削用量的选择，应根据工件材料、螺距、所处的加工位置以及加工阶段等因素来决定。低速车削三角螺纹进给次数见表6-4，高速车削三角螺纹进给次数见表6-5。

表6-4　低速车削三角螺纹进给次数

进刀数	M24　P=3mm			M20　P=2.5mm			M16　P=2mm		
	中滑板格数	小滑板格数		中滑板格数	小滑板格数		中滑板格数	小滑板格数	
		左	右		左	右		左	右
1	11	0		11	0		10	0	
2	7	3		7	3		6	3	
3	5	3		5	3		4	2	
4	4	2		3	2		2	2	
5	3	2		2	1		1	1/2	
6	3	1		1	1		1	1/2	
7	2	1		1	0		1/4	1/2	
8	1	1/2		1/2	1/2		1/4		2

续表

进刀数	M24 P=3mm			M20 P=2.5mm			M16 P=2mm		
	中滑板格数	小滑板格数		中滑板格数	小滑板格数		中滑板格数	小滑板格数	
		左	右		左	右		左	右
9	1/2	1		1/4	1/2		1/2		$32\frac{1}{2}$
10	1/2	0		1/4		3	1/2		1/2
11	1/4	1/2		1/2		0	1/4		1/2
12	1/4	1/2		1/2		1/2	1/4		1/2
13	1/2		3	1/4		1/2			0
14	1/2		0	1/4		0	螺纹深度=1.3mm n=26 格		
15	1/4		1/2	螺纹深度=1.625mm $n=32\frac{1}{2}$格					
16	1/4		0						
	螺纹深度=1.95mm n=39 格								

说明：

(1) 小滑板每格为 0.04mm。

(2) 大滑板每格为 0.05mm。

(3) 粗车选用 110～180r/mm，精车选用 44～72r/mm。

(4) 此表仅供参考，学生熟练后可不用此表。

粗车第一、第二刀时，因车刀刚切入工件，总的切削面积并不大，所以背吃刀量可以大些，以后每次进给背吃刀量应逐渐减小。

精车时背吃刀量更小，排出的切屑很薄。切削速度因车刀两刃夹角小，散热条件差，所以切削速度比车削外圆时要低。

粗车螺纹时，$v_c \approx 10 \sim 15$m/min；精车螺纹时，$v_c \approx 6$m/min。

螺纹吃刀深度计算公式：

$$螺纹深度(吃刀深度)=0.65P/0.2(中刻度盘每格单位)$$

表 6-5 高速车削三角螺纹进给次数

螺距 P/mm		1.5～2	3	4	5	6
进给次数	粗车	2～3	3～4	4～5	5～6	6～7
	精车	1	2	2	2	2

5. 车削三角螺纹的具体步骤

车削三角螺纹的具体步骤如图 6-11 所示。

(1) 开车，使车刀与工件轻微接触，记下刻度盘读数，然后向右退出车刀，如图 6-11(a)

所示。

(2) 合上开合螺母,在工件表面车出一条螺旋线,中滑板退刀,停车,如图 6-11(b)所示。

(3) 开反车使车刀退到工件的右端面,停车。用钢直尺检测螺距是否正确,如图 6-11(c)所示。

(4) 利用中滑板调整切深,开车切削,如图 6-11(d)所示。

(5) 车刀行至终点时,应做好退刀停车准备。先快速退出车刀,然后开反车退回刀架,如图 6-11(e)所示。

(6) 再次横向切入,继续切削,直到车刀螺纹的深度为止,如图 6-11(f)所示。

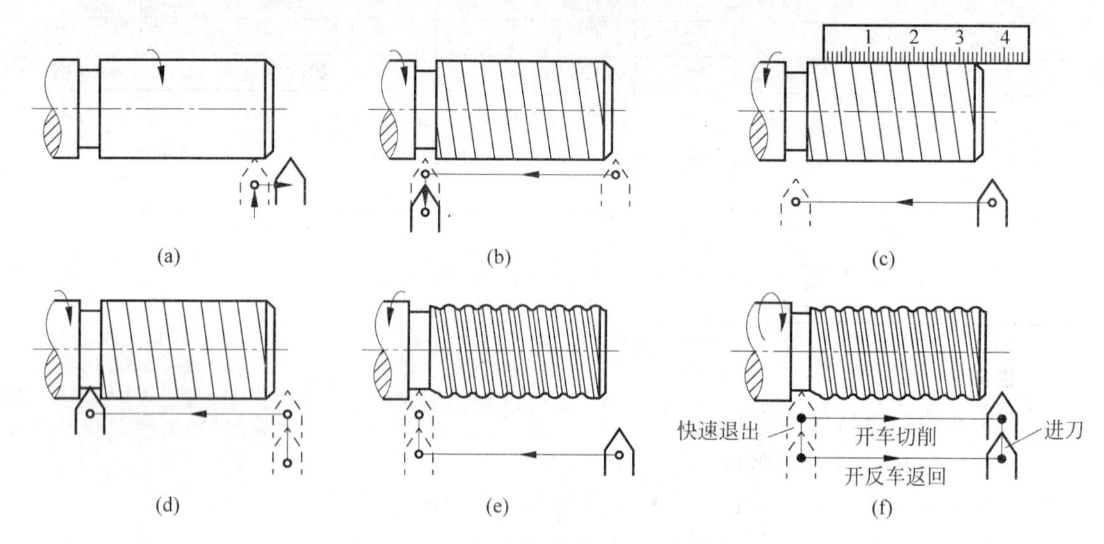

图 6-11　车削三角螺纹的具体步骤

6. 切削液的选择

车削螺纹时,恰当地使用切削液能降低车削时产生的热量,减小由温度引起的加工误差。切削液能在金属表面形成薄膜,减少道具与工件的摩擦,并可冲走切屑,从而降低工件表面粗糙度值,减少刀具磨损。

根据实验,加工一般要求螺纹使用水基切削液就可以达到要求,如果精度要求高就必须使用油基切削液,如煤油、植物油等。车床的水箱一般装水基切削液,那么在加工螺纹时可以使用油枪进行手工润滑就能满足精度要求。

7. 三角内螺纹车削

三角内螺纹工件的形状常见的有三种,即通孔、不通孔和台阶孔,如图 6-12 所示。

通孔内螺纹容易加工。在加工内螺纹时,由于车削的方法和工件形状的不同,所选用的螺纹车刀也不相同。

(1) 车刀的刃磨和装夹

最常见的内三角螺纹车刀如图 6-13 所示,图 6-13(a)、(d)为整体式,图 6-13(b)、(c)为机夹式。

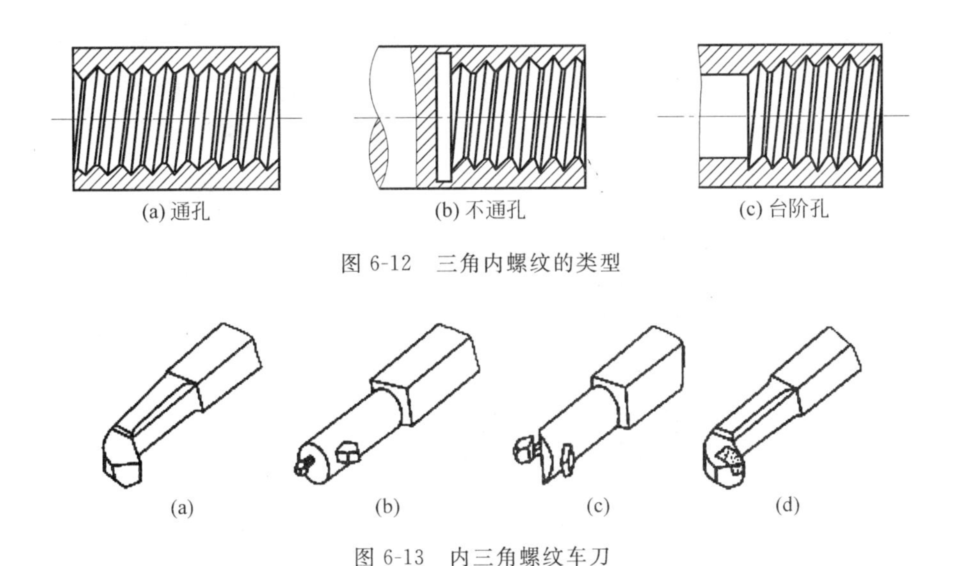

(a) 通孔　(b) 不通孔　(c) 台阶孔

图 6-12　三角内螺纹的类型

(a)　(b)　(c)　(d)

图 6-13　内三角螺纹车刀

内螺纹车刀的刃磨方法和外螺纹车刀基本相同，但是刃磨刀尖时要注意其平分线与刀杆垂直，否则车内螺纹时会出现刀杆碰伤内孔的现象。在装夹车刀时，必须严格按样板找正刀尖，否则车削后会出现倒牙现象。车刀装好后，应在孔内摇动床鞍至终点检查是否碰撞，如图 6-14 所示。

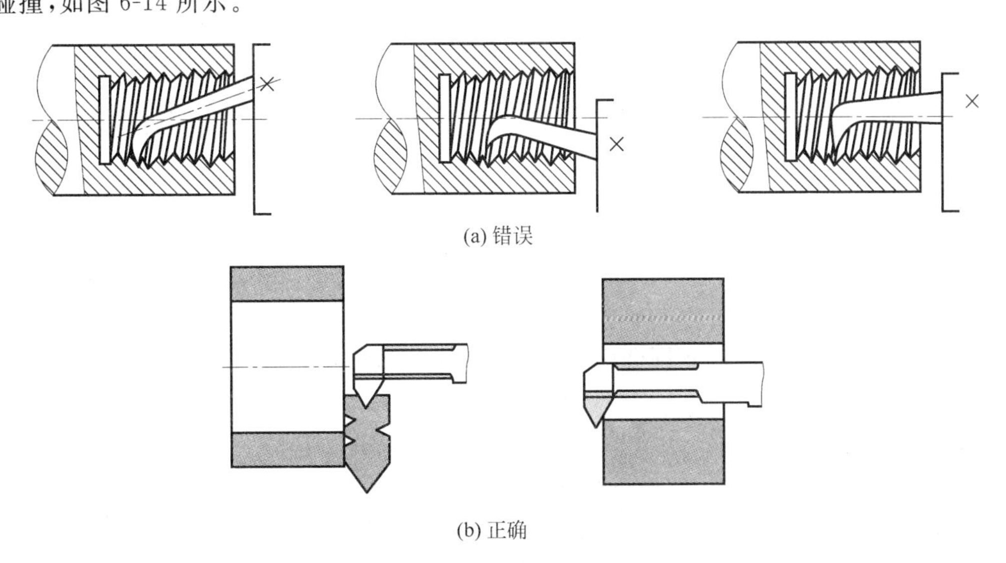

(a) 错误

(b) 正确

图 6-14　三角内螺纹车刀的安装

（2）内螺纹孔径的确定

在车削内螺纹时，首先要钻孔或扩孔，孔径公式一般可采用下面的公式计算：

$$D_{孔} \approx d - 1.05P$$

（3）车削通孔内螺纹的方法

车削内螺纹前，应先把工件的内孔、平面及倒角车好。

开车空刀练习进刀、退刀动作，车削内螺纹时的进刀和退刀方向与车削外螺纹时相反，如图 6-15 所示。练习时，需在中滑板的刻度圈上做好退刀和进刀位置。进刀切削方式和外螺纹相同。车削内螺纹时目测较困难，一般根据观察排屑情况进行左右赶刀切削，并判断螺纹的表面粗糙度。具体要求如下：

① 螺距小于 1.5mm 或铸铁螺纹采用直进法。

② 螺距大于 2mm 采用左右切削法。

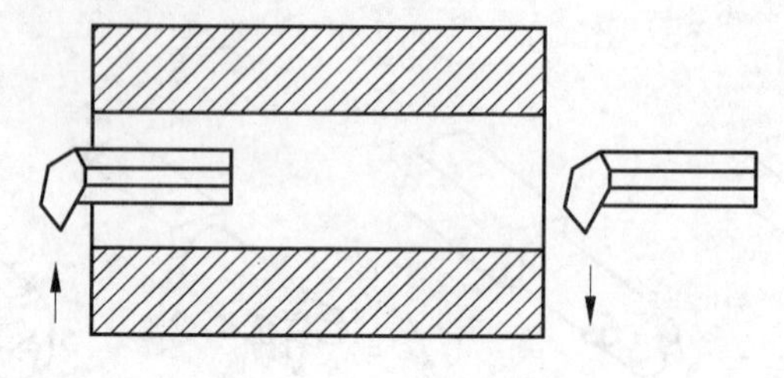

图 6-15 车削通孔内螺纹

(4) 车削盲孔或台阶孔内螺纹

车削退刀槽的直径应大于内螺纹的大径，槽宽为 2～3 个螺距，并与台阶平面切平。选择盲孔车刀。根据螺纹长度加上 1/2 槽宽，在刀杆上做好记号，作为退刀、开合螺母抬起之用。车削时，中滑板手柄的退刀和开合螺母的抬起，动作要迅速、准确、协调，保证刀尖在槽中退刀。

切削用量和切削液的选择与车削三角形外螺纹时相同。

(5) 注意事项

① 内螺纹车刀的两刃口要刃磨平直，否则会使车出的螺纹牙形侧面不直。

② 车刀的刀头不能太窄，否则螺纹已车到规定深度，而中径尺寸不够。

③ 车刀刃磨不正确或装刀歪斜，会使内螺纹一面正好用塞规拧进，而另一面却拧不进或配合过松。

④ 车刀刀尖要对准工件中心，如果车刀装夹过高，车削时会引起振动，使工件表面产生鱼鳞斑现象，如果车刀装夹过低，刀头下部会与工件发生摩擦，车刀切不进去。

⑤ 车刀刀杆不能太细，否则会引起震颤和变形，出现“扎刀”“啃刀”“让刀”和发出不正常的声音等现象。

⑥ 小滑板宜调整得紧一些，以防车削时车刀移位产生乱扣。

⑦ 因“让刀”现象产生的螺纹锥形误差，不能盲目地加大背吃刀量，这时必须采用赶刀的方法，使车刀在原来的切刀深度位置反复车削，以至全部拧进。

⑧ 用螺纹塞规检查，通端全部拧进，感觉松紧适当，而止端拧不进。检查不通孔螺纹时，过端拧进的长度应达到设计要求的长度。

⑨ 车削内螺纹的过程中，当工件在旋转时，不可用手摸，更不可用棉纱去擦，以免造成事故。

三、注意事项

1. 车削螺纹前的注意事项

车削螺纹前要检查组装交换齿轮的间隙是否适当，将变速手柄放在空挡位置，用手旋转主轴(正、反),检查是否有过重或空转量过大的现象。

2. 开合螺母必须合到位

车削螺纹时,开合螺母必须合到位,如感到未合好应立即起合重新进行。

3. 车削铸铁螺纹时的注意事项

车削铸铁螺纹时,径向进刀不宜太大,否则会使螺纹牙尖爆裂造成废品,在最后几刀车削时可用赶刀法把螺纹车光。

4. 车削无退刀槽螺纹的注意事项

车削无退刀槽螺纹时,应特别注意螺纹的收尾在1/2圈左右。要达到这个要求,必须先退刀,后起动开合螺母,且每次退刀要均匀一致,否则会撞坏刀尖。

5. 中途换刀或磨刀后的注意事项

车削螺纹应始终保持刀刃的锋利,如中途换刀或磨刀后,必须对刀,并重新调整中滑板的刻度。

6. 粗车螺纹时的注意事项

粗车螺纹时,要留适当的精车余量。

7. 精车螺纹时注意事项

精车螺纹应防止螺纹小径不清、侧面不光、牙形线不直等不良现象的出现。

8. 车削塑性材料(钢件)时的扎刀原因

(1) 车刀装夹低于工件轴线或车刀伸出太长。

(2) 车刀前角或后角太大,产生径向切削力把车刀拉向切削表面。

(3) 采用直进法车削时进给量较大,使刀具接触面积大,排屑困难而造成扎刀。

(4) 精车时由于刀具严重磨损而造成扎刀。

(5) 主轴轴承及滑板与床鞍的间隙太大。

(6) 开合螺母间隙太大或丝杠轴向窜动。

9. 避免"乱扣"

当第一条螺旋线车好后,第二次进刀后车削时,刀尖不在原来的螺旋槽中,而是偏左或偏右,甚至车在牙顶中间,称为"乱扣"。预防乱扣的方法是采用正反车法车削。在左右切削法车削螺纹时小滑板移动距离不要过大,若车削途中刀具损坏需重新换刀或者无意提起开合螺母时,应注意及时对刀。使用两顶尖装夹时,工件卸下后再重新车削时,应该先对刀,后车削,以免"乱扣"。

10. 对刀时的注意事项

对刀前先要安装好螺纹车刀,然后按下开合螺母,开正车,停车,移动中滑板、小滑板使刀尖准确落入原来的螺旋槽中,同时根据所在螺旋槽中的位置重新做中滑板进刀的记号,再将车刀退出,开倒车,将车退至螺纹头部,再进刀……对刀时一定要注意是正车对刀。

11. 借刀

借刀就是螺纹车削到一定深度后，将小滑板向前或向后移动一定的距离，再进行车削，借刀时注意小滑板的移动距离不能过大，以免将牙槽车宽，造成“乱扣”。

12. 安全事项

(1) 车削螺纹前应先检查好所有的手柄是否处于车削螺纹的位置，防止盲目开车。

(2) 车削螺纹时要思想集中，动作迅速，反应灵敏。

(3) 用高速钢车刀车削螺纹时，车刀的转速不能太快，以免刀具磨损。

(4) 要防止车刀或刀架、滑板与卡盘、床尾相撞。

(5) 车削螺母时，应将车刀退离工件，防止车刀将手划破，不要开车旋紧或者退出螺母。

【教】——三角螺纹轴的车削过程

一、任务分析

根据三角螺纹轴图 6-1 所示。

1. 确定工件毛坯

工件毛坯为 45 钢，规格为 ϕ50mm×110mm。

2. 确定装夹方式

通过图样分析，工件以右断面和中心线为基准设计，毛坯有足够的长度用于装夹，为了减少装夹次数，可用一夹一顶的方式。

3. 确定加工尺寸

螺纹加工前的尺寸一般根据经验公式计算。

$$\text{螺纹深度}=0.65P=0.65\times 2\text{mm}=1.3\text{mm}$$

$$\text{中滑板进刀格数 } n=0.65P/0.05=0.65\times 2\text{mm}/0.05\text{mm}=26$$

每刀进格数可参照表 6-3。螺纹大径一般应车得比基本尺寸小 0.20～0.4mm(约 $0.1P$)，保证车好螺纹后牙顶处有 $0.125P$ 的宽度(P 是螺纹的螺距)。

4. 确定工艺卡流程

配料→车削端面和钻中心孔→粗车 ϕ45mm、ϕ35mm、ϕ27mm 外圆→半精车 ϕ45mm、ϕ35mm、ϕ27mm 外圆→精车 ϕ45mm、ϕ35mm、ϕ27mm 外圆→切槽→车螺纹 M27×2→切断，保证总长→检验入库。

5. 确定车刀

90°硬质合金右偏刀 1 把、45°硬质合金车刀 1 把、高速钢切槽刀 1 把、外三角螺纹车刀 1 把、切断刀 1 把。

二、加工工艺流程

1. 配料

(1) 检查材料、直径和长度是否符合要求。

(2) 检查车床的各个手柄是否复位。

(3) 开启电源开关。

(4) 装夹毛坯。

(5) 安装45°、90°硬质合金右偏刀、螺纹车刀、切槽刀。

2. 车端面和钻中心孔

(1) 起动车床,转速调到800r/min左右,自动走刀量为0.15mm/r。

(2) 用45°车刀车端面,采用手动进给,直到端面车平为止。

(3) 停车。

(4) 把ϕ2.5mm的A型中心钻装入车床尾座的套筒内。

(5) 移动尾座,使中心钻距零件约10mm,锁紧尾座。

(6) 起动车床。

(7) 摇动尾座的手柄钻中心孔,深度为5mm。

(8) 把尾座移回车床尾部,停车。

3. 粗车ϕ45mm、ϕ35mm、ϕ27mm外圆

(1) 起动车床。

(2) 使用90°右偏刀粗车。

(3) 摇动大滑板使90°右偏刀到工件的端面处。

(4) 摇动中滑板使90°右偏刀刚好车削到工件表面,大滑板、中滑板的刻度调"0"位,再摇动大滑板退回车刀,不能移动中滑板。

(5) 摇动中滑板的手柄使背吃刀量为1.5mm,然后起动自动纵向走刀,为切断方便,可将车刀车削至100mm。横向退出车刀,并记住中滑板的刻度,再纵向退回车刀与工件的端面齐平,第一次粗车完毕,开始第二次粗车。

(6) 摇动中滑板使90°右偏刀粗车刚好车削工件表面,摇动中滑板的手柄进给中滑板确定背吃刀量1.5mm,起动自动纵向走刀,车削长度50mm,停止自动走刀,将中滑板退出,留有1mm的精加工余量,走刀至95mm。

(7) 横向退出车刀,再纵向退回车刀离开零件。这样车出了ϕ30mm外圆,且留有1mm余量,ϕ27mm还需要继续车削,车削长度为50mm,并保证留有1mm的精加工余量。

4. 精车ϕ45mm、ϕ35mm、ϕ27mm外圆

(1) 调节主轴转速和纵向走刀量,换用精车车刀。

(2) 精车ϕ45mm外圆至要求尺寸,精车ϕ35mm外圆至要求尺寸,精车ϕ27mm外圆至要求尺寸,车削方法与粗车类似,采用自动走刀。

5. 切槽和倒角

(1) 调节主轴转速为200r/min左右,换用高速钢切槽刀,采用手动进给。

(2) 移动大滑板在ϕ35mm外圆处,保证尺寸为55mm,摇动中滑板使车刀刚好在外圆面时,调节中滑板和大滑板的刻度盘使读数都为"0",摇动中滑板退出车刀。

(3) 开启车床，粗切槽，停车，退回车刀到开始切槽的位置。

(4) 测量槽的尺寸，算出进给数值，开启车床，移动大滑板、中滑板一次车出槽5mm×3.5mm，至图样要求的尺寸。

(5) 调节主轴转速为800r/min左右，换用45°车刀，起动车床。

(6) 手动倒角$C2$、$C1$，并去毛刺，停车。

6. 车削螺纹M27×2

(1) 确定车削螺纹背吃刀量的起始位置，将中滑板刻度调到"0"位，开车，使刀尖轻微接触工件表面，然后迅速将中滑板刻度调至"0"位，以便进刀记数。

(2) 试切第一条螺旋线并检查螺距。将床鞍摇至离工件端面5mm处，横向进刀0.05mm左右。开车，合上开合螺母，在工件表面车出一条螺旋线，至螺纹终止线处退出车刀，开反车把车刀退到工件右端；停车，用钢直尺检查螺距是否正确。

(3) 用刻度盘调整背吃刀量，开车切削。螺纹的总背吃刀量a_p与螺距的关系按经验公式$a_p \approx 0.65P$，每次的背吃刀量约为0.1mm。

(4) 车刀将至终点时，应做好退刀停车准备，先快速退出车刀，然后开反车退出刀架。

(5) 再次横向进刀，继续切削至车出正确的牙形。

7. 切断

(1) 调节转速为800r/min左右，换用切断车刀，开启车床。

(2) 用切断刀在工件右断面轻轻接触，记住大滑板位置。

(3) 转动中滑板将刀横向退出。

(4) 纵向摇动大滑板，将车刀向左移95mm加切断刀刀宽，转动中滑板，控制车刀将工件切下。

8. 检测工件

9. 上油、入库

【做】——进行三角螺纹轴的车削

按照表6-6的相关要求进行零件的加工。

表6-6 三角螺纹轴车削过程记录卡

<table>
<tr><td colspan="2">一、车削过程
1. 三角螺纹轴的车削过程为________________。
(1) 切断　(2) 车削外圆　(3) 配料　(4) 切槽　(5) 车削螺纹
2. 低速车削三角螺纹的方法有(　　)。
A. 直进法　B. 左右切削法　C. 斜进法　D. 上下切削法</td></tr>
<tr><td>二、所需设备、工具和卡具</td><td>三、车削步骤</td></tr>
</table>

续表

四、注意事项 1. 车削螺纹前应先检查好所有的手柄是否处于车削螺纹的位置，防止盲目开车。 2. 车削螺纹时，开合螺母必须合到位。 3. 粗车螺纹时，要留适当的精车余量。	
五、车削过程分析	
出现的问题：	原因与解决方案：

【评】——三角螺纹轴车削方案评价

根据表6-6中所记录的内容，对三角螺纹轴车削过程进行评价。三角螺纹轴车削过程评价表见表6-7。

表 6-7 三角螺纹轴车削过程评价表

项目	内容		分值	评价方式			备注
				自评	互评	师评	
车削方法	外圆	ϕ45mm	5				严格按照车床的操作规程完成所有内容的车削
		ϕ35mm	5				
	槽	5mm×3.5mm	5				
	长度	(55±0.05)mm	4				
		30mm	4				
		95mm	5				
	倒角	3×C1	3				
	滚花	C2	2				
	圆球	M27×2	15				
车削步骤	刀具选择是否正确		15				是否按要求进行规范操作
	车削过程是否正确		15				
职业素养	卡具维护和保养		6				按照7S管理要求规范现场
	工具定置管理		6				
	安全文明操作		10				
合计			100				
综合评价							

【练】——综合训练

一、填空题

1. 三角螺纹车刀从结构上分,有________和________。

2. 三角内螺纹工件的形状常见的有________、________和________三种。

二、判断题

1. 高速钢螺纹车刀刃磨方便、切削刃锋利、韧性好。 (　　)

2. 车削高台阶的螺纹车刀,靠近高台阶一侧的刀刃应短些,否则易擦伤轴肩。 (　　)

3. 车削螺纹前要检查组装交换齿轮的间隙是否适当,变速手柄放在空挡位置。(　　)

4. 车削铸铁螺纹时,径向进刀不宜太大,否则会使螺纹牙尖爆裂造成废品,在最后几刀车削时可用赶刀法把螺纹车光。 (　　)

5. 车削螺纹应始终保持刀刃的锋利,如中途换刀或磨刀后,必须对刀,并重新调整中滑板的刻度。 (　　)

三、选择题

1. 对三角螺纹的要求包括(　　)。

A. 螺距小,长度短

B. 螺纹轴向剖面必须正确、两侧表面粗糙度值小

C. 中径尺寸符合精度要求

D. 螺纹与工件轴线保持同轴

2. 车削塑性材料时,扎刀的原因有(　　)。

A. 车刀装夹低于工件轴线或车刀伸出太长

B. 车刀前角或后角太大,产生径向切削力把车刀拉向切削表面

C. 采用直进法车削时进给量较大,使刀具接触面积大,排屑困难而造成"扎刀"

D. 精车时由于刀具严重磨损而造成"扎刀"

四、简答题

1. 三角螺纹加工的具体步骤是什么?

2. 车削三角螺纹时,安全注意事项有哪些?

任务3　三角螺纹轴的检测与质量分析

学习目标

(1) 认识三角螺纹类零件的检测方法。

(2) 掌握三角螺纹轴的检测方法及注意事项。

对三角螺纹轴进行质量检测分析，零件图样如图 6-1 所示。

【学】——三角螺纹类零件的检测方法

一、检测三角螺纹类零件常用的量具

标准螺纹具有互换性，特别对螺距、中径等尺寸要严格要求，否则螺纹副将无法配合，常用的测量三角螺纹的量具介绍如下。

1. 钢直尺

钢直尺是一种简单的量具，其主要作用是测量螺距和螺纹的长度。

车削螺纹时，螺距的正确与否从第一刀开始要进行检查。其具体方法如下：

车削螺纹的第一刀切入深度一定要小，使车刀在工件外圆上画出一条很浅的螺旋线，为使测量准确，应摇床鞍纵向手轮，让车刀在工件外圆表面上画出一条平行于轴线的基准线。测量时可以用钢直尺沿着基准线进给测量，如图 6-16 所示，这样可以避免因机床调整不当或螺纹尺寸计算错误造成螺纹加工失败。

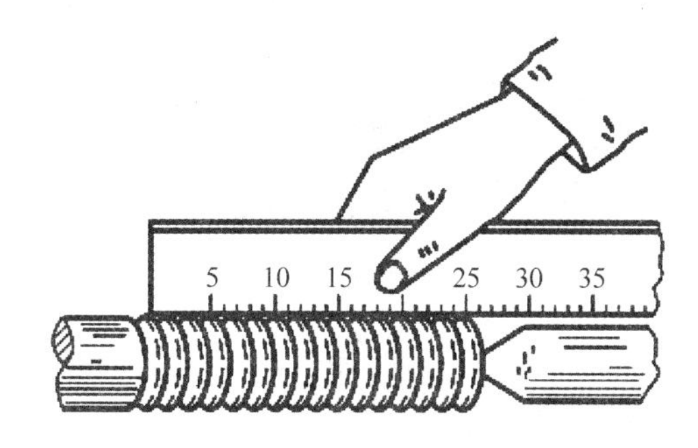

图 6-16 钢直尺测量螺距

2. 游标卡尺

螺纹顶径公差较大，车削螺纹前或车削成形后，顶径一般只需用游标卡尺测量。测量时，要注意用游标卡尺的下量爪平面处进行测量，如图 6-17 所示。

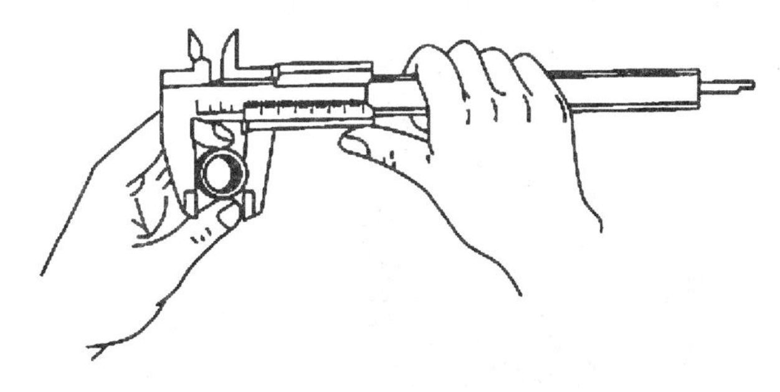

图 6-17 用游标卡尺测量螺纹大径

3. 螺距规

螺距规是用优质钢材精磨制成的薄片，每一叶片均标有螺纹规格，能迅速测量出内、外螺纹的尺寸，适用于快速对比式测量工件的螺纹，如图 6-18 所示。

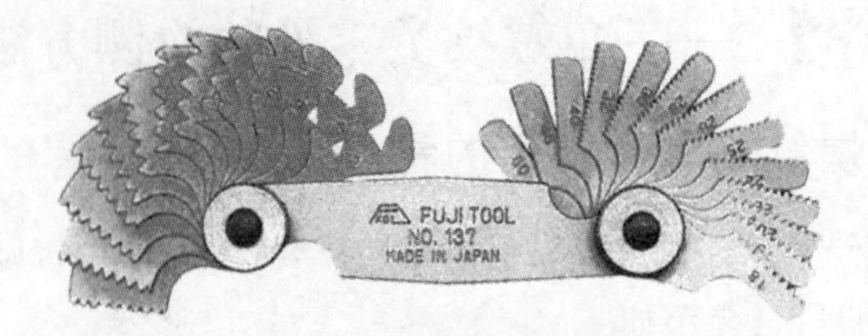

图 6-18 60°螺纹螺距规

对于车削螺距较小的螺纹，可用螺距规进行测量，其测量方法如图 6-19 所示，只要螺距规上的螺距和工件上的螺距吻合，则工件上要测量的螺距就是螺距规上所标的螺距。

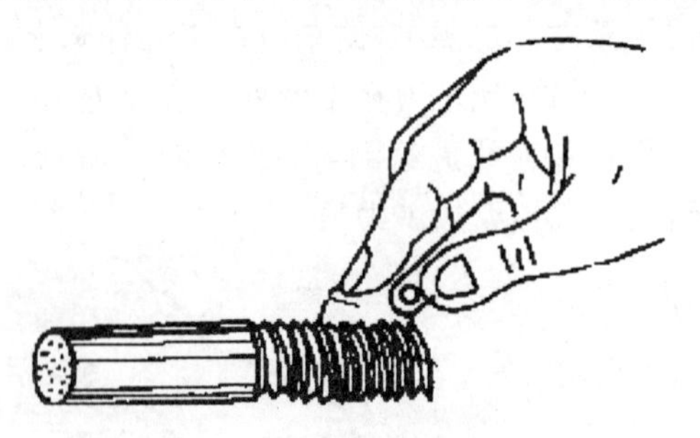

图 6-19 螺距规测量螺距

4. 螺纹千分尺

螺纹千分尺的外形结构如图 6-20 所示，其构造与外径千分尺基本相同，只是在二量砧和测量头上装有特殊的测量头，即 60°锥形和 V 形测头，螺纹千分尺的分度值为 0.01mm，其读数方法与外径千分尺基本相同。

图 6-20 螺纹千分尺的结构

(1) 螺纹千分尺的使用方法

用螺纹千分尺测量外螺纹中径如图 6-21 所示，具体步骤如下：

① 根据被测螺纹的螺距，选取一对测量头。

② 擦净仪器和被测螺纹，校正螺纹千分尺零位。

③ 将被测螺纹放入两测量头之间，找正中径部位。

④ 分别在同一截面相互垂直的两个方向上测量螺纹中径。取其平均值作为螺纹的实际中色，然后判断被测螺纹中径的适用性。

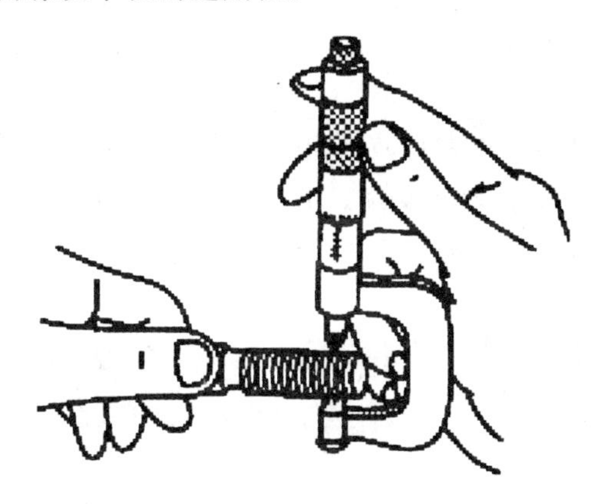

图 6-21 螺纹千分尺的使用方法

注意：在测量过程中，若更换测量头，必须重新调整砧座的位置，使千分尺对准零位。

(2) 螺纹千分尺的作用和种类

螺纹千分尺是应用螺旋副传动原理将回转运动变为直线运动的一种量具，主要用于测量外螺纹中径。螺纹千分尺按读数形式分为标尺式和数显式，其结构如图 6-22 和图 6-23 所示。

图 6-22 标尺式螺纹千分尺

5. 螺纹量规

螺纹量规是对螺纹各主要尺寸进行综合检验的一种测量方法。对标准螺纹或大批量

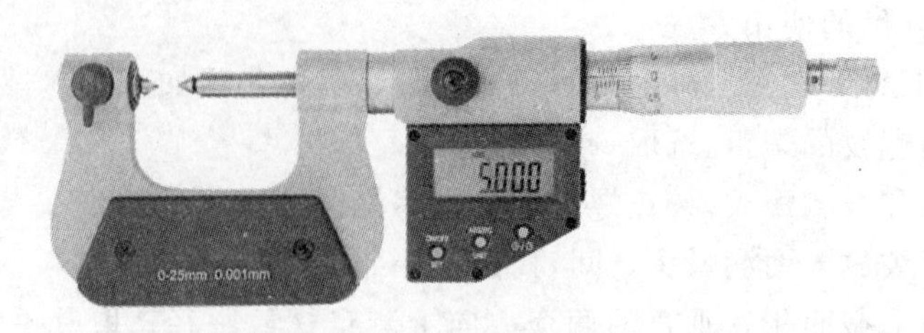

图 6-23 数显式螺纹千分尺

生产的螺纹工件常采用综合测量法。

(1) 螺纹量规的种类

螺纹量规有螺纹环规和螺纹塞规两种，如图 6-24 所示，而每种又有通规和止规之分。标有字母“T”为通端，标有字母“Z”为止端。适用于牙形角为 60°、公称直径为 1～355mm、螺距为 0.2～8mm 的普通螺纹量规。

(a) 螺纹环规 (b) 螺纹塞规

图 6-24 螺纹量规

(2) 螺纹量规的使用方法

螺纹塞规通端“T”，应与工件的内螺纹旋合通过。螺纹塞规止端“Z”，允许与工件的内螺纹两端的螺纹部分旋合，旋合量应不超过两个螺距。若工件内螺纹的螺距少于或等于 3 个，不应完全旋合通过。

6. 螺纹合格与不合格的判定

采用经检定符合本标准要求的螺纹工作量规对工件内螺纹或工件外螺纹进行检验，若符合相应规定的使用规则，则应判定该工件的内螺纹或外螺纹为合格。

为减少检验或验收时发生的争议，制造者和检验者或验收者，应使用同一合格的量规，当使用同一合格的量规存在困难时，操作者宜使用新的(或磨损较少的)通端螺纹量规和磨损较多的(或接近磨损极限的)止端螺纹量规；检验者或验收者宜使用磨损较多的(或接近极限的)通端螺纹量规和新的(或磨损较少的)止端螺纹量规。

当检验中发生争议时，若判定该工件的内螺纹或外螺纹为合格的螺纹量规，经检定本标准要求，则该工件的内螺纹或外螺纹应按合格处理。

二、三角螺纹类零件的质量分析

在实际车削螺纹时，可能由于各种原因，造成主轴到刀具之间的运动在某一环节出现问题，引起车削螺纹时产生故障，影响正常的生产，这时应及时解决产生问题的原因。

1. 牙形角不正确

三角螺纹牙形角不正确的原因及预防措施见表 6-8。

表 6-8 三角螺纹牙形角不正确的原因及预防措施

种 类	产生原因	预防措施
刀尖角不正确	车刀两切削刃在基面上投影之间的夹角与螺纹的牙形角不一致	刃磨车刀时必须使用角度尺或样板来检测,得到正确的牙形角
高速钢车刀切削时牙形角过大	在高速切削螺纹时,由于车刀对工件的挤压力产生挤压变形,会使加工出的牙形扩大,同时使工件胀大	在刃磨车刀时,两刃夹角应适当减小30′。另外,车削外螺纹前,工件大径一般比公称尺寸小(约 $0.13P$)
径向前角未修正	径向前角越大,牙形角的误差也越大,车削出的螺纹牙形在轴向剖面内不是直线,而是曲线	有较大径向前角的螺纹车刀,刀尖角必须通过车刀两刃夹角进行修正,其修正计算方法为 $\tan\varepsilon_\gamma = \cos\gamma_p \tan\alpha$ 式中:ε_γ——车刀两刃夹角; γ_p——径向前角; α——牙形角
车刀安装不正确	车刀安装不正确,即车刀两切削刃的对称中心线与工件轴线不垂直,造成加工出的牙形角倾斜	用角度尺或样板来安装车刀,使对称中线与工件轴线垂直,并且刀尖与工件中心等高
刀具磨损	刀具磨损后没有及时刃磨,造成加工出的牙形角两侧不是直线而是曲线	合理选用切削用量,车刀磨损后及时刃磨

2. 螺距(或导程)不正确

三角螺纹螺距或导程不正确的原因及预防措施见表 6-9。

表 6-9 三角螺纹螺距或导程不正确的原因及预防措施

种 类	产生原因	预防措施
螺纹全长不正确	交换齿轮计算或组装错误,进给箱、溜板箱有关手柄位置挂错	① 重新检查进给箱手柄位置; ② 重新计算挂轮
螺纹局部不正确	车床丝杠和主轴的窜动过大,溜板箱手轮转动不平衡,开合螺母的间隙过大	① 调整车床丝杠与进给箱连接处的调整圆螺母; ② 调整主轴后调整螺母; ③ 调整开合螺母间隙
螺距不正确	车削过程中开合螺母自动抬起引起螺距不正确	① 调整开合螺母镶条适当减小间隙,控制开合螺母传动时抬起; ② 用重物挂在开合螺母手柄上

3. 表面粗糙度值大

三角螺纹表面粗糙度值大的原因及预防措施见表 6-10。

表 6-10 三角螺纹表面粗糙度值大的原因及预防措施

产生原因	预防措施
刀尖产生积屑瘤	① 适当调整切削速度,避开积屑瘤产生的切削速度为 5~80m/min; ② 用高速钢车刀切削时,适当降低切削速度; ③ 选择正确的切削液; ④ 用硬质合金车刀车削螺纹时,适当提高切削速度
刀柄刚性不够	增加刀柄的截面积并减小刀柄的伸出长度,以增加车刀的刚性,避免振动
车刀径向前角太大,中滑板丝杠螺母间隙过大,产生"扎刀"	减小车刀径向前角,调整中滑板丝杠螺母,使其间隙尽可能最小
高速钢车刀切削螺纹时,切削厚度太小或切屑拉毛已加工牙侧的表面	高速钢切削螺纹时,最后一刀的切屑厚度一般要大于 0.1mm,并使切屑沿垂直方向排出,以免切屑接触已加工表面
切削用量过大	选择合理的切削用量
车刀表面粗糙	切削刃口的表面粗糙度值要比螺纹加工表面的粗糙度值小 2~3 挡,砂轮刃磨车刀完后口用油石研磨

4. 乱牙

车削三角螺纹乱牙的原因及预防措施见表 6-11。

表 6-11 车削三角螺纹乱牙的原因及预防措施

产生原因	预防措施
工件转数不是丝杠转数的整数倍	① 采用正反车车削螺纹。主轴、丝杠和刀架之间的传动没有分离过,车刀始终在原来的螺旋槽中,就不会产生乱牙; ② 当进刀纵向行程完成后,提起开合螺母脱离传动链退回,刀尖位置产生位移,应重新对刀

5. 中径不正确

三角螺纹中径不正确的原因及预防措施见表 6-12。

表 6-12 三角螺纹中径不正确的原因及预防措施

产生原因	预防措施
背吃刀量不正确	考虑顶径误差的影响,调整背吃刀量
刻度盘使用不当	检查刻度盘是否松动,正确使用刻度盘
车削时未及时测量	车削过程中要及时测量中径尺寸

6. "扎刀"或顶弯工件

车削三角螺纹时,"扎刀"或顶弯工件的原因及预防措施见表 6-13。

表 6-13 车削三角螺纹"扎刀"或顶弯工件的原因及预防措施

产生原因	预防措施
车刀刀尖低于工件中心	安装车刀时,刀尖要对准工件中心或略高些
车刀前角太大,中滑板丝杠间隙较大	减小车刀前角,减小径向力,调整中滑板丝杠间隙
工件刚性差,而切削用量选择太大	根据工件刚性来选择合理的切削用量,增加工件的刚性,增加车刀刚性

总之,车削螺纹时产生的故障是多种多样的,既有设备原因,也有刀具、测量、操作原因,排除故障时要具体情况具体分析,通过各种检测方法和诊断手段,找出具体的影响因素,采取有效、合理的解决方法。

【教】——三角螺纹轴的检测过程

一、基本原理

1. 检测方法

根据三角螺纹轴图 6-1 所示,对每一项尺寸进行三次测量,然后求取平均值,将最终检测结果填入表 6-14 中。

表 6-14 三角螺纹轴检测结果

尺寸代号	实际检测值			平均值	是否合格
	1	2	3		
ϕ45mm					
ϕ35mm					
30mm					
(55±0.05)mm					
95mm					
3×C1					
C2					
5mm×3.5mm					
M27×2					
不合格的原因及预防措施					

2. 量具选择

0～150mm 游标卡尺、25～50mm 千分尺、螺距规、螺纹环规。

二、检测流程

量取尺寸→记录数值→求平均值→结果填表。

【做】——进行三角螺纹轴的检测

按照表 6-15 的相关要求进行零件的检测。

表 6-15 三角螺纹轴检测过程记录卡

<table>
<tr><td colspan="2">一、车削过程
1. 三角螺纹轴的检测过程为________。
(1) 记录数值 (2) 量取尺寸 (3) 求平均值 (4) 结果填表
2. 螺纹检测的量具有________、________、________。(螺距规、螺纹量规、螺纹千分尺、半径规、环规)</td></tr>
<tr><td>二、所需设备、工具和卡具</td><td>三、检测步骤</td></tr>
<tr><td colspan="2">四、注意事项
使用螺纹量规检查时，不能用力过大强拧，以免环规严重磨损或使工件发生移位。</td></tr>
<tr><td colspan="2">五、检测过程分析</td></tr>
<tr><td>出现的问题：</td><td>原因与解决方案：</td></tr>
</table>

【评】——三角螺纹轴检测方案评价

根据表 6-15 中记录的内容，对三角螺纹轴检测过程进行评价。三角螺纹轴检测过程评价表见表 6-16。

表 6-16 三角螺纹轴检测过程评价表

项目	内容		分值	评价方式			备注
				自评	互评	师评	
检测方法	外圆尺寸	ϕ45mm	5				严格按照所需量具的操作规程完成螺纹轴的检测任务
		ϕ35mm	5				
	槽宽	5mm×3.5mm	5				
	长度尺寸	30mm	3				
		(55±0.05)mm	5				
		95mm	7				
	倒角	3×*C*1	3				
		*C*2	2				
	螺纹	M27×2	15				
检测步骤	量具选择是否正确		10				是否按要求进行规范操作
	检测过程是否正确		10				
职业素养	量具维护和保养		10				按照7S管理要求规范现场
	工具定置管理		10				
	安全文明操作		10				
合计			100				
综合评价							

【练】——综合训练

一、填空题

1. 标准螺纹具有________，特别对螺距、中径等尺寸要严格要求，否则螺纹副将无法________。

2. 钢直尺是一种简单的量具。其主要作用是测量________和________。

3. 螺纹顶径公差较大，车削________或________后，顶径一般只需用游标卡尺测量。

4. 螺距较小的螺纹，可用________进行测量。

二、判断题

1. 螺纹千分尺是应用螺旋副传动原理将回转运动变为直线运动的一种量具，主要用于测量外螺纹中径。 ( )

2. 螺纹量规是对螺纹各主要尺寸进行综合检验的一种测量方法。 ( )

三、选择题

1. 三角螺纹牙形角不正确的原因为( )。

A. 刀尖角不正确
B. 径向前角未修正
C. 高速钢车刀切削时牙形角过大
D. 车刀安装不正确

2. 三角螺纹中径不正确的原因为(　　)。

A. 背吃刀量不正确
B. 车刀刀尖低于工件中心
C. 车削时未及时测量
D. 刻度盘使用不当

四、简答题

1. 车削螺纹类零件时,产生乱牙的原因是什么? 如何预防?
2. 车削螺纹类零件时,产生“扎刀”或顶弯工件的原因是什么? 如何预防?
3. 车削螺纹类零件时,表面粗糙度值超差的原因是什么? 如何预防?

项目 7

车削梯形螺纹

教学目标

（1）能了解梯形螺纹类零件的作用、分类及特点。

（2）能掌握车削梯形螺纹类零件的方法。

（3）能掌握梯形螺纹类零件的检测与质量分析。

典型任务

对某企业梯形螺纹轴进行车削加工，零件图样如图 7-1 所示。

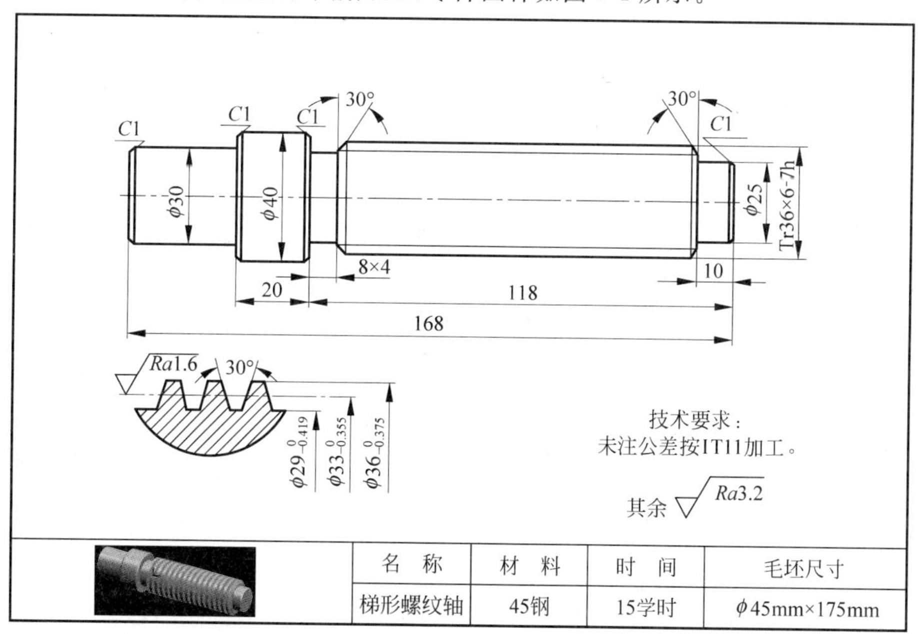

名　称	材　料	时　间	毛坯尺寸
梯形螺纹轴	45钢	15学时	φ45mm×175mm

图 7-1　梯形螺纹轴

任务1 梯形螺纹类零件简介

学习目标

(1) 认识梯形螺纹类零件。

(2) 掌握梯形螺纹类零件的用途及标记方法。

(3) 掌握梯形螺纹的主要参数及尺寸计算。

相关知识

梯形螺纹是应用很广泛的传动螺纹，如台虎钳的丝杠、升降机构长丝杠等都是梯形螺纹，如图 7-2 所示。梯形螺纹的工作长度较长，使用精度要求较高，因此车削时比普通三角螺纹困难。

图 7-2 常见的梯形螺纹应用实例

一、梯形螺纹标记

梯形螺纹标记由螺纹代号、公差带代号及旋合长度代号组成，彼此用“-”分开，如图 7-3 所示。

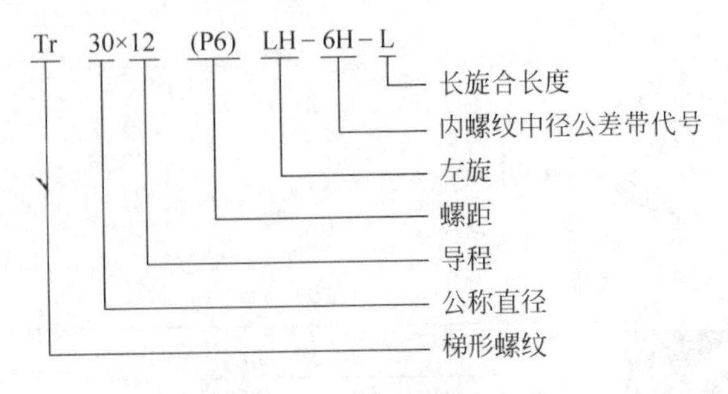

图 7-3 梯形螺纹标注示例

根据国家标准 GB 5796—2005 的规定，梯形螺纹代号由螺纹种类代号 Tr 和螺纹“公称直径×导程”表示。

由于标准对内螺纹小径 D_1 和外螺纹大径只规定了一种公差带(4H、4h)，规定外螺纹小径 d_3 的公差位置永远为 h，其基本偏差为零，公差等级与中径公差等级相同。而对内螺纹大径 D_4，标准只规定下偏差(即基本偏差)为零，而对上偏差不作规定，因此梯形螺纹仅标记中径公差带，并代表梯形螺纹公差带(由表示公差带等级的数字及表示公差位置的字母组成)。梯形螺纹副的公差带代号分别注出内、外螺纹的公差带代号，前面的是内螺纹公差带代号，后面是外螺纹公差带代号，中间用斜线分隔。梯形内螺纹公差带如图 7-4 所示。D_4 为内螺纹大径、D_1 为内螺纹小径、T_{D1} 为内螺纹小径公差、T_{D2} 为内螺纹中径公差、D_2 为内螺纹中径、P 为螺距。

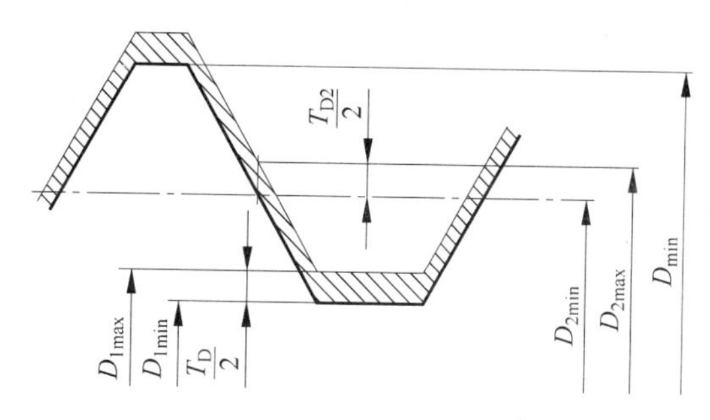

图 7-4　梯形内螺纹公差带

螺纹的旋合长度分为 3 组，分别称为短旋合长度(S)、中等旋合长度(N)和长旋合长度(L)。一般情况下，中等旋合长度(N)用得较多，可以不标注。螺纹的旋合长度见表 7-1。

表 7-1　梯形螺纹的旋合长度

mm

公称直径 d		螺距 P	旋合长度组		
			N		L
>	≤		>	≤	>
5.6	11.2	1.5	5	15	15
		2	6	19	19
		3	10	28	28
11.2	22.4	2	8	24	24
		3	11	32	32
		4	15	43	43
		5	18	53	53
		8	30	85	85
22.4	45	3	121	36	36
		5	21	63	63
		6	25	75	75
		7	30	85	85
		8	34	100	100
		10	42	125	125
		12	50	150	150

续表

公称直径 d		螺距 P	旋合长度组		
			N		L
>	≤		>	≤	>
45	90	3	15	45	45
		4	19	56	56
		8	38	118	118
		9	43	132	132
		10	50	140	140
		12	60	170	170
		14	67	200	200
		16	75	236	236
		18	85	265	265
90	180	4	24	71	71
		6	36	106	106
		8	45	132	132
		12	67	200	200
		14	75	236	236
		16	90	265	265
		18	100	300	300
		20	112	335	335
		22	118	355	355
		24	132	400	400
		28	150	450	450

二、梯形螺纹的计算

1. 梯形螺纹的牙形

梯形螺纹分米制和英制两种。英制梯形螺纹(牙形角为 29°)在我国较少采用，我国常用米制梯形螺纹(牙形角为 30°)。30°米制梯形螺纹的牙形如图 7-5 所示。

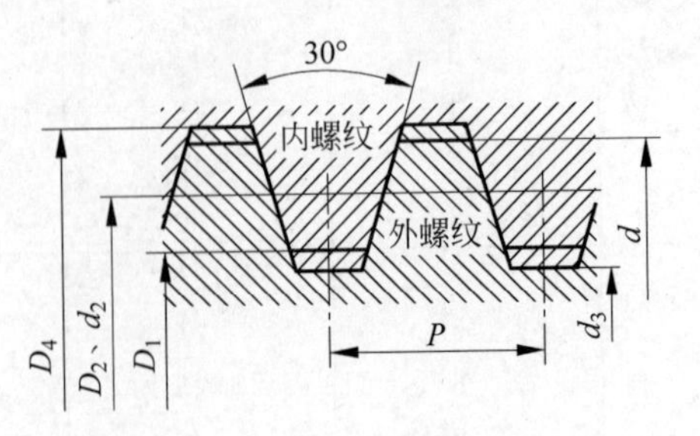

图 7-5　30°米制梯形螺纹牙形

2. 梯形螺纹各部分名称、代号及计算公式

梯形螺纹各部分名称、代号及计算公式见表 7-2。

表 7-2 梯形螺纹各部分名称、代号及计算公式

名称		代号	计算公式		
牙形角		α	$\alpha=30°$		
螺距		P	P 由螺纹标准确定		
			1.5～5	6～12	14～44
牙顶间隙		a_c	0.25	0.5	1
外螺纹	大径	d	公称直径		
	中径	d_2	$d_2=d-0.5P$		
	小径	d_3	$d_3=d-2h_3$		
	牙高	h_3	$h_3=0.5P+a_c$		
内螺纹	大径	D_4	$D_4=d+2a_c$		
	中径	D_2	$D_2=d_2$		
	小径	D_1	$D_1=d-P$		
	牙高	H_4	$H_4=h_3$		
牙顶宽		f、f'	$f=f'=0.366P$		
牙槽底宽		ω、ω'	$\omega=\omega'=0.366P-0.536a_c$		

例 7-1 车削一对 Tr42×10 丝杠和螺母，试求内、外螺纹的大径、牙形高度、小径、牙顶宽、牙槽底宽和中径尺寸。

解：根据表 7-2 中公式有以下具体运算公式。

$d=42\text{mm}$

$d_2=d-0.5P=42\text{mm}-0.5\times10\text{mm}=37\text{mm}$

$h_3=0.5P+a_c=0.5\times10\text{mm}+0.5\text{mm}=5.5\text{mm}$

$d_3=d-2h_3=42\text{mm}-2\times5.5\text{mm}=31\text{mm}$

$D_4=d+2a_c=42\text{mm}+2\times0.5\text{mm}=43\text{mm}$

$D_2=d_2=37\text{mm}$

$D_1=d-P=42\text{mm}-10\text{mm}=32\text{mm}$

$H_4=h_3=5.5\text{mm}$

牙顶宽 $f=f'=0.366P=0.366\times10\text{mm}=3.66\text{mm}$

牙槽底宽 $\omega=\omega'=0.366P-0.536a_c=0.366\times10\text{mm}-0.536\times0.5\text{mm}=3.392\text{mm}$

综合训练

一、填空题

1. 螺纹的旋合长度分为 3 组，分别称为短旋合长度(S)、中等旋合长度(N)和长旋合长度(L)。一般情况下，____________用得较多，可以不标注。

2. 梯形螺纹分米制和英制两种。英制梯形螺纹,牙形角为________,在我国较少采用,我国常用米制梯形螺纹,牙形角为________。

二、简答题

1. 举例说明梯形螺纹的用途。

2. 举例说明梯形螺纹的标记。

三、计算题

车削 Tr48×8 的丝杠和螺母,试求内螺纹、外螺纹的大径、牙形高度、小径、牙顶宽、牙槽底宽和中径尺寸。

任务 2　梯形螺纹轴的车削

(1) 认识梯形螺纹类零件的车削方法。

(2) 掌握梯形螺纹轴的车削方法及注意事项。

对梯形螺纹轴进行车削加工,零件图样如图 7-1 所示。

【学】——梯形螺纹类零件的车削方法

一、加工梯形螺纹的常用刀具

1. 梯形螺纹车刀的类型

车刀从材料上分,有高速钢梯形螺纹车刀和硬质合金梯形螺纹车刀两种。低速车削一般选用高速钢车刀,高速车削一般选用硬质合金车刀。

(1) 高速钢梯形螺纹车刀

车梯形外螺纹时,切削力较大,为了减小切削力,螺纹车刀也应分为粗车刀和精车刀两种。

① 粗车刀。为了便于左、右切削并留精车余量,刀尖角应小于牙形角,刀尖宽度应小于牙槽底宽 W,如图 7-6 所示。

② 精车刀。高速钢梯形螺纹精车刀的径向前角 0°,两侧切削刃之间的夹角等于牙形角。为了保证两侧的切削刃能顺利切削,在两侧都磨有较大前角($\gamma_0=10°\sim16°$)的卷屑槽,但车削时,车刀的前端不能参加切削,只能精车牙侧,如图 7-7 所示。

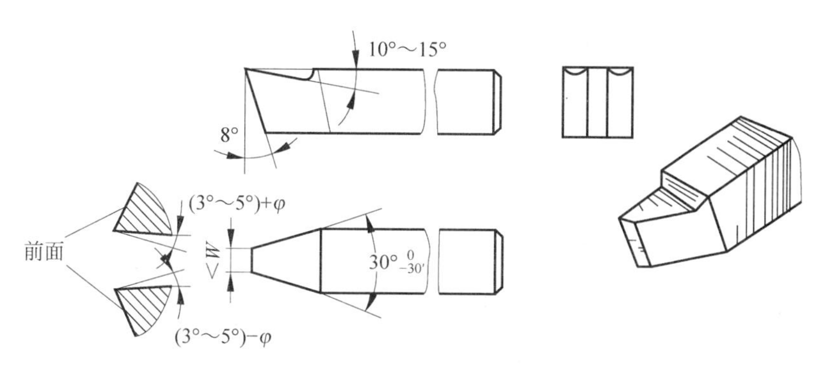

图 7-6　高速钢梯形螺纹粗车刀

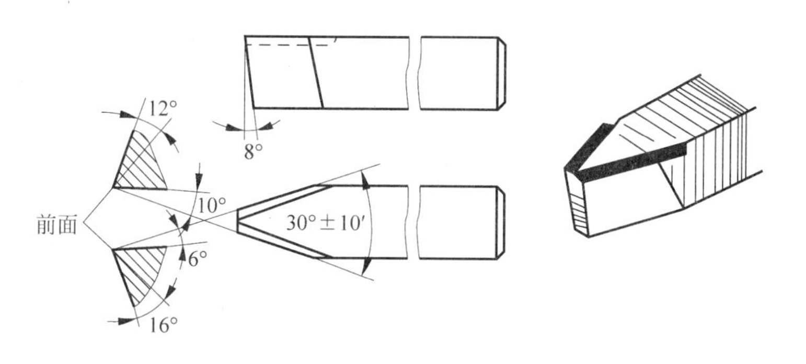

图 7-7　高速钢梯形螺纹精车刀

(2) 硬质合金梯形螺纹车刀

为了提高效率,在车削一般精度梯形螺纹时,可以采用硬质合金车刀进行高速车削。

(3) 高速钢梯形内螺纹车刀

梯形内螺纹车刀如图 7-8 所示。它和三角内螺纹车刀基本相同,只是刀尖角为 30°。

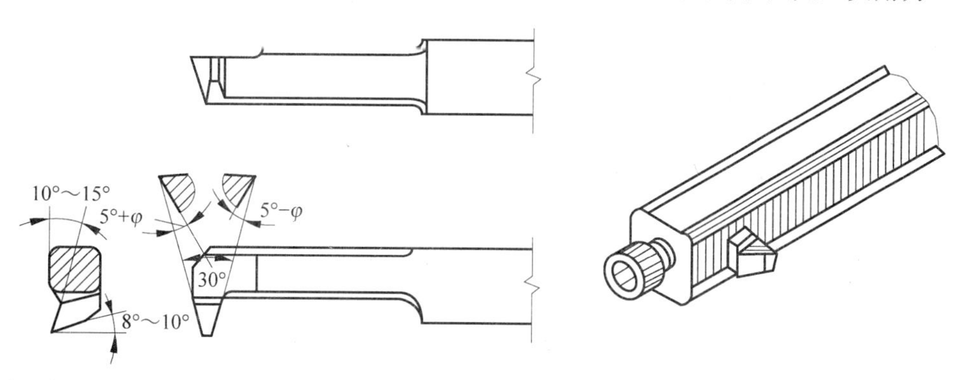

图 7-8　梯形内螺纹车刀

2. 梯形螺纹车刀的刃磨

梯形螺纹车刀刃磨正确与否直接关系到螺纹的正确性,关系到工件的质量。

(1) 梯形螺纹车刀的角度

梯形螺纹车刀的角度如图 7-9 所示。

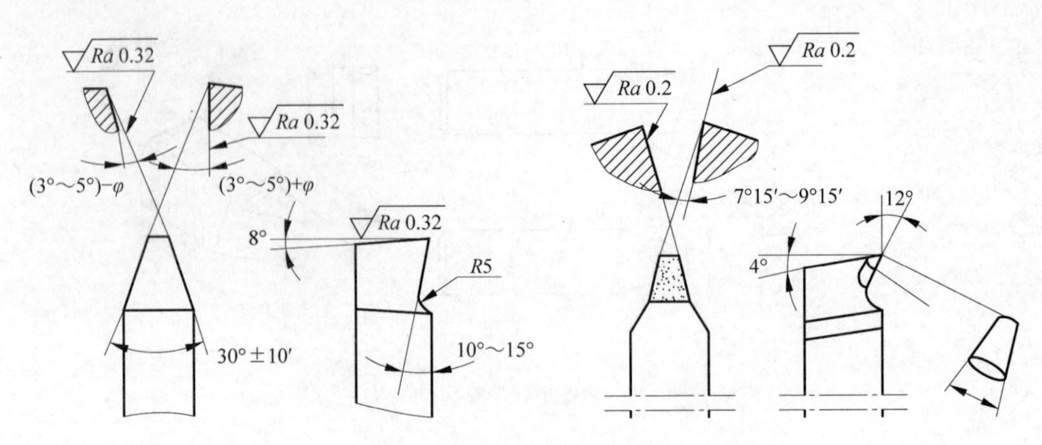

图 7-9 梯形螺纹车刀的角度

① 刀尖角 粗车刀应小于牙形角，精车刀应等于牙形角。

② 刀尖宽度 粗车刀的刀尖宽度应为 1/3 的螺距宽。精车刀的刀尖宽应等于牙底宽减去 0.05mm。

③ 纵向前角 粗车刀一般为 15°左右，精车刀为了保证牙形角正确，前角应等于 0°，但实际生产时取 0°～5°。

④ 纵向后角 一般取 6°～8°。

⑤ 两侧刀刃后角 $\alpha_1=(3°\sim5°)+\varphi,\alpha_2=(3°\sim5°)+\varphi$。

(2) 梯形螺纹车刀的刃磨要求

① 梯形螺纹车刀刃磨的主要参数是螺纹的牙形角和牙槽底宽。

② 刃磨两刃夹角时，应随时目测与样板校对。

③ 磨有径向前角的两刃夹角时，应该用特制厚度样板进行修正。

④ 切削刃要光滑、平直、无裂口，两侧切削刃必须对称，刀体不歪斜。

⑤ 磨完后，用油石研去各刀刃毛刺。

(3) 梯形螺纹车刀的刃磨步骤

① 粗磨刀刃两侧后角，初步形成刀尖角。

② 粗磨、精磨前面或径向前角。

③ 精磨刀刃两侧后面时，刀尖角用样板修正。

④ 修正刀尖后角时，应注意刀尖横刃宽度小于牙槽底宽。

(4) 修磨梯形螺纹车刀的要求

高速切削梯形螺纹时，由于 3 个刃同时切削，切削力大，容易引起振动。并且前面是平行面，切屑呈带状流出，操作不安全。为了解决上述矛盾，可在前面磨出两个圆弧，其主要优点如下：

① 磨出两个 $R7$mm 的圆弧，使径向前角增大，切削轻快，不易引起振动。

② 切屑呈球头状排出，保证安全，方便清除切屑。

③ 梯形内螺纹车刀。梯形内螺纹车刀和三角内螺纹车刀基本相同，只是刀尖角为 30°。内螺纹车刀比外螺纹车刀的刚性差，所以刀柄的截面应尽量大些。刀柄的截面尺寸

与长度应根据工件的孔径与孔深来选择。

(5) 注意事项

① 刃磨两侧后角时要注意螺纹的左右旋向,然后根据螺纹升角的大小来决定两侧后角的大小数值。

② 内螺纹车刀的刀尖角平分线应与刀柄垂直。

③ 刃磨高速钢车刀时,随时放入冷水中冷却,防止退火。

3. 梯形螺纹车刀的选择与装夹

(1) 车刀的安装方式

根据梯形螺纹的车削特点,车刀的装夹一般为轴向装夹和法向装夹两种。

轴向装夹是使车刀前面与工件轴线重合。其优点是车出的螺纹直线度好。

法向装刀是使车刀前面在纵向进给方向对基面倾斜一个螺纹升角,即使前面在纵向进给方向垂直于螺旋线的切线。其优点是左右切削刃工作前角相等,改善了切削条件,使排屑顺畅,但螺纹的牙形不成直线而是双曲线,所以粗车梯形螺纹,尤其是当螺旋升角大时,应采用法向装刀;精车梯形螺纹时,应采用轴向装刀。这样既能顺利地进行粗车,又能保证精车后螺纹牙形的准确性。

(2) 车刀的安装高度

安装梯形螺纹车刀时,应使刀尖对准工件回转中心,以防止牙形角的变化。采用弹簧刀排时,其刀应略高于工件回转中心 0.2mm 左右,以补偿刀排弹性变形量。为了保证梯形螺纹车刀两刃夹角中线垂直于工件轴线,当梯形螺纹车刀在基面内安装时,可用螺纹样板进行校正对刀,如图 7-10 所示。若以刀柄左侧面为定位基准,在工具磨床上刃磨的梯形螺纹精车刀,装刀时,可用百分表校正刀柄侧面位置,以控制车刀在基面内的装刀偏差。

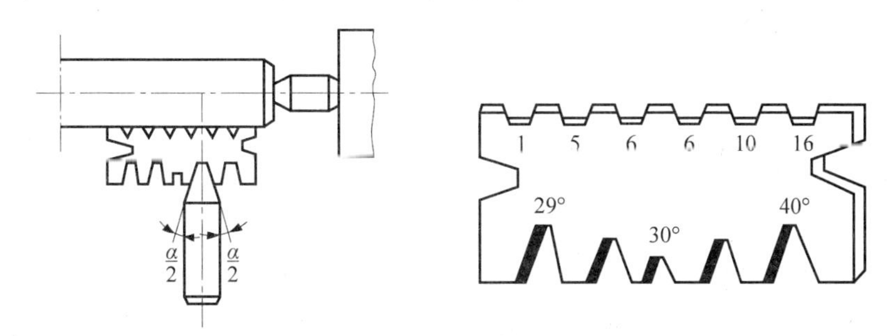

图 7-10 梯形螺纹车刀的安装

二、加工梯形螺纹的常用方法

1. 工件的装夹

一般采用双顶尖装夹或一夹一顶装夹。粗车较大螺距时,由于切削力较大,通常采用四爪单动卡盘一夹一顶,以保证装夹的牢固,同时使用工件的一个台阶靠住卡爪的平面或用轴向定位块限制,固定工件的轴向位置,以防止因切削力过大,使工件轴向位移而车坏螺纹。精车螺纹时,可以采用两顶尖之间装夹,以提高定位精度。

2. 车床的选择和调整

(1) 车床的选择

挑选精度较高、磨损较小、刚性好的车床加工。

(2) 车床的调整

① 对床鞍及中滑板、小滑板的配合部分进行检查和调整,使其间隙松紧适当。特别注意控制主轴的轴向窜动、径向跳动及丝杠的窜动。

② 选用配换精度较高的交换齿轮。

③ 主轴上左右摩擦片的松紧应调整合适,以减少切削时因车床因素而产生的加工误差。

3. 梯形螺纹的车削方法

车削梯形螺纹与车削三角螺纹相比较,螺距大、牙形大、切削余量大、切削抗力大,而且精度要求较高,加之工件一般较长,所以加工难度大。除了与车削三角螺纹类似,按所车削的螺距,在车床进给箱铭牌上找出调整变速手柄所需位置,保证车床所车的螺距更符合要求外,还需考虑梯形螺纹的精度和螺距来选择不同的加工方法。通常对于精度要求较高的梯形螺纹采用低速车削的方法。

车削梯形螺纹时,通常采用高速钢材料刀具进行低速车削,低速车削梯形螺纹一般有4种进刀方法,如图7-11所示,即直进法、左右切削法、车直槽法和车阶梯槽法。通常,直进法只适用于车削螺距较小($P<4$mm)的梯形螺纹,而粗车螺距较大($P>4$mm)的梯形螺纹常采用左右切削法、车直槽法和车阶梯槽法。

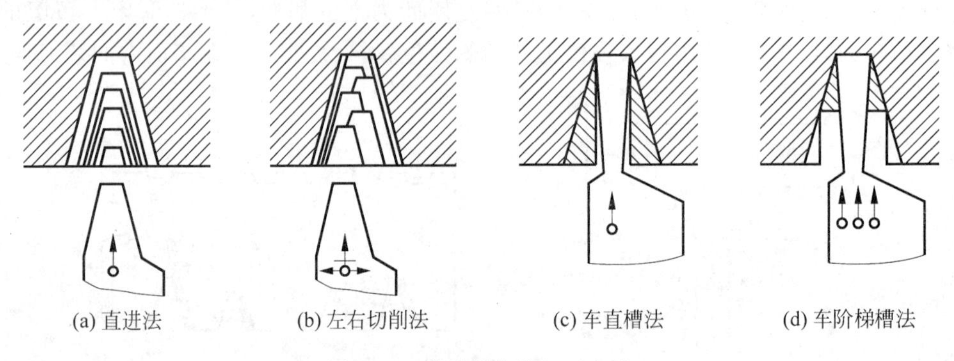

图7-11 梯形螺纹的加工方法

(1) 直进法

直进法也称切槽法,如图7-11(a)所示。

车削螺纹时,只利用中滑板进行横向进刀,在几次行程中完成螺纹车削。这种方法虽可以获得比较正确的牙形,操作也很简单,但由于刀具3个切削刃同时参加切削,振动比较大,牙侧容易拉出毛刺,不易得到较好的表面品质,并容易产生"扎刀"现象,因此,该法只适用于螺距较小的梯形螺纹车削。

(2) 左右切削法

左右切削法车削梯形螺纹时,除了用中滑板刻度控制车刀的横向进刀外,同时还利用小滑板的刻度控制车刀的左右微量进给，直到牙形全部车好，如图7-11(b)所示。

用左右切削法车螺纹时，由于是车刀两个主切削刃中的一个在进行单面切削，避免了3个切削刃同时切削，所以不容易产生"扎刀"现象。另外，精车时尽量选择低速(v_c为4～7m/min)，并浇注切削液，一般可获得很好的表面品质。在实际操作过程中，要根据实际经验，一边控制左右进给量，一边观察切屑情况，当排出的切屑很薄时，就可采用光整加工使车出的螺纹表面光洁，精度也很高。但左右切削法操作比较复杂，小滑板左右微量进给时由于空行程的影响易出错，而且中滑板和小滑板同时进刀，两者进刀量的大小和比例不固定，每刀切削量不好控制，牙形也不易车得清晰。

(3) 车直槽法

用车直槽法车削梯形螺纹时一般选用刀头宽度稍小于牙槽底宽的矩形螺纹车刀，采用横向直进法粗车螺纹至小径尺寸(每边留有0.2～0.3mm的余量)，然后换用精车刀修整，如图7-11(c)所示。

这种方法简单、易懂、易掌握，但是在车削较大螺距的梯形螺纹时，刀具因其刀头狭长，强度不够而易折断。这是由于切削的沟槽较深，排屑不顺畅，致使堆积的切屑把刀头"砸掉"，进给量较小，切削速度较低，因而很难满足梯形螺纹的车削需要。

(4) 车阶梯槽法

为了降低"直槽法"车削时刀头的损坏程度，可以采用车阶梯槽法，如图7-11(d)所示。

车阶梯槽法同样也是采用矩形螺纹车刀进行切槽，只不过不是直接切至小径尺寸，而是分成若干刀切削成阶梯槽，最后换用精车刀修整至所规定的尺寸。这样切削排屑较顺畅，方法也较简单，但换刀时不容易对准螺旋直槽，很难保证正确的牙形，容易产生倒牙现象。

综上所述，除直进法外，其他3种车削方法都能不同程度地减轻或避免3个切削刃同时切削，使排屑较顺畅，刀尖受力、受热的情况有所改善，从而不易出现振动和"扎刀"现象，还可提高切削用量，改善螺纹的表面品质。因此，左右切削法、车直槽法和车阶梯槽法获得了广泛的应用。

4. 注意事项

(1) 梯形螺纹车刀两侧副切削刃应平直，否则工件牙形角不正。

(2) 精车时刀刃应保持锋利，要求螺纹两侧表面粗糙度值要低。

(3) 调整小滑板的松紧，以防车削时车刀移位。

(4) 车梯形螺纹中途复装工件时，应保持拨杆原位，以防出现乱牙。

(5) 工件在精车前，最好重新修正顶尖孔，以保证同轴度。

(6) 在外圆上去毛刺时，最好把砂布垫在锉刀下进行。

(7) 不准在开车时用棉纱擦工件，以防出现危险。

(8) 车削时，为防止因溜板箱手轮回转时不平衡，或床鞍移动时产生窜动，可去掉手柄。

(9) 车梯形螺纹时为防"扎刀"，建议用弹性刀杆。

【教】——梯形螺纹轴的车削过程

一、任务分析

根据梯形螺纹轴图 7-1 所示。

1. 确定工件毛坯

工件毛坯为 45 钢，规格为 ϕ45mm×175mm。

2. 确定装夹方式

通过图样分析，工件以右端台阶面为装夹定位基准，采用一夹一顶的方式。

3. 确定加工尺寸

螺纹加工前的尺寸计算，一般先查表计算出螺纹大径 $d=\phi 36_{-0.375}^{0}$ mm，螺纹中径 $d_2=\phi 33_{-0.335}^{0}$ mm，螺纹小径 $d_3=\phi 29_{-0.419}^{0}$ mm 的尺寸。

4. 确定工艺卡流程

配料→粗车 ϕ30mm、ϕ40mm 外圆→精车 ϕ30mm、ϕ40mm 外圆→调头平端面，保总长，打中心孔（采用一夹一顶）→粗车 ϕ25mm、ϕ36mm 外圆→精车 ϕ25mm→切槽→粗车梯形螺纹 Tr36×6→精车梯形螺纹大径 ϕ36mm 外圆→精车梯形螺纹 Tr36×6，用三针测量控制中径尺寸→检验入库。

5. 确定车刀

90°硬质合金右偏刀、45°硬质合金车刀、高速钢切槽刀、梯形螺纹车刀。

二、加工工艺流程

1. 配料

(1) 检查材料、直径和长度是否符合要求。

(2) 检查车床的各个手柄是否复位。

(3) 开启电源开关。

(4) 装夹毛坯。

(5) 45°、90°硬质合金右偏刀、梯形螺纹车刀、切槽车刀。

2. 粗车 ϕ30mm、ϕ40mm 外圆

(1) 起动车床。

(2) 使用 90°右偏刀粗车。

(3) 摇动大滑板使 90°右偏刀到工件的端面处。

(4) 摇动中滑板使 90°右偏刀刚好车削到工件表面，大滑板、中滑板的刻度调"0"位，再摇动大滑板退回车刀，不能移动中滑板。

(5) 摇动中滑板的手柄使背吃刀量为 1.5mm，然后起动自动纵向走刀，可将车刀车削至图样标注尺寸。横向退出车刀，并记住中滑板的刻度，再纵向退回车刀与工件的端面齐平,第一次粗车完毕,开始第二次粗车。

(6) 反复(5),使 ϕ30mm、ϕ40mm 外圆留 1mm 精加工余量。

3. 精车 ϕ30mm、ϕ40mm 外圆

(1) 调节主轴转速和纵向走刀量,换用精车车刀。

(2) 精车 ϕ30mm 外圆至要求尺寸,精车 ϕ40mm 外圆至要求尺寸,车削方法与粗车类似,采用自动走刀。

(3) 倒角 C1。

4. 调头,车端面和钻中心孔

(1) 起动车床,转速调到 800r/min 左右,自动走刀量为 0.15mm/r。

(2) 用 45°车刀车端面,采用手动进给,直到端面车平为止。

(3) 停车。

(4) 把 ϕ2.5mm 的 A 型中心钻装入车床尾座的套筒内。

(5) 移动尾座,使中心钻距零件约 10mm,锁紧尾座。

(6) 起动车床。

(7) 摇动尾座的手柄钻中心孔,深度为 5mm。

(8) 把尾座移回车床尾部,停车。

(9) 用尾座顶尖支撑工件成一夹一顶装夹。

5. 粗车 ϕ24mm、ϕ36mm 外圆

(1) 起动车床。

(2) 使用 90°右偏刀粗车。

(3) 摇动大滑板使 90°右偏刀到工件的端面处。

(4) 摇动中滑板使 90°右偏刀刚好车削到工件表面,大滑板、中滑板的刻度调“0”位,再摇动大滑板退回车刀,不能移动中滑板。

(5) 摇动中滑板的手柄使背吃刀量为 1.5mm,然后起动自动纵向走刀,可将车刀车削至图样标注尺寸。横向退出车刀,并记住中滑板的刻度,再纵向退回车刀与工件的端面齐平,第一次粗车完毕,开始第二次粗车。

(6) 反复(5),使 ϕ24mm、ϕ36mm 外圆留 1mm 精加工余量。

6. 精车 ϕ24mm 外圆

(1) 调节主轴转速和纵向走刀量,换用精车车刀。

(2) 精车 ϕ24mm 外圆至要求尺寸,车削方法与粗车类似,采用自动走刀。

7. 切槽、倒角

(1) 调节主轴转速为 200r/min 左右,换用高速钢切槽刀,采用手动进给。

(2) 移动大滑板在 ϕ36mm 外圆处,保证尺寸为 118mm,摇动中滑板使车刀刚好在外圆面时,调节中滑板和大滑板的刻度盘使读数都为“0”,摇动中滑板退出车刀。

(3) 开启车床,粗切槽,停车,退回车刀到开始切槽的位置。

(4) 测量槽的尺寸,算出进给数值,开启车床,移动大滑板、中滑板一次车出槽

8mm×4mm，至图样要求的尺寸。

(5) 调节主轴转速为800r/min左右，换用45°车刀，起动车床。

(6) 手动倒角$C1$和两端30°倒角，并去毛刺，停车。

8. 车梯形螺纹Tr36×6-7h

(1) 确定车螺纹背吃刀量的起始位置，将中滑板刻度调到“0”位，开车，使刀尖轻微接触工件表面，然后迅速将中滑板刻度调至“0”位，以便进刀记数。

(2) 试切第一条螺旋线并检查螺距。将床鞍摇至离工件端面5mm处，横向进刀0.05mm左右。开车，合上开合螺母，在工件表面车出一条螺旋线，至螺纹终止线处退出车刀，开反车把车刀退到工件右端；停车，用钢直尺检查螺距是否正确。

(3) 粗车梯形螺纹Tr36×6-7h，小径车至$\phi29_{-0.419}^{\ 0}$mm要求，两牙侧留余量0.2mm。

(4) 精车梯形螺纹大径至尺寸要求$\phi36_{-0.375}^{\ 0}$mm。

(5) 精车梯形螺纹两牙侧，用三针测量控制中径尺寸$\phi33_{-0.335}^{\ 0}$mm要求。

9. 工件检验

10. 上油、入库

【做】——进行梯形螺纹轴的车削

按照表7-3的相关要求进行零件的加工。

表7-3 梯形螺纹轴车削过程记录卡

<table>
<tr><td colspan="2">一、车削过程
1. 梯形螺纹轴的车削过程为______________________。
(1) 粗车螺纹大径　(2) 精车螺纹大径　(3) 配料　(4) 切槽
(5) 粗车螺纹　(6) 精车螺纹　(7) 一夹一顶
2. 车梯形螺纹的方法有(　　)。
A. 直进法　B. 左右切削法　C. 车直槽法　D. 车阶梯槽法</td></tr>
<tr><td>二、所需设备、工具和卡具</td><td>三、车削步骤</td></tr>
<tr><td colspan="2">四、注意事项
1. 车削螺纹时是按螺距纵向进给，因此进给速度快，退刀后开合螺母必须及时且动作协调，否则会使车刀与工件台阶或卡盘撞击而产生事故。
2. 正、反车换向不能过快，否则机床将受到瞬间冲击，易损坏机件。
3. 车削螺纹时，必须注意中滑板手柄不能多摇一圈，否则会造成刀尖崩刃或工件损坏。
4. 开车时，不能用棉纱擦工件，否则会使棉纱(或手套)卷入工件，甚至把手指也一起卷进而造成事故。</td></tr>
<tr><td colspan="2">五、车削过程分析</td></tr>
<tr><td>出现的问题：</td><td>原因与解决方案：</td></tr>
</table>

【评】——梯形螺纹轴车削方案评价

根据表7-3中所记录的内容，对梯形螺纹轴车削过程进行评价。梯形螺纹轴车削过程评价表见表7-4。

表 7-4　梯形螺纹轴车削过程评价表

项目	内容		分值	评价方式			备注
				自评	互评	师评	
车削方法	外圆	ϕ30mm	5				严格按照车床的操作规程完成所有内容的车削
		ϕ40mm	5				
		ϕ25mm	5				
	长度	30mm	2				
		10mm	2				
		118mm	2				
		168mm	3				
	槽	8mm×4mm	4				
	倒角	C1(4处)	4				
		倒角30°(2处)	3				
	螺纹	Tr36×6-7h	25				
车削步骤	刀具选择是否正确		10				是否按要求进行规范操作
	车削过程是否正确		10				
职业素养	卡具维护和保养		5				按照7S管理要求规范现场
	工具定置管理		5				
	安全文明操作		10				
合计			100				
综合评价							

【练】——综合训练

一、填空题

1. 车刀从材料上分，有________梯形螺纹车刀和______________梯形螺纹车刀两种。

2. 梯形螺纹车刀刃磨的主要参数是螺纹的________和________。

二、判断题

1. 低速车削一般选用高速钢车刀，高速车削一般选用硬质合金车刀。（　　）

2. 梯形螺纹车刀刃磨正确与否直接关系到螺纹的正确，关系到工件的质量。（　　）

3. 切削刃要光滑、平直、无裂口，两侧切削刃必须对称，刀体不歪斜。（　　）

4. 内螺纹车刀的刀尖角平分线应与刀柄垂直。（　　）

5. 刃磨高速钢车刀时，随时放入冷水中冷却，防止退火。（　　）

6. 车梯形螺纹中途复装工件时，应保持拨杆原位，以防出现乱牙。（　　）

7. 车梯形螺纹时为防“扎刀”，建议用弹性刀杆。（　　）

三、选择题

1. 梯形螺纹的车削方法有（　　）。

A. 直进法　　B. 左右切削法　　C. 车直槽法　　D. 车阶梯槽法

2. 根据梯形螺纹的车削特点，车刀的装夹有（　　）种。

A. 2　　B. 4　　C. 6　　D. 8

四、简答题

1. 如何进行车床的选择和调整？

2. 简述左右车削法车削梯形螺纹。

任务3　梯形螺纹轴的检测与质量分析

学习目标

（1）认识梯形螺纹类零件的检测方法。

（2）掌握梯形螺纹轴的检测方法及注意事项。

任务描述

对梯形螺纹轴进行质量检测分析，零件图样如图7-1所示。

【学】——梯形螺纹类零件的检测方法

一、检测梯形螺纹类零件常用的量具

车削梯形螺纹时，根据不同的质量要求和生产批量，相应地选择不同的检测方法。常用的检测方法有综合测量法和单项测量法。

1. 综合测量法

用螺纹环规、螺纹塞规以及卡板测量螺纹，称为综合测量。

对于一般精度的螺纹，都采用螺纹环规或塞规来测量。

在测量外螺纹时，如果螺纹“过端”环规正好旋进，而“止端”环规旋不进，则说明所加工的螺纹符合要求，反之为不合格。

测量内螺纹时，采用螺纹塞规，以相同的方法进行测量。

在使用螺纹环规或塞规时，应注意不能用力过大或用扳手硬旋。

在测量一些特殊螺纹时，须自制螺纹环(塞)规，但应保证其精度。

对于直径较大的螺纹工件，可采用螺纹牙形卡板来进行测量、检查。

2. 单项测量法

(1) 三针测量法

三针测量法是测量外螺纹中径的一种比较精密的方法，适用于测量一些精度要求较高、螺纹升角小于4°的螺纹检测，具体测量步骤如下：

① 选取最佳直径的量针3根。量针的最佳直径 $d_0=0.518P$。

② 测量 M 值。把3根量针放在螺纹相对应的螺旋槽中，如图7-12所示，用公法线千分尺量出两边量针顶点之间的距离，即为 M 值。

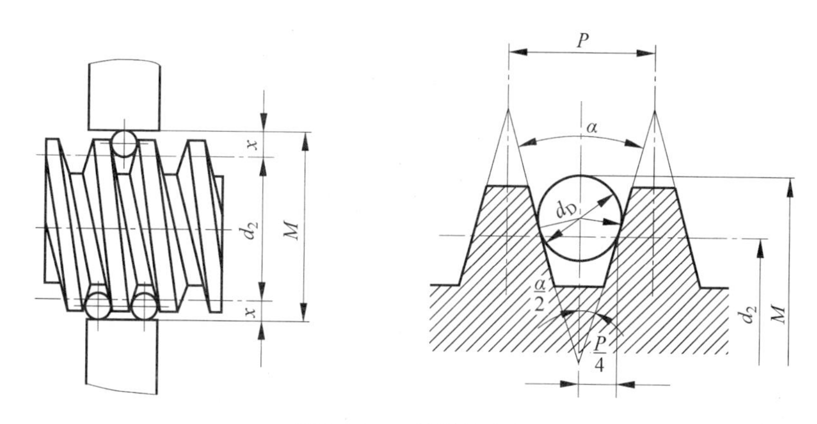

图7-12 三针测量中径

③ 计算公式。M 值的计算公式为

$$M=d_2+4.864d_D-1.866P$$

式中：M——千分尺测量的数值，mm；

d_D——量针直径，mm；

P——工件螺距或蜗杆周节，mm。

量针 d_D 的计算公式为

最大值 $d_D=0.656P$；最佳值 $d_D=0.518P$；最小值 $d_D=0.486P$

量针一般是专门制造的，在实际应用中，有时也用优质钢丝或新钻头的柄部来代替，但与计算出的量针直径尺寸往往不相符合，这就需要认真选择。要求所代用的钢丝或钻柄的直径，最大不能在放入螺旋槽时顶在螺纹牙尖上，最小不能在放入螺旋槽时和牙底相碰，可根据表7-5所示的范围进行选用。

表7-5 钢丝或钻柄直径的最大及最小值

螺纹牙形角	钢丝或钻柄最大直径	钢丝或钻柄最小直径
30°	$d_{max}=0.656P$	$d_{min}=0.487P$
40°	$d_{max}=0.779P$	$d_{min}=0.513P$

最佳钢针直径为 $d_0=0.518P$。

例 7-2 车削 Tr32×6 梯形螺纹，用三针测量螺纹中径，求量针直径和千分尺读数值 M。

解： 量针直径 $d_D=0.518P=0.518\times6\text{mm}=3.108\text{mm}$

千分尺读数值 $M=d_2+4.864d_D-1.866P$

$=29\text{mm}+4.864\times3.108\text{mm}-1.866\times6\text{mm}$

$=32.92\text{mm}$

(2) 单针测量法

在测量直径和螺距较大的螺纹中径时，用单针测量比用三针测量方便、简单，如图 7-13 所示，具体测量步骤如下：

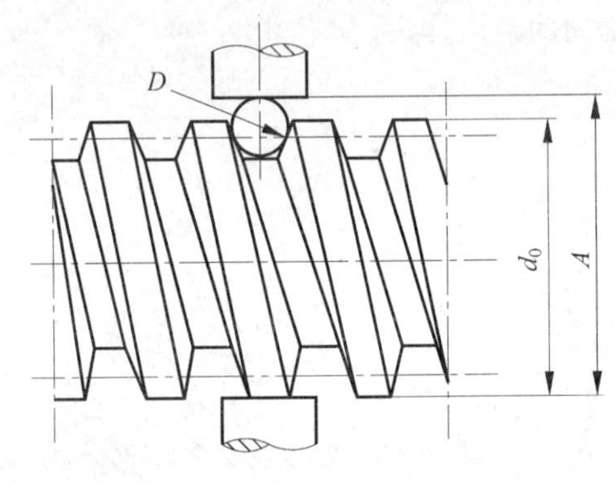

图 7-13 单针测量法

① 选取最佳直径的量针一根。量针的最佳直径 $d_D=0.518P$。

② 用外径千分尺量出螺纹大径的实际尺寸 d_0。

③ 根据选用量针的直径和已知的中径值(中径有公差)，计算出用三针测量时的 M 值(此值也有公差)。

④ 按公式 $A=(M+d_0)=/2$，计算 A。式中：d_0——螺纹大径的实际尺寸，mm；M——用三针测量时千分尺的读数，mm。

⑤ 用选择好的量针，放置在螺旋槽中，用千分尺量出螺纹大径与量针顶点之间的距离 A。

⑥ 将测得的数值 A 与通过计算所得的数值进行比较，如果所测数值在计算数值的公差范围之内，则所测量工件中径合格。

例 7-3 用单针测量 Tr36×6 梯形螺纹，测得螺纹大径实际尺寸 $d_0=35.95\text{mm}$，求单针测量值 A。

解： 量针直径 $d_D=0.518P=0.518\times6\text{mm}=3.108\text{mm}$

$d_2=d-0.5P=36\text{mm}-0.5\times6\text{mm}=33\text{mm}$

$M=d_2+4.864d_D-1.866P$

$=33\text{mm}+4.864\times3.108\text{mm}-1.866\times6\text{mm}$

$=36.92\text{mm}$

查国家标准，中径偏差为 $d_2=\phi33_{-0.543}^{-0.118}\text{mm}$，则 $M=36.92_{-0.543}^{-0.118}\text{mm}$。所以 $A=(M+$

$d_0)/2=(36.92\text{mm}+35.95\text{mm})/2=36.435\text{mm}$。

单针测量值 A 的极限偏差应为中径极限偏差的一半。因此 $A=36.435_{-0.272}^{-0.059}\text{mm}=36.5_{-0.337}^{-0.124}\text{mm}$ 合适。

二、梯形螺纹类零件质量分析

车削梯形螺纹类零件所产生问题的原因及预防措施见表 7-6。

表 7-6 车削梯形螺纹类零件所产生问题的原因及预防措施

废品种类	产生原因	预防方法
尺寸不正确	车削外螺纹的直径不对	根据计算尺寸车削外圆与内孔；检查车刀并及时修复；车削时严格掌握螺纹切入深度
	车削内螺纹的内径不对	
	车刀刀尖磨损	
	螺纹车刀切深过大或过小	
螺纹不正确	挂轮在计算或搭配时错误	车削螺纹时先车出很浅的螺旋线检查螺距是否正确；调整好开合螺母塞铁，必要时在手柄上挂上重物；调整好车床主轴和丝杠的轴向窜动量
	进给箱手柄位置放错	
	车床丝杠与主轴窜动	
	开合螺母塞铁松动	
牙形不正确	车刀安装不正确，产生半角误差	用样板对刀；正确刃磨和测量刀尖角
	车刀刀尖角刃磨不正确	
	刀具磨损	
螺纹表面不光洁	切削用量选择不当	合理地选用切削用量和及时修磨车床；高速钢车刀车削螺纹的切削速度不能太大，切削厚度应小于 0.06mm，并加切削液；硬质合金车刀高速车削螺纹时，最后一道的切削厚度要大于 0.1mm，切屑要垂直于轴线方向排出
	切屑流出方向不对	
“扎刀”或顶弯工件	刀杆刚性不够，产生振动	刀杆不能伸出过长，并选粗壮刀杆；减小车刀径向前角，调整中滑板丝杠螺母间的间隙；合理选择切屑用量，增加工件刚性
	车刀的径向前角太大	
	工件的刚性差，而切削用量选择太大	

【教】——梯形螺纹轴的检测过程

一、基本原理

1. 检测方法

根据梯形螺纹轴图 7-1 所示，对每一项尺寸进行三次测量，然后求取平均值，将最终的检测结果填入表 7-7 中。

表 7-7 梯形螺纹轴检测结果

尺寸代号	实际检测值			平均值	是否合格
	1	2	3		
ϕ30mm					
ϕ40mm					
ϕ25mm					
30mm					
10mm					
118mm					
168mm					
8mm×4mm					
C1(4 处)					
倒角 30°(2 处)					
Tr36×6-7h					
不合格的原因及预防措施					

2. 量具选择

对刀样板、0～150mm 游标卡尺、25～50mm 千分尺、公法线千分尺、三针。

二、检测流程

量取尺寸→记录数值→求平均值→结果填表。

【做】——进行梯形螺纹轴的检测

按照表 7-8 的相关要求进行零件的检测。

表 7-8 梯形螺纹轴检测过程记录卡

一、车削过程 1. 梯形螺纹轴的检测过程为________。 (1) 求平均值 (2) 记录数值 (3) 量取尺寸 (4) 结果填表 2. 梯形外螺纹检测的方法有_____、_____、_____。(螺纹量规、三针测量、单针测量、环规)	
二、所需设备、工具和卡具	三、检测步骤

续表

四、注意事项	
1. 梯形螺纹大径可用游标卡尺、千分尺量具测量。 2. 用三针测量中径时，把三根直径相等并在一定尺寸范围内的量针放入螺纹相对两面螺旋槽中，再用千分尺测取 M 值。	
五、检测过程分析	
出现的问题：	原因与解决方案：

【评】——梯形螺纹轴检测方案评价

根据表7-8中所记录的内容，对梯形螺纹轴检测过程进行评价。梯形螺纹轴检测过程评价表见表7-9。

表7-9 梯形螺纹轴检测过程评价表

项目	内容		分值	评价方式			备注
				自评	互评	师评	
检测方法	外圆尺寸	ϕ30mm	5				严格按照所需量具的操作规程完成螺纹轴的检测任务
		ϕ40mm	5				
		ϕ25mm	5				
	长度尺寸	30mm	3				
		10mm	3				
		118mm	3				
		168mm	3				
	槽	8mm×4mm	2				
	倒角	C1(4处)	2				
		倒角30°(2处)	4				
	螺纹	Tr36×6-7h	15				
检测步骤	量具选择是否正确		10				是否按要求进行规范操作
	检测过程是否正确		10				
职业素养	量具维护和保养		10				按照7S管理要求规范现场
	工具定置管理		10				
	安全文明操作		10				
合计			100				
综合评价							

【练】——综合训练

一、填空题

1. 车削梯形螺纹时，常用的检测方法有________和________。

2. 用________、________及卡板测量螺纹，称为综合测量。

3. 三针测量是测量外螺纹中径的一种比较精密的方法，适用于测量一些精度要求较高、螺纹升角小于________的螺纹检测。

二、判断题

1. 对于一般精度的螺纹，都采用螺纹环规或塞规来测量。（　）

2. 螺纹量规是对螺纹各主要尺寸进行综合检验的一种测量方法。（　）

三、选择题

1. 在测量直径和螺距较大的螺纹中径时，用单针测量比用三针测量（　）。

A. 方便　　B. 简单

C. 快捷　　D. 以上全正确

2. 用三针测量螺纹中径，最佳量针直径计算公式是（　）。

A. $d_D=0.656P$　　B. $d_D=0.518P$

C. $d_D=0.486P$　　D. $d_D=0.366P$

四、简答题

1. 车削梯形螺纹类零件时，尺寸不正确的原因是什么？如何预防？

2. 车削梯形螺纹类零件时，"扎刀"或顶弯工件的原因是什么？如何预防？

3. 车削梯形螺纹类零件时，表面粗糙度值超差的原因是什么？如何预防？

五、计算题

用三针测量 Tr36×6 梯形螺纹，测得千分尺的读数 $M=30.80$mm，被测螺纹中径为多少？

考证技能训练

国家职业标准规定，职业资格鉴定方式分为理论考试和技能操作考核两个部分，理论考试采用笔试方式，技能操作考核采用现场操作方式进行。两项考试均采用百分制，皆达到 60 分以上为合格。本部分考证技能训练不涉及相关知识内容，只为技能操作考核做准备。

任务 1　初级车工技能考核样题

一、考件图样

考件图样如图 8-1 所示。

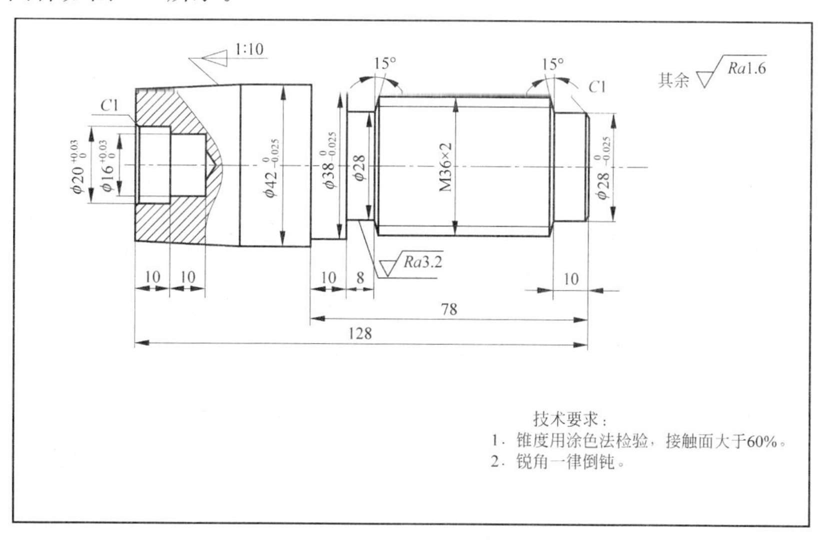

图 8-1　螺纹轴

二、考核要求

(1) 工件材料为45钢，毛坯尺寸根据图样自定，工时定额3h。

(2) 尺寸精度、形状精度、位置精度、表面粗糙度达到图样规定要求。

(3) 不准使用砂布、油石、锉刀抛光加工表面。

(4) 按照国家颁布的安全生产法规有关规定或企业自定的文明生产规定进行安全文明生产。

(5) 工作场地清洁、工件、夹具、量具、刀具、工具等合理、整齐摆放。

三、评分表

评分表见表8-1。

表8-1 评分表

项目	考核内容	考核要求	配分	评分标准与扣分	得分
主要考核项目	外圆	$\phi42_{-0.025}^{0}$ mm	5	一处超差扣4分	
		$\phi38_{-0.025}^{0}$ mm	5	一处超差扣6分	
		$\phi28$mm	3	超差扣6分	
		$\phi28_{-0.025}^{0}$ mm	5	一处超差扣3分	
	内孔	$\phi20_{0}^{+0.03}$ mm	6	超差扣4分	
		$\phi16_{0}^{+0.03}$ mm	6	超差扣4分	
	圆锥	锥度1∶10	15	超差扣4分	
	倒角	$C1$(2处)	2	超差扣4分	
		15°(2处)	2		
	螺纹M36×2	大径	3	超差扣4分	
		小径	3	超差扣4分	
		中径	13	一处超差扣4分	
		螺距	3		
		牙形角	3	超差扣4分	
	粗糙度	螺纹牙形	3	超差扣4分	
		圆锥面	2	超差扣4分	
		内孔面	2	一处超差扣3分	
		外圆表面(3处)	3	超差扣1分	
一般项目	长度	10mm(4处)	4	超差扣1分	
		8mm	2	超差扣1分	
		78mm	2	一处超差扣0.5分	
		128mm	3	一处超差扣1分	
安全生产	工具、设备使用与安全文明生产情况		5	违反有关规定扣1～5分，危及安全终止考试	
工时	3h	按时完成		每超10min扣5分	

任务2 中级车工技能考核样题

一、考件图样

考件图样如图8-2所示。

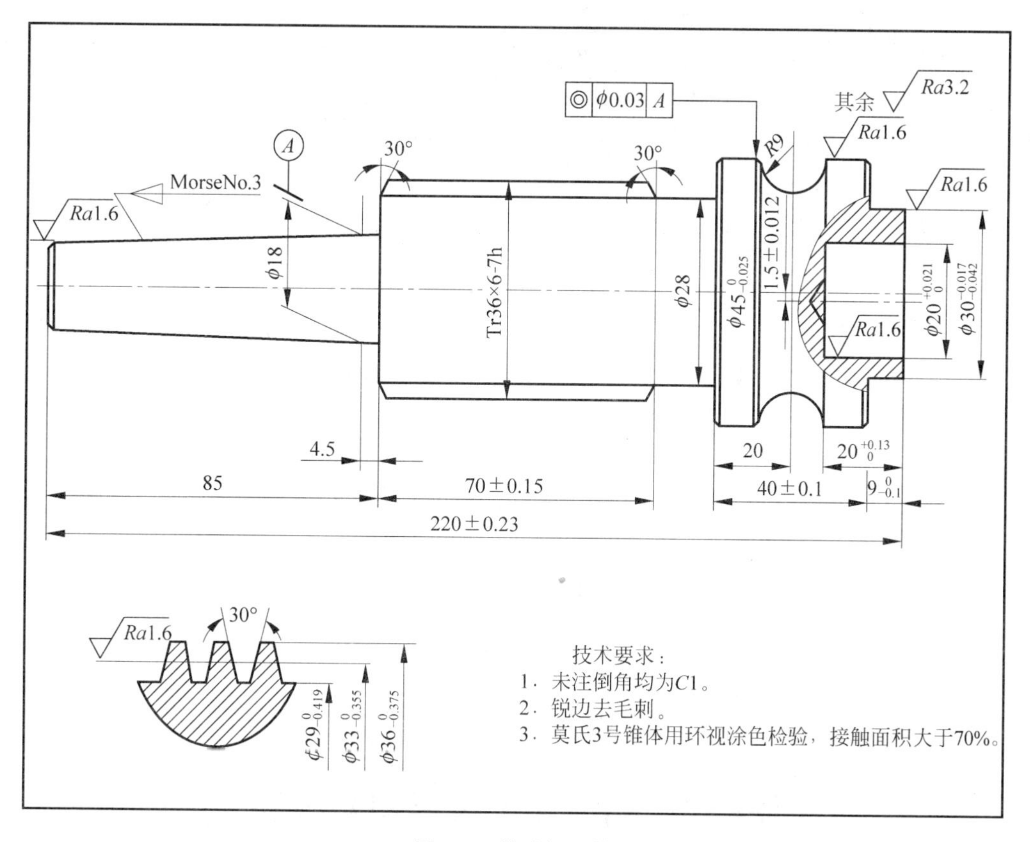

图8-2 梯形螺纹轴

二、考核要求

(1) 工件材料为45钢，毛坯尺寸根据图样自定，工时定额6h。

(2) 尺寸精度、形状精度、位置精度、表面粗糙度达到图样规定要求。

(3) 不准使用砂布、油石、锉刀抛光加工表面。

(4) 按照国家颁布的安全生产法规有关规定或企业自定的文明生产规定进行安全文明生产。

(5) 工作场地清洁、工件、夹具、量具、刀具、工具等合理、整齐摆放。

三、评分表

评分表见表8-2。

表8-2 评分表

项 目	考核内容	考 核 要 求	配分	评分标准与扣分	得分
主要考核项目	梯形螺纹	大径 $\phi36_{-0.375}^{0}$ mm	4	超差扣4分	
		中径 $\phi33_{-0.355}^{0}$ mm	8	超差扣8分	
		小径 $\phi39_{-0.419}^{0}$ mm	8	超差扣8分	
		牙形角30°	5	超差扣5分	
	莫氏圆锥	ϕ18mm	6	超差扣6分	
		涂色检验接触面积大于70%	10	大于60%小于70%扣4分，小于60%不得分	
	偏心距	(1.5±0.012)mm	10	超差扣10分	
	外圆	$\phi45_{-0.025}^{0}$ mm	4	超差扣4分	
		$\phi30_{-0.042}^{-0.017}$ mm	4	超差扣4分	
	圆弧槽	R9mm	4	超差扣4分	
	同轴度	ϕ0.03mm	10	超差扣10分	
	表面粗糙度	Ra1.6μm(6处)	2×6	一处超差扣2分	
一般项目	长度	$20_{0}^{+0.13}$ mm	2	超差扣2分	
		$9_{-0.1\text{mm}}^{0}$	1.5	超差扣1.5分	
		(40±0.1)mm	1.5	超差扣1.5分	
		4.5mm	5	一处超差扣5分	
安全生产	工具、设备使用与安全文明生产情况		5	违反有关规定扣1～5分，危及安全终止考试	
工时	6h	按时完成		每超10min扣5分	

任务3 高级车工技能考核样题

一、考件图样

考件图样如图8-3所示。

二、考核要求

(1) 工件材料为45钢，毛坯尺寸根据图样自定，工时定额6h。

(2) 尺寸精度、形状精度、位置精度、表面粗糙度达到图样规定要求。

(3) 不准使用砂布、油石、锉刀抛光加工表面。

(4) 按照国家颁布的安全生产法规有关规定或企业自定的文明生产规定进行安全文明生产。

(5) 工作场地清洁、工件、夹具、量具、刀具、工具等合理、整齐摆放。

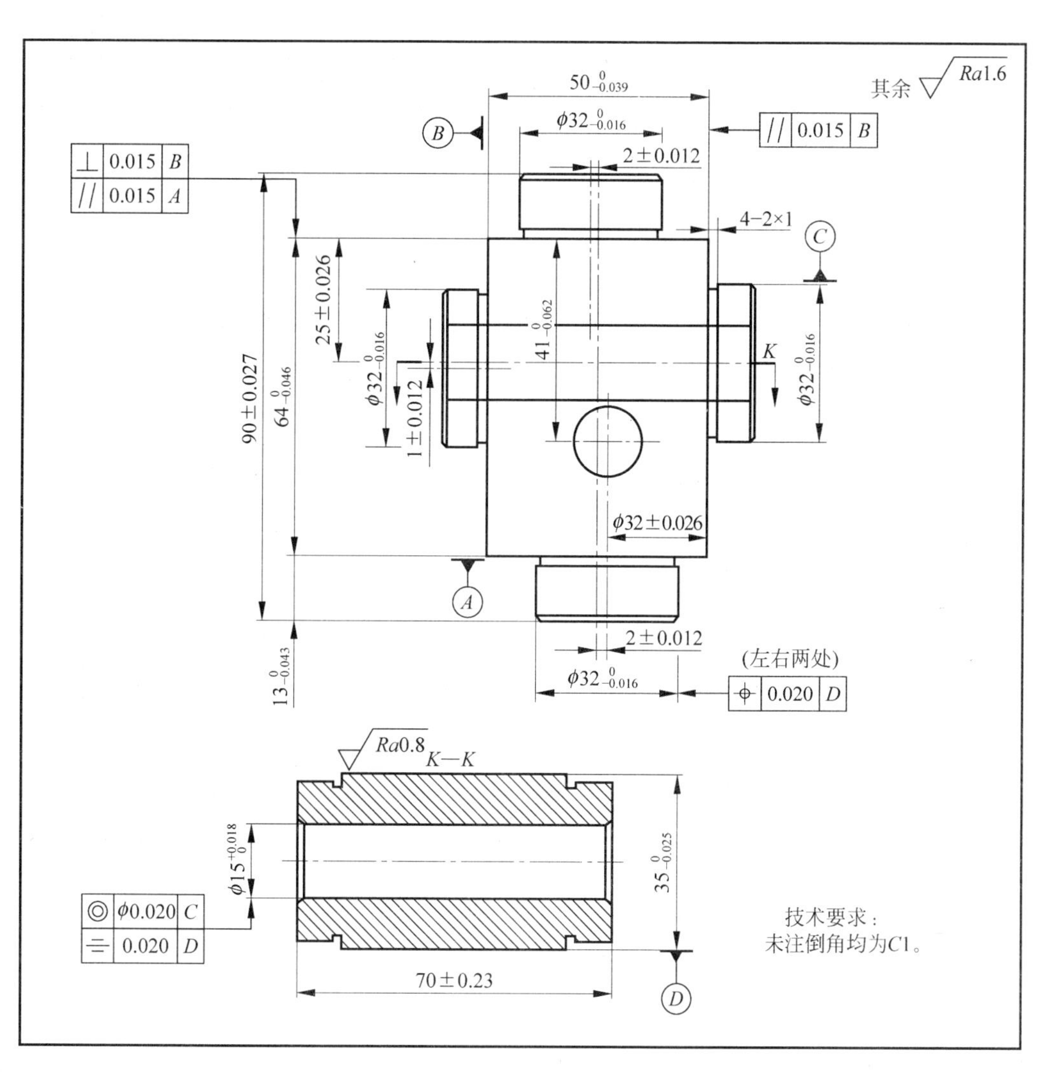

图 8-3 十字座

三、评分表

评分表见表 8-3。

表 8-3 评分表

项目	考核内容	考核要求	配分	评分标准与扣分	得分
主要考核项目	外圆	$\phi32_{-0.016}^{\ 0}$ mm(4 处)	4×4	一处超差扣 4 分	
	偏心距	(2±0.012)mm(2 处)	6×2	一处超差扣 6 分	
		(1±0.012)mm(2 处)	6×2	超差扣 6 分	
	内孔	$\phi15_{\ 0}^{+0.018}$ mm(2 处)	3×2	一处超差扣 3 分	

续表

项目	考核内容	考核要求	配分	评分标准与扣分	得分
主要考核项目	十字孔位置	$41_{-0.062}^{0}$ mm	5	超差扣5分	
		(23±0.026)mm	4	超差扣4分	
		(25±0.026)mm	4	超差扣4分	
	座体	$64_{-0.046}^{0}$ mm	4	超差扣4分	
		$50_{-0.039}^{0}$ mm	4	超差扣4分	
		$35_{-0.025}^{0}$ mm	4	超差扣4分	
	平行度	0.015A	3×2	一处超差扣3分	
		0.015B			
	同轴度	ϕ0.020C	4	超差扣4分	
	垂直度	0.015B	4	超差扣4分	
	对称度	0.020D	4	超差扣4分	
	位置度	0.020C	2×2	一处超差扣2分	
一般项目	长度	(70±0.23)mm	1	超差扣1分	
		(90±0.27)mm	1	超差扣1分	
		$13_{-0.043}^{0}$ mm	1	超差扣1分	
	沟槽	2mm×1mm(4处)	0.5×4	一处超差扣0.5分	
	表面粗糙度值	Ra0.8μm(2处)	1×2	一处超差扣1分	
安全生产	工具、设备使用与安全文明生产情况		5	违反有关规定扣1～5分，危及安全终止考试	
工时	6h	按时完成		每超10min扣5分	

附录1

车削加工常用钢材的切削用量参考数值

生产中一般根据生产经验和切削手册选择切削用量。硬质合金车刀粗车外圆和端面时的背吃刀量和进给量见附表1-1。背吃刀量和进给量受工艺装备的限制，可根据附表1-1提供的数据尽可能一次将毛坯上的余量切除。切削速度可根据刀具耐用度和机床的功率选择。

附表1-1 硬质合金车刀粗车外圆和端面时的背吃刀量和进给量

工件材料	车刀刀杆尺寸 $B\times H$/(mm×mm)	工件直径/mm	背吃刀量 a_p/mm				
			≤3	>3～5	>5～8	>8～12	12以上
			进给量 f/(mm/r)				
碳素结构钢和合金结构钢	20×20 25×25	20	0.3～0.4	—	—	—	—
		40	0.4～0.5	0.3～0.4	—	—	—
		60	0.6～0.7	0.5～0.7	0.4～0.6	—	—
		100	0.8～1.0	0.7～0.9	0.5～0.7	0.4～0.7	—
		600	1.2～1.4	1.0～1.2	0.8～1.0	0.6～0.9	0.4～0.6
	30×45 40×60	500	1.1～1.4	1.1～1.4	1.0～1.2	0.8～1.2	0.7～1.1
		2500	1.3～2.0	1.3～1.8	1.2～1.6	1.1～1.5	1.0～1.5
铸铁及铜合金	20×30 25×25	40	0.4～0.5	—	—	—	—
		60	0.6～0.9	0.5～0.8	0.4～0.7	—	—
		100	0.9～1.3	0.8～1.2	0.7～1.0	0.5～0.8	—
		600	1.2～1.8	1.2～1.6	1.0～1.3	0.9～1.1	0.7～0.9
	30×45 40×60	500	1.4～1.8	1.2～1.6	1.0～1.4	1.0～1.3	0.9～1.2
		2500	1.6～2.4	1.6～2.0	1.4～1.8	1.3～1.7	1.2～1.7

注：1. 有断续及冲击的加工时，表内的进给量应乘以系数 k=0.75～0.85。

2. 内热钢及其合金的加工，不采用大于1.0mm/r的进给量。

3. 淬硬钢的加工，表内的进给量应乘以系数 k=0.8(材料硬度为44～56HRC时)或 k=0.5(材料硬度为57～62HRC时)。

半精车外圆和端面时的进给量见附表1-2。背吃刀量一般一次将工件余量切除，进给量可根据工件表面粗糙度值要求按附表1-2提供的数据选择，切削速度可根据刀具耐用度按确定的进给量和附表1-2中切削速度范围进行选择。

附表1-2 硬质合金外圆车刀半精车时的进给量

工件材料	表面粗糙度/μm	切削速度范围/(m/min)	刀尖圆弧半径 r/mm		
			0.5	1.0	2.0
			进给量 f/(mm/r)		
铸铁、青铜、铜合金	Ra6.3	不限	0.25～0.40	0.40～0.50	0.50～0.60
	Ra3.2		0.12～0.25	0.25～0.40	0.40～0.60
	Ra1.6		0.10～0.15	0.15～0.20	0.20～0.35
碳素结构钢 合金结构钢	Ra6.3	≤50	0.30～0.50	0.45～0.60	0.55～0.70
		>80	0.40～0.55	0.55～0.65	0.65～0.70
	Ra3.2	≤50	0.20～0.25	0.25～0.30	0.30～0.40
		>80	0.25～0.30	0.30～0.35	0.35～0.40
	Ra1.6	≤50	0.10～0.11	0.11～0.15	0.15～0.20
		>80	0.10～0.20	0.16～0.25	0.25～0.35

注：1. 加工内热钢及其合金、钛合金，切削速度大于50m/min，表中进给量 f 应乘以系数0.7～0.8。

2. 带修光刃的大进给量切削法，当进给量为1.0～1.6mm/r时，表面粗糙度值可达到Ra3.2～Ra1.6μm，宽刃精车刀进给量还可更大些。

附录2

车工职业技能鉴定理论知识试卷

试卷1　初级工知识考核试卷样题

一、是非题(是画√,非画×;每题1分,共30分)

1. 卡盘的作用是用来装夹工件,带动工件一起旋转。　(　　)
2. C6140B表示第二次改进的床身上最大工件回转直径400mm的卧式车床。　(　　)
3. 车床尾座中、小滑板摇动手柄转动轴承部位,每班次至少加油一次。　(　　)
4. 粗加工时,加工余量和切削用量均较大,因而会使刀具磨损加快,所以应选用以润滑为主的切削液。　(　　)
5. 使用硬质合金刀具切削时,应在刀具温度升高后再加注切削液。　(　　)
6. 高速钢车刀的韧性虽然比硬质合金好,但不能用于高速切削。　(　　)
7. 钨钛钴合金是由碳化钨、碳化钛和钴组成。　(　　)
8. 沿车床床身导轨方向的进给量称为横向进给量。　(　　)
9. 用高速钢车刀精车时,应当选取较高的切削速度和较小的进给量。　(　　)
10. 工件上经刀具切削后产生的新表面,称为已加工表面。　(　　)
11. 车刀的基本角度有前角、主后角、副后角、主偏角、副偏角和刃倾角。　(　　)
12. 用偏刀车削外圆时,作用于工件轴向的切削力较小,不容易顶弯工件。　(　　)
13. 车刀的主偏角越大,它的刀尖强度和散热性能越好。　(　　)
14. 车床主轴前顶尖跳动,车削外圆时,会产生圆柱度误差。　(　　)
15. 中心孔上有形状误差不会直接反映到工件的回转表面。　(　　)
16. 钻中心孔时不宜选择较高的机床转速。　(　　)
17. 用中等切削速度切削塑性金属时最易产生积屑瘤。　(　　)
18. 用硬质合金切断刀切断工件时,由于选用较高的切削速度,所以进给量应取小些。　(　　)
19. 软卡爪装夹是以外圆为定位基准车削工件的。　(　　)
20. 麻花钻的前角随着螺旋角变化而变化的,螺旋角越大,前角也越大。　(　　)

21. 麻花钻刃磨时，一般只刃磨两个主后刀面，并同时磨出顶角、后角和横刃斜角。 （ ）

22. 用麻花钻扩孔时，由于横刃不参加工作，轴向切削力减小，因此可加大进给量。 （ ）

23. 当工件旋转轴线与尾座套筒锥孔轴缘不同轴时，铰出的孔会产生孔口扩大或整个孔扩大。 （ ）

24. 圆锥角是圆锥母线与圆锥轴线之间的夹角。 （ ）

25. 车削圆锥面时，只要圆锥面的尺寸精度、形位精度和表面粗糙度值都符合设计要求，即为合格品。 （ ）

26. 车圆锥角 $\alpha=45^{\circ}$ 的圆锥孔，可采用靠模法车削。 （ ）

27. 用千分尺加上一定的辅助量具，可以测量圆锥体的角度和大小端直径的精确尺寸。 （ ）

28. 锉削时在锉齿面上涂上一层粉笔末，以防锉削屑滞塞在锉齿缝里。 （ ）

29. 滚花时应选择较高的切削速度。 （ ）

30. 加工脆性材料，切削速度应减小；加工塑性材料，切削速度可增大。 （ ）

二、选择题(将正确答案的序号填入空格上；每题1分，共20分)

1. CM1632 中的 M 表示（ ）。
   A. 磨床　B. 精密　C. 机床类别的代号

2. 车床交换齿轮箱的中间齿轮等部位，一般用（ ）润滑。
   A. 浇油　B. 弹子油杯　C. 油绳　D. 油脂杯

3. C6140A 车床表示经第（ ）次重大改进的。
   A. 一　B. 二　C. 三

4. 在正交平面内测量的基本角度有（ ）。
   A. 主偏角　B. 楔角　C. 主后角

5. 减小（ ）可以细化工件的表面粗糙度值。
   A. 主偏角　B. 副偏角　C. 刀尖角

6. 用右偏刀从外缘向中心进给车端面时，若床鞍没紧固，车出的表面会出现（ ）。
   A. 波纹　B. 凸面　C. 凹面

7. 精度要求较高、工序较多的轴类零件，中心孔应选用（ ）型。
   A. A　B. B　C. C

8. 车削脆性金属会产生（ ）切屑。
   A. 带状　B. 挤裂　C. 崩碎

9. 切断时避免“扎刀”可采用（ ）切断刀。
   A. 小前角　B. 大前角　C. 小后角

10. 小锥度心轴的锥度一般为（ ）。
    A. 1∶1000～1∶5000　B. 1∶4～1∶5
    C. 1∶20　D. 1∶16

11. 当麻花钻顶角小于118°时，两主切削刃为（ ）。
    A. 直线　B. 凸曲线　C. 凹曲线

12. 铰 $\phi 20H79\ ^{+0.021}_{0}$ 的内孔，铰刀的尺寸应为(　　)。

A. $\phi 20^{+0.021}_{0}$　　B. $\phi 20^{+0.041}_{+0.007}$　　C. $\phi 20H7\ ^{+0.015}_{+0.005}$

13. 普通麻花钻的横刃斜角由(　　)决定。

A. 前角　　B. 后角　　C. 顶角

14. 圆锥面的基本尺寸是指(　　)。

A. 母线长度　　B. 大端直径　　C. 小端直径

15. 检验精度高的圆锥面角度时，常采用(　　)测量。

A. 样板　　B. 圆锥量规　　C. 游标万能角度尺

16. 车削圆球时移动滑板的顺序是(　　)。

A. 先移中滑板后移小滑板

B. 先移小滑板后移中滑板

C. 同时移动中、小滑板

17. 用平锉刀修整成形面时，工件余量一般为(　　)mm。

A. 0.1　　B. 0.5　　C. 0.02

18. 滚花时应选择(　　)的切削速度。

A. 较高　　B. 中等　　C. 较低

19. 车削工件材料为中碳钢的普通内螺纹，计算孔径尺寸的近似公式为(　　)。

A. $D_{孔}=d-P$　　B. $D_{孔}=d-1.05P$

C. $D_{孔}=d-1.0825P$

20. 切削速度达到(　　)m/min 以上时，积屑瘤不会产生。

A. 70　　B. 30　　C. 150

三、计算题(每题 5 分，共 20 分)

1. 将一外圆的直径从 80mm 一次进给车削至 74mm，如果选用车床主轴转速为 400r/min，求切削速度。

2. 用直径为 25mm 高速钢麻花钻钻孔，选用切削速度为 30m/min，求工件转速。

3. 根据下列已知条件，用近似计算公式求出圆锥半角 $\alpha/2$。

(1) $D=25$mm　$d=24$mm　$L=25$mm

(2) $D=42$mm　$L=68$mm　$C=1:30$

(3) $C=1:20$

4. 车削如附图 2-1 所示单球手柄，试计算圆球部分长度 L。

四、简答题(共 30 分)

1. 切削液的主要作用是什么？(4 分)

2. 工件材料对切削力有什么影响？切削用量对切削热的影响如何？(8 分)

3. 为什么要对普通麻花钻进行修磨？常用的修磨方法有哪几种？(8 分)

4. 车削左右对称的内圆锥时，怎样才能较方便地使两内圆锥锥度相等？(5 分)

5. 攻螺纹前，螺纹小径(孔径)太小会产生什么后果？如何确定普通螺纹攻螺纹前的孔径？(5 分)

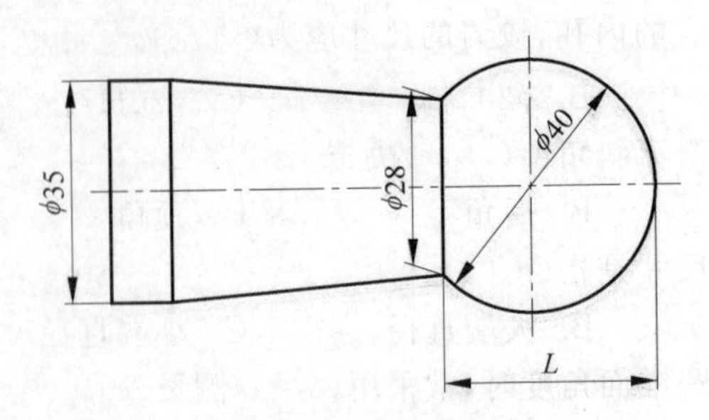

附图 2-1　单球手柄

试卷 2　中级工知识考核试卷样题

一、是非题(是画√,非画×;每题 1 分,共 30 分)

1. 通常蜗轮采用青铜材料制造,蜗杆采用中碳钢或中碳合金钢制造。　(　)
2. 多线螺纹常用在快速移动的机构中。　(　)
3. 米制蜗杆和英制蜗杆的导程角计算公式是相同的。　(　)
4. 蜗杆车刀左、右刃后角的大小应磨成一样大。　(　)
5. 齿厚游标卡尺是由互相垂直的齿高卡尺和齿厚卡尺组成的。　(　)
6. 在四爪单动卡盘上,用百分表找正偏心圆,偏心距公差达到 0.02mm。　(　)
7. 用三爪自定心卡盘加工偏心工件中,测得偏心距小了 0.1mm,应将垫片再加厚 0.1mm。　(　)
8. 采用双重卡盘车削偏心工件时,在找正偏心距的同时,还须找正三爪自定心卡盘的端面。　(　)
9. 细长轴通常用一夹一顶或两顶尖装夹的方法来加工。　(　)
10. 使用跟刀架时,应对各支承爪的接触情况进行监视,并注油润滑。　(　)
11. 车削薄壁工件时,尽量不用径向夹紧方法,最好应用轴向夹紧方法。　(　)
12. 两个平面相交角大于或小于 90°的角铁叫角度角铁。　(　)
13. 枪孔钻钻头部位的狭棱有导向作用,所以不必再使用导向套。　(　)
14. 在花盘上用于找正双孔中心距的定位圆柱或定位套,其定位端面对轴线有较高的垂直度要求。　(　)
15. 在角铁上装夹、加工工件,可以不考虑平衡问题。　(　)
16. 在四爪单动卡盘上车削有孔间距工件时,一般按找正划线、预车孔、测量孔距实际尺寸、找正偏移量、车孔至尺寸的工艺过程加工。　(　)
17. 主轴轴承间隙过大,切削时会产生径向圆跳动和轴向窜动,但不会引起振动。(　)
18. 调整 CA6140 型车床制动器松紧时,先把制动带接在箱体端的螺母松开,将操纵杆放在中间位置,松开离合器,齿条上的凸起部分刚好对正杠杆,使杠杆顺时针摆动,拉紧钢带,再适当旋转螺钉即可。　(　)
19. 床鞍和导轨之间的间隙,应保持刀架在移动时平稳、灵活、无松动。　(　)
20. 自动车床有单轴的,也有多轴的。　(　)
21. 数控机床都有快进、快退和快速定位等功能。　(　)

22. 床身固定螺丝松动，导致车床水平变动，不影响加工工件的质量。 （ ）

23. 立式车床分单柱式、双柱式和多柱式三大类。 （ ）

24. 在丝杠螺距为 6mm 的车床上，用提起开合螺母手柄车削螺距为 2mm 的双线螺纹是不会发生乱牙的。 （ ）

25. 偏心卡盘本身不包括三爪自定心卡盘。 （ ）

26. 工件的安装次数越多，引起的误差就越大，所以在同一道工序中，应尽量减少工件的安装次数。 （ ）

27. 测量工件形状和尺寸时没有基准。 （ ）

28. 拟定各种生产类型工件的表面加工顺序时，都应划分为粗加工、精加工和光整加工几个阶段进行。 （ ）

29. 工件渗氮处理后，能提高抗腐蚀性。 （ ）

30. 在加工细长轴工件时，当加工工序结束后，应把工件水平放置好。 （ ）

二、选择题（将正确答案的序号填入空格上；每题 1 分，共 20 分）

1. 蜗杆蜗轮适用于（ ）运动的传递机构中。

A. 减速　　B. 增速　　C. 等速

2. 多线螺纹的分数误差会造成螺纹的（ ）不等。

A. 螺距　　B. 导程　　C. 齿厚

3. 由于蜗杆的导程较大，一般在车削蜗杆时都采用（ ）切削。

A. 高速　　B. 中速　　C. 低速

4. 用齿厚游标卡尺测量蜗杆齿厚时，齿厚卡尺的测量面应与蜗杆牙侧面（ ）。

A. 平行　　B. 垂直　　C. 倾斜

5. 在三爪自定心卡盘上车削偏心工件时，应在一个卡爪上垫一块厚度为（ ）偏心距的垫片。

A. 1 倍　　B. 1.5 倍　　C. 2 倍

6. 在车床上用百分表和中滑板刻度配合测量一偏心距为 8mm 的曲轴偏心距误差，最高点测好后，把曲柄颈转过 180°后，将中滑板朝里摇进（ ）mm。

A. 4　　B. 8　　C. 16

7. 用牌号为 YT15 的车刀车削细长轴时，应该（ ）切削液。

A. 不用　　B. 用油　　C. 用乳化液

8. 深孔加工的关键技术是（ ）。

A. 深孔钻的几何形状和冷却、排屑问题

B. 刀具在内部切削，无法观察

C. 刀具细长，刚性差、磨损快

9. V 形块的工作部位是 V 形槽的（ ）。

A. 两侧面　　B. 槽顶的两条线　　C. 槽底

10. 在车床花盘上加工双孔工件时，主要解决的问题应是两孔的（ ）公差。

A. 尺寸　　B. 形状　　C. 中心距

11. 对于精度要求高和项目多的工件，经四爪单动卡盘装夹找正后，为防止正确位置变动，可采用(　　)的方法来加工。

A. 粗、精分开　　B. 一刀车出　　C. 粗车后复验找正精度

12. CA6140型车床的双向多片式摩擦离合器(　　)作用。

A. 只起开停　　B. 只起换向　　C. 起开停和换向

13. 用0.04mm厚度的塞尺、检查床鞍外侧压板垫块与床身导轨间的间隙时，塞尺塞入深度不超过(　　)mm为宜。

A. 10　　B. 20　　C. 40

14. 单轴转塔自动车床的分配轴转一整转(　　)工件。

A. 应加工完一个　　B. 可加工多个　　C. 未必加工完一个

15. 车床传动链中，传动轴弯曲或传动齿轮、蜗轮损坏，会在加工工件外圆表面的(　　)上出现有规律的波纹。

A. 轴向　　B. 圆周　　C. 端面

16. 立式车床的两个刀架(　　)进行切削。

A. 只能分别　　B. 不许同时　　C. 可以同时

17. 在立式车床上，为了保证平面定位的精度和可靠性，通常采用(　　)等高块来定位。

A. 2个　　B. 3个　　C. 4个以上

18. 将一个法兰工件装在分度头上钻6个等分孔，钻好一个孔要分度一次，钻第二个孔，钻削该工件6个孔，就有(　　)。

A. 6个工位　　B. 6道工序　　C. 6次安装

19. 从(　　)卡上可以反映出工件的定位、夹紧及加工表面。

A. 工艺过程　　B. 工艺　　C. 工序

20. 在单件生产中，常采用(　　)法加工。

A. 工序集中　　B. 工序分散　　C. 分段

三、计算题(共20分)

1. 车削齿顶圆直径，齿形角 $\alpha=20°$，轴向模数的双头米制蜗杆，求蜗杆的轴向齿距、导程，全齿高及分度圆直径。(8分)

2. 车床丝杠螺距为12mm，车削 DP 为的蜗杆，求交换齿轮齿数。(8分)

3. 用三针测量法测量Tr40×7的米制梯形螺纹，求量针直径和量针测量距 M。(4分)

四、简答题(共30分)

1. 粗车蜗杆时，应如何选择车刀的几何角度和形状？(8分)

2. 试述偏心轴的划线方法。(6分)

3. 影响薄壁类工件加工质量的因素有哪些？(8分)

4. 片式摩擦离合器在松开时，间隙太大和太小各有哪些害处？(8分)

附录3

车工国家职业技能标准(部分)(2009年修订)

一、工作要求

本标准对初级、中级、高级、技师和高级技师的技能要求依次递进,高级别涵盖低级别的要求。

1. 初级(见附表3-1)

附表 3-1

职业功能	工作内容	技能要求	相关知识
一、轴类零件加工	(一)普通卧式车床的使用、维护与保养	1. 能操作机床的各部手轮及手柄,变换主轴转速、螺距及进给量; 2. 能对车床各部润滑点进行润滑; 3. 能对卡盘、床鞍、中小滑板、方刀架、尾座等进行调整和润滑保养	1. 机床名称、机床部件及操作手柄名称; 2. 车床传动路线指示; 3. 机床切削用量基本知识; 4. 机床润滑图表(含润滑油种类)
	(二)常用量具的识读、使用及保养	能使用游标卡尺、外径千分尺、万能角度尺、深度游标卡尺等,对轴类零件进行测量	1. 游标卡尺、外径千分尺、万能角度尺的结构、刻线原理及测量方法; 2. 量具的维护知识与保养方法
	(三)车刀的刃磨与装夹	1. 能根据需求选择车刀刀头形式; 2. 能根据工件材料选择刀具材料; 3. 能对90°、45°、75°右偏刀及切断刀、三角螺纹车刀进行刃磨和装夹; 4. 能使用车削轴类零件的可转位车刀; 5. 能使用砂轮机刃磨刀具; 6. 能使用中心钻加工中心孔	1. 常用刀具材料的牌号; 2. 常用刀具的装夹及刃磨方法; 3. 常用的可转位车刀型号的标记方法; 4. 刀具静止参考系的名称和角度; 5. 砂轮机安全技术操作要求; 6. 中心钻的选择及使用知识; 7. 切屑的种类及断屑措施

续表

职业功能	工作内容	技能要求	相关知识
一、轴类零件加工	（四）短光轴、3～4个台阶的轴类零件加工	1. 能对零件进行装夹。 2. 能制订短光轴、3～4个台阶的普通轴类（台阶轴、销钉、拉杆、双头螺栓等）零件的加工步骤，进行加工，并达到以下要求。 （1）轴径公差等级：IT9； （2）同轴度公差等级：8～9； （3）表面粗糙度值：*Ra*3.2μm； （4）未注尺寸公差等级：粗糙度c级； （5）未注同轴度公差等级：L级（0.5mm）。 3. 能进行滚花加工及抛光	1. 短光轴、3～4个台阶的轴类零件图，图上各种符号表达的含义及技术要求； 2. 工序余量的相关标注； 3. 工件定位的基本原理及定位方法； 4. 台阶轴的车削方法； 5. 台阶轴切削用量的选择； 6. 滚花加工及抛光加工知识； 7. 滚花刀的模数知识； 8. 表面粗糙度值样块识别； 9. 公差表的知识
二、套类零件技工	（一）车直孔	1. 能对麻花钻进行刃磨。 2. 能对内孔刀进行刃磨和安装。 3. 能在车床上进行钻孔、扩孔、铰孔。 4. 能制订短衬套等直径套类、法兰盘类、轮类零件的车削加工顺序。 5. 能使用心轴对直孔套类零件进行装夹。 6. 能用内径百分表或塞规测量孔径。 7. 能车削直孔套类、轮类、盘类零件，并达到以下要求。 （1）轴颈公差等级：IT9； （2）孔径公差等级：IT10； （3）表面粗糙度值：*Ra*3.2μm； （4）圆柱度公差等级：8～9	1. 麻花钻头几何形状的刃磨方法； 2. 内孔刀的形式、用途、装夹及刃磨知识； 3. 钻孔、扩孔、铰孔加工及铰刀选用方法； 4. 冷却液知识； 5. 直径套类零件的装夹和车削方法； 6. 直孔加工切削用量的选择； 7. 车内孔的关键技术要求； 8. 标准心轴的相关知识及自制心轴的方法； 9. 自制塞规知识； 10. 内径百分表测量工件的方法
	（二）车台阶孔、平底盲孔及内沟槽	1. 能对内孔1～3个台阶的套类（轴承套等）零件制订车削加工顺序； 2. 能对内沟槽进行加工和测量； 3. 能对加工平底盲孔时的平底麻花钻进行刃磨； 4. 能对加工平底为盲孔的90°内孔车刀进行刃磨和装夹； 5. 能对台阶孔、平底盲孔的直径与深度进行加工和测量	1. 麻花钻180°顶角刃磨知识； 2. 内沟槽种类及内沟槽车刀刃磨知识； 3. 台阶孔、平底盲孔的加工技术； 4. 台阶孔、平盲孔及内沟槽的测量技术； 5. 套类零件内、外圆同轴度的定义及工艺保证措施

续表

职业功能	工作内容	技能要求	相关知识
三、圆锥面加工	（一）标准锥度与锥角加工	1. 能用转动小滑板法车削标准圆锥内外圆锥面； 2. 用涂色法检验圆锥面时，接触面≥65%； 3. 能用百分表和试棒调整尾座中心，并能用偏移尾座法车削锥体工件； 4. 能用靠模装置车削锥体工件； 5. 能刃磨大角度平直刀刃，用宽刃刀法精车圆锥面	1. 车削圆锥面的有关计算； 2. 锥度量规的使用知识； 3. 锥度加工切削用量的选择； 4. 尾座偏移法车削锥体工件时的偏移量计算； 5. 转动小滑板车削、靠模车削圆锥面的方法； 6. 宽刃刀刃磨及研磨方法； 7. 车削圆锥面时产生质量问题的原因及其解决办法
	（二）零件结构性设计的任意圆锥角加工	1. 能按图样计算所需角度。 2. 能迅速确定小滑板的旋转方向和角度。 3. 能使用万能角度尺或角度样板透光测量圆锥面，检测角度的正确性。 4. 能车削内、外圆锥面并达到以下要求。 (1) 圆锥角公差等级：IT9； (2) 表面粗糙度值：$Ra3.2\mu m$； (3) 圆锥面对测量基准的跳动公差：IT9	1. 用几何角度的知识测定小滑板的旋转方向和角度的有关计算； 2. 万能角度尺中的角尺、直尺的变换技术； 3. 万能角度尺、角度样板的使用方法
四、成形曲面加工	（一）用双手控制法车削成形曲面	1. 能刃磨车削内、外圆弧曲面的成形刀具； 2. 能车削球面、曲线手柄等成形曲面； 3. 能用半径规及曲线样板测量圆度及轮廓度； 4. 能用锉刀、砂布对成形曲面进行修整、抛光	1. 刃磨内、外圆弧刀的知识； 2. 计算圆弧曲线知识； 3. 半径规及曲线样板的使用方法； 4. 用双手控制法车削圆弧曲面的进给方法； 5. 成形曲面加工切削用量的选择； 6. 锉刀锉纹
	（二）成形圆弧刀对光滑曲面的加工	1. 能用曲线样板或半径规等量具刃磨刀具； 2. 能用成形圆弧刀对光滑曲面进行车削，并测量圆弧曲面的轮廓	圆弧刀的刃磨技术
	（三）靠模法对光滑曲面的加工	1. 能用靠模板方法车削成形曲面； 2. 能用尾座装夹样件仿形车削成形曲面	1. 靠模板的应用知识； 2. 标准样件的安装

续表

职业功能	工作内容	技能要求	相关知识
五、螺纹及蜗杆加工	（一）米制普通螺纹（M）加工	1. 能刃磨螺纹车刀。 2. 能根据工件螺距标注值，按照进给箱铭牌调整变换手柄位置。 3. 能用丝锥、板牙攻套螺纹。 4. 能使用螺纹环规及塞规对螺纹进行综合检验。 5. 能低速或高速车削普通螺纹（60°），并达到以下要求。 （1）普通螺纹精度：7～8级； （2）表面粗糙度值：$Ra3.2\mu m$	1. 普通螺纹的种类、用途及有关计算方法； 2. 螺纹基本牙形及公差带知识； 3. 普通螺纹标记机常用M5～M24螺距知识； 4. 普通螺纹车几何参数； 5. 普通螺纹车削方法； 6. 攻、套螺纹前螺纹低径与杆径的计算方法； 7. 攻、套螺纹方法； 8. 螺纹环规及塞规的结构及使用方法； 9. 车削螺纹切削用量的选择
	（二）英制螺纹加工	能按英制牙数变换手柄位置并车削55°牙形角	1. 螺纹代号与标记； 2. 螺纹基本牙形、尺寸计算及公差表的查阅知识
六、车床设备维护、保养与调整	（一）卡盘清洗与修复	1. 能在主轴上装卸三爪自定心卡盘和四爪单动卡盘； 2. 能对三爪自定心卡盘零部件进行拆装清洗； 3. 能根据装夹需要，更换正、反卡爪； 4. 能对三爪自定心卡盘内口的装夹面进行修复	1. 三、四爪卡盘的结构和形状； 2. 三爪自定心卡盘拆装知识； 3. 三爪自定心卡盘的规格
	（二）滑动部位清洗、调整	1. 能对床鞍、中小滑板、转盘、尾座等结构拆卸进行清洗保养和间隙调整； 2. 能对方刀架拆卸进行清洗和保养； 3. 能对丝杠、光杠、变向操纵杠三杠进行清洗保养	1. 床鞍、中小滑板、尾座等结构调整点和清洗部位知识； 2. 方刀架结构拆装和清洗知识； 3. 三杠的作用原理

2. 中级(见附表 3-2)

附表　3-2

职业功能	工作内容	技能要求	相关知识
一、轴类零件加工	(一)带锥度的多台阶轴类零件加工	1. 能制订工件装夹顺序及加工顺序。 2. 能刃磨正、反切削刀具。 3. 能加工带锥度的多台阶轴类(齿轮轴、花键轴等)零件,并达到以下质量要求。 (1) 轴径公差等级:IT7～IT8 级; (2) 表面粗糙度值:$Ra1.6$～$Ra3.2\mu m$; (3) 圆柱度公差等级:8 级; (4) 轴向长度尺寸公差等级:IT10; (5) 未注尺寸公差等级:中等 m 级	1. 带锥度的多台阶轴类零件图; 2. 轴类零件装夹中六点定位原理的运用; 3. 针对工件材料性质选择切削用量,保证表面粗糙度值的方法; 4. 台阶轴各台阶长度尺寸换算; 5. 正、反切削下料长度及刀具的准备; 6. 形位公差的基础知识; 7. 多台阶轴加工工艺过程; 8. 轴类材料热处理方式与表示方法
	(二)细长轴加工	1. 能对细长轴进行装夹。 2. 能使用中心架、跟刀架,并对支承爪进行修整。 3. 能分析车削细长轴时出现的弯曲、竹节形、多边形、锥度、振动等工件缺陷产生的原因并采取措施消除工件表面变形等缺陷。 4. 能解决细长轴在加工中热变形伸长问题。 5. 能刃磨和装夹车削细长轴的车刀。 6. 能车削细长轴,并达到以下要求。 (1) 长径比:$L/D \geqslant 20$; (2) 尺寸公差等级:IT8 级; (3) 圆度公差等级:8 级; (4) 圆跳动公差等级:8 级; (5) 表面粗糙度值:$Ra3.2\mu m$	1. 细长轴的装夹方法; 2. 车削细长轴时出现的弯曲、竹节形、多边形、锥度、振动等产生的原因及处理办法; 3. 金属切削过程、切削力的分解及影响切削力的因素; 4. 积屑瘤对细长轴加工的影响; 5. 细长轴热变形伸长量的计算; 6. 选择车刀几何形状的知识; 7. 细长轴切削用量的选择; 8. 细长轴形位公差检测知识

续表

职业功能	工作内容	技能要求	相关知识
二、套类零件加工	(一) 有色金属材料的套类、盘类零件加工	1. 能针对工件材料选择对应牌号刀具,对刀具进行刃磨和装夹。 2. 能选用相应的冷却润滑液。 3. 能解决工件热变形、残余应力变形、装夹变形等问题。 4. 能借料找正解决铸造缺陷。 5. 能对有色金属套类工件进行加工并达到以下要求。 (1) 轴径公差等级:IT8; (2) 孔公差等级:IT9; (3) 表面粗糙度值:$Ra3.2\mu m$	1. 车削有色金属铸造材料的车刀牌号; 2. 外圆、内孔车刀及麻花钻等刀具的刃磨方法; 3. 套类有色金属铸造材料变形的复映规律及解决变形的方法; 4. 能够根据工件的尺寸、精度及材料的性质等因素选择切削用量
	(二) 薄壁套加工	1. 能用通用夹具,配合以相应的措施装夹工件,以减小变形,保证精度。 2. 能用自制的锥体心轴、螺纹心轴、花键心轴等专用夹具装夹工件。 3. 能车削薄壁套,并达到以下要求。 (1) 轴径公差等级:IT8; (2) 孔公差等级:IT9; (3) 圆柱度公差等级:9 级	1. 薄壁套类零件六点定位原理的运用; 2. 夹紧力大小的确定; 3. 夹紧力方向的确定; 4. 夹紧力作用点的确定; 5. 车床典型轴向夹紧机构; 6. 薄壁套零件圆柱度保证的方法; 7. 薄壁套切削用量的选择
三、螺纹及蜗杆加工	(一) 米制普通螺纹精加工	1. 能低速精车普通螺纹(M)。 2. 能使用螺纹千分尺测量螺纹中径。 3. 能使用三针测量螺纹中径。 4. 能精车削普通螺纹并达到以下要求。 (1) 普通螺纹公差等级:6 级; (2) 表面粗糙度值:$Ra1.6\mu m$	1. 螺纹千分尺的结构、原理及使用、保养方法; 2. 三针测量螺纹中径的方法及千分尺读数的计算方法; 3. 螺纹精车切削用量的选择
	(二) 管螺纹加工	1. 能车削英制非密封管螺纹 G(55°); 2. 能车削英制一般密封管螺纹 R(55°):R1(圆锥外螺纹)与 RP(圆柱内螺纹),R2(圆锥外螺纹)与 RC(圆锥内螺纹); 3. 能攻美制密封圆锥管螺纹 NPT(60°); 4. 能车削一般密封米制管螺纹 ZM(60°)	1. 管螺纹标记; 2. 螺纹基本牙形及尺寸计算、公差带的选用; 3. 管螺纹车削时的吃刀方法; 4. 查阅各种管螺纹的基本牙形、基本尺寸和公差表知识

续表

职业功能	工作内容	技能要求	相关知识
三、螺纹及蜗杆加工	（三）美制螺纹加工	能车削美制统一螺纹 UN(60°)	1. 美制统一螺纹标记； 2. 螺纹基本牙形、尺寸计算机公差带知识
	（四）米制梯形螺纹 Tr(30°)加工	1. 能根据螺纹升角刃磨螺纹车刀的前角和后角。 2. 能用三针和单针测量螺纹中径。 3. 能用梯形螺纹塞规综合检验梯形内螺纹。 4. 能车削单线或双线梯形螺纹，并达到以下要求。 (1) 梯形螺纹公差等级：8 级； (2) 表面粗糙度值：$Ra1.6\mu m$； (3) 牙形半角误差：±20′	1. 米制梯形螺纹标记； 2. 梯形螺纹牙形尺寸及角度的计算方法； 3. 梯形螺纹车刀角度几何参数的选择原则； 4. 梯形螺纹车刀的刃磨与装夹； 5. 双线梯形螺纹的分线方法； 6. 梯形螺纹车削时的吃刀方法； 7. 三针及单针测量螺纹中径的方法； 8. 梯形螺纹切削用量的选择
	（五）矩形螺纹加工	1. 能刃磨和装夹矩形螺纹车刀； 2. 能车削矩形螺纹； 3. 保证表面粗糙度值要求：$Ra1.6\mu m$	1. 矩形螺纹标记； 2. 矩形螺纹车刀的几何角度和刃磨要求； 3. 矩形螺纹切削用量的选择； 4. 矩形螺纹车削时的吃刀方法
	（六）米制锯齿形螺纹 B(3°/30°)加工	1. 能刃磨和装夹锯齿形螺纹车刀； 2. 能车削锯齿形螺纹； 3. 能测量齿形角； 4. 能达到表面粗糙度值 $Ra1.6\mu m$ 的要求	1. 米制锯齿形螺纹标记； 2. 锯齿形螺纹车刀几何参数的选择原则； 3. 锯齿形螺纹切削用量的选择； 4. 锯齿形螺纹车削时的吃刀方法
	（七）单线螺杆加工	1. 能按角度样板、角度尺刃磨蜗杆车刀。 2. 能按蜗杆齿廓装夹车刀。 3. 能车削轴向齿廓蜗杆和法向齿廓蜗杆。 4. 能用齿厚卡尺测量法向齿厚。 5. 能车削单线蜗杆，并达到以下要求。 (1) 蜗杆公差等级：9 级； (2) 表面粗糙度值：$Ra1.6\mu m$； (3) 分度圆直径对测量基准的圆跳动≤0.05mm	1. 蜗杆齿形的计算； 2. 蜗杆的种类、用途及加工工艺； 3. 蜗杆车刀的集合形状； 4. 蜗杆车刀的刃磨要求； 5. 车刀的装夹方法； 6. 交换齿轮的选择； 7. 单线蜗杆切削用量的选择

续表

职业功能	工作内容	技能要求	相关知识
四、偏心件及曲轴加工	（一）偏心轴、套加工	1. 能对偏心部位划线及找正。 2. 能用三爪自定心卡盘加垫片装夹偏心轴、套。 3. 能在两顶尖间装夹偏心轴、套。 4. 能在偏心夹具上装夹偏心轴、套。 5. 能用三爪自定心卡盘找正装夹偏心轴、套。 6. 能选择工件配重。 7. 能对偏心轴、套进行车削和测量，并达到以下要求。 （1）偏心距公差等级：IT9； （2）轴径公差等级：IT7； （3）孔径公差等级：IT8； （4）轴心线平行度：8 级； （5）表面粗糙度值：$Ra1.6\mu m$	1. 偏心轴、套零件图样表达方法； 2. 偏心轴、套的加工特点； 3. 在平台、V 形架及方箱上进行划线的方法； 4. 偏心垫片厚度的计算； 5. 在三爪自定心卡盘上车削偏心轴、套的找正方法； 6. 在四爪单动卡盘上车削偏心轴、套的找正方法； 7. 在两顶尖间车削偏心轴、套的方法； 8. 在双重卡盘上装夹、车削偏心轴、套的方法； 9. 在 V 形架、两顶尖间检测偏心距的方法及有关计算； 10. 车削偏心轴、套时产生质量问题的原因及预防方法
	（二）单拐曲轴加工	1. 能对单拐曲轴进行划线、钻中心孔、装夹和配重。 2. 能对单拐曲轴制订加工顺序。 3. 能对单拐曲轴进行车削和测量，并达到以下要求。 （1）轴径公差等级：IT8； （2）偏心距公差等级：IT11； （3）曲柄颈开挡公差等级：IT10； （4）圆柱度公差等级：8 级； （5）主轴颈对基准轴线的圆跳动：8 级； （6）曲柄颈与主轴颈轴线之间的平行度：8 级； （7）表面粗糙度值：$Ra1.6\mu m$	1. 图样上曲轴的表达方法； 2. 单拐曲柄的结构特点； 3. 在平台、V 形架及方箱上进行划线的方法； 4. 曲轴所用车刀的结构特点和装夹要求； 5. 曲轴所用车刀的结构特点和装夹要求； 6. 预防曲轴产生变形的措施； 7. 使用专用夹具车削曲轴工件的方法； 8. 在两顶尖间车削曲轴工件的方法； 9. 单拐曲轴检测偏心距的方法及有关计算； 10. 单拐曲轴检测偏心距的方法及有关计算； 11. 主轴颈、曲柄颈平行度的检测方法； 12. 车削曲轴时产生质量问题的原因及预防方法

续表

职业功能	工作内容	技能要求	相关知识
五、矩形、非整圆孔零件加工	（一）矩形零件加工	1. 能检测四爪单动卡盘、花盘平面的端面全跳动； 2. 能在工件平面上划轮廓线，并能按线找正工件； 3. 能利用正、反爪加工平板类工件的两平行面； 4. 能找正和检测平板类工件平行度，达到7～8级； 5. 在四爪单动卡盘的四卡爪夹平板时，受力点之外的悬空部位能够采取措施减少振动和变形； 6. 能在四爪单动卡盘上加工六面体，保证其对称面平行、相邻面垂直； 7. 能在四爪单动卡盘或花盘上进行六面体工件上孔的加工，并保证孔轴线与各面的垂直或平行	1. 用百分表检测端面全跳动的操作方法； 2. 利用卡盘平面、正、反、爪台阶面定位装夹工件的方法； 3. 利用卡尺、塞规、内卡钳等量具找正工件平面与卡盘平面平行的方法； 4. 四爪单动卡盘装夹板类工件时，悬空部位支承的方法； 5. 在四爪单动卡盘上找正六面体各面平行或垂直的方法； 6. 在四爪单动卡盘、花盘上使用传统螺栓、压板、定位挡铁的方法
	（二）非整圆孔零件加工	1. 在零件上能够划十字架、圆线和田字检测线，并按线找正； 2. 能在四爪单动卡盘上加工非整圆孔零件的两平行端面； 3. 能在四爪单动卡盘上加工非整圆孔零件的内孔面，并使其孔轴线与端面垂直； 4. 能在花盘上装夹并车削非整圆孔零件上的平行孔； 5. 能检测非整圆孔零件上的平行孔距	1. 保证各平行孔的平行度和孔对端面垂直度的方法； 2. 非整圆孔零件两平行孔距的检测方法
六、大型回转表面加工	（一）大型轴类零件加工	1. 能制订带有沟槽、螺纹、锥面、球面及其他曲面的大型轴类零件的加工顺序。 2. 能在大型卧式车床上装夹大型轴类零件。 3. 能车削带有沟槽、螺纹、锥面、球面及其他曲面的大型轴类零件并达到以下要求。 （1）轴径公差等级：IT7； （2）轴向长度尺寸公差等级：IT9； （3）表面粗糙度值：$Ra1.6\mu m$	1. 识读带有螺纹锥面球面及其他曲面的大型轴类的零件加工技术要求； 2. 车削大型轴类零件进行吊装定位的知识； 3. 装夹大型轴类零件的注意事项； 4. 车削大型轴类零件切削用量的选择； 5. 产生质量问题的原因和预防方法

续表

职业功能	工作内容	技能要求	相关知识
六、大型回转表面加工	（二）大型套类、轮盘类零件加工	1. 能制订带有沟槽、螺纹、锥面、球面及其他曲面的大型轴类零件的加工顺序。 2. 能在卧式车床和立式车床上装夹大型套类及轮、盘类零件。 3. 能使用立式车床车削大型轮盘类、套类、壳体类零件，并能够达到以下要求。 （1）轴径公差等级：IT7； （2）孔径公差等级：IT8； （3）轴向长度尺寸公差等级：IT9； （4）表面粗糙度值：$Ra1.6\mu m$。 4. 能使用圆柱量棒（或钢球）、外径千分尺和量块等经过换算间接测量内、外锥体	1. 识读带有沟槽、螺纹、锥面、球面及其他曲面的大型轴类零件的加工技术要求； 2. 车削大型套类、轮盘类零件时进行吊装定位的知识； 3. 装夹大型套类、轮盘类零件的注意事项； 4. 车削大型套类、轮盘类零件切削用量的选择； 5. 在立式车床上测量圆锥面的方法； 6. 产生质量问题的原因及预防方法
七、车床设备维护、保养与调整	（一）滑动面拆装清洗	能对床鞍前后导轨压板及防尘垫、中小滑板、转盘、尾座等进行拆装、清洗、调整和保养	床鞍前后导轨压板及防尘垫、中小滑板、转盘、尾座等的拆装知识
	（二）一般保养	1. 能诊断车床一般小故障，并加以排除； 2. 能进行一级保养，能合理使用所需的工具	1. 车床一般小故障的排除方法； 2. 机床典型零部件的结构知识； 3. 一级保养的步骤和方法
	（三）摩擦离合器的调整	能调整摩擦离合器的间隙	1. 多片式摩擦离合器的结构及操纵装置； 2. 摩擦离合器、制动器的联动结构
	（四）制动装置调整	能调整制动带的松紧程度并视情况更换新的制动带	1. 制动装置的公用； 2. 制动器的操纵装置； 3. 制动带的更换方法
	（五）开合螺母机构调整	能在螺距不均时，对开合螺母机构进行调整	1. 开合螺母的功能； 2. 开合螺母机构的结构
	（六）挂轮间隙调整	能调整齿轮啮合时的间隙	挂轮架的结构

二、比重表

1. 理论知识(见附表 3-3)

附表 3-3

项目		初级/%	中级/%	高级/%	技师/%	高级技师/%
基本要求	职业道德	5	5	5	5	5
	基础知识	20	15	15	15	15
相关知识	轴类零件加工	25	15	—	18	—
	套类零件加工	10	15	—	10	—
	圆锥面加工	15	—	—	—	—
	成形曲面加工	5	—	—	—	—
	螺纹及蜗杆加工	15	20	20	10	—
	车床设备维护、保养与调整	5	5	5	7	—
	偏心件及曲轴加工	—	5	20	10	—
	矩形体、非整圆孔加工	—	10	—	—	—
	大型回转表面加工	—	10	—	—	—
	套筒回转表面加工	—	—	5	—	—
	箱体孔加工	—	—	15	—	—
	组合件加工	—	—	15	—	—
	复杂形体零件加工	—	—	—	13	—
	培训指导	—	—	—	5	5
	管理	—	—	—	5	8
	技术攻关与工艺能力	—	—	—	—	18
	数控技术	—	—	—	2	5
	车床改造	—	—	—	—	14
	产品质量分析	—	—	—	—	30
合计		100	100	100	100	100

2. 技能操作(见附表 3-4)

附表 3-4

项目		初级/%	中级/%	高级/%	技师/%	高级技师/%
技能要求	轴类零件加工	30	30	—	10	—
	套类零件加工	20	10	—	30	—
	圆锥面加工	15	—	—	—	—
	成形曲面加工	10	—	—	—	—
	螺纹及蜗杆加工	15	30	25	5	—
	车床设备维护、保养与调整	10	5	5	10	—
	偏心件及曲轴加工	—	5	15	13	—
	矩形体、非整圆孔加工	—	10	—	—	—

续表

项目		初级/%	中级/%	高级/%	技师/%	高级技师/%
技能要求	大型回转表面加工	—	10	—	—	—
	套筒回转表面加工	—	—	15	—	—
	箱体孔加工	—	—	15	—	—
	组合件加工	—	—	25	—	—
	复杂形体零件加工	—	—	—	20	—
	培训指导	—	—	—	5	10
	管理	—	—	—	5	10
	技术攻关与工艺能力	—	—	—	—	30
	数控技术	—	—	—	2	3
	车床改造	—	—	—	—	20
	产品质量分析	—	—	—	—	27
合计		100	100	100	100	100

参考文献

[1] 汤国泰. 车工工艺与技能训练[M]. 北京：人民教育出版社，2009.

[2] 王桂莲. 车工实训[M]. 北京：清华大学出版社，2010.

[3] 张旭. 车工工艺与技能训练[M]. 南京：江苏教育出版社，2010.

[4] 王兵. 图解车工技术快速入门[M]. 上海：上海科学技术出版社，2010.

[5] 机械工业职业技能鉴定指导中心. 车工技能鉴定考试试题库[M]. 北京：机械工业出版社，2012.